GraphPad Prism

学术图表

张敏（@如图所示）著

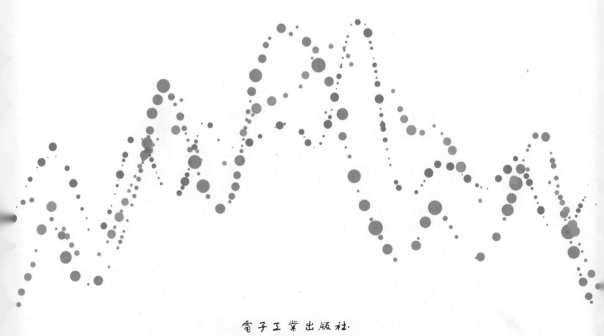

电子工业出版社·

Publishing House of Electronics Industry

北京·BEIJING

内 容 简 介

本书主要介绍基于 GraphPad Prism 9 的学术图表绘制方法。本书以软件所定义的 8 种数据表为纲，按照"数据录入—数据分析—图表生成与美化"的顺序，结合科研实例，使用 t 检验、方差分析、生存分析和主成分分析等相关统计分析方法，介绍了散点图、气泡图、柱状图、线图、饼图、面积图等常见学术图表的绘制和美化方法。同时本书提炼了学术图表绘制的一般流程、配色方法及 GraphPad Prism 绘图的进阶技巧，兼顾学术图表绘制的实用性和美观性，适用于需要绘制学术图表的高校学生和科研人员。

图书在版编目（CIP）数据

GraphPad Prism 学术图表 / 张敏著 . —北京：电子工业出版社，2021.4

ISBN 978-7-121-40952-3

Ⅰ . ①G… Ⅱ . ①张… Ⅲ. ①科学研究工作－图表－绘图软件 Ⅳ. ①TP391.412

中国版本图书馆 CIP 数据核字（2021）第 065879 号

责任编辑：石 倩 特约编辑：田学清
印 刷：北京宝隆世纪印刷有限公司
装 订：北京宝隆世纪印刷有限公司
出版发行：电子工业出版社
 北京市海淀区万寿路 173 信箱 邮编：100036
开 本：720×1000 1/16 印张：19.5 字数：450 千字
版 次：2021 年 4 月第 1 版
印 次：2024 年 9 月第14次印刷
定 价：109.00 元

凡所购买电子工业出版社图书有缺损问题，请向购买书店调换。若书店售缺，请与本社发行部联系，联系及邮购电话：（010）88254888，88258888。

质量投诉请发邮件至 zlts@phei.com.cn，盗版侵权举报请发邮件到 dbqq@phei.com.cn。

本书咨询联系方式：010-51260888-819，faq@phei.com.cn。

前　言

作为一款专业的数据处理和绘图软件，GraphPad Prism 以其便捷性和专业性，在学术图表绘制中具有重要地位。但目前在市面上系统介绍 GraphPad Prism 绘图的图书难得一见，个别图书也只是对该软件较低版本的一些简单功能进行了介绍。

本书主要介绍基于 GraphPad Prism 9 的学术图表绘制方法。首先，介绍了 GraphPad Prism 图形生成和美化流程、学术图表配色原则和技巧、常用学术图表类型和软件内嵌的大部分统计方法的选择等内容；然后，着重以软件所定义的 8 种数据表为纲，按照"数据录入—数据分析—图表生成与美化"的顺序，结合科研实例，使用 t 检验、方差分析、生存分析和主成分分析等相关统计分析方法，介绍了散点图、气泡图、柱状图、线图、饼图、面积图等常见学术图表的绘制和美化方法；最后，介绍了软件的进阶使用技巧。同时本书提炼了学术图表绘制的一般流程、配色方法及 GraphPad Prism 绘图的进阶技巧，兼顾学术图表绘制的实用性和美观性。通过对 GraphPad Prism 进行系统的介绍，可以让读者全面掌握该软件的使用方法。

本书定位

本书适合于需要绘制学术图表的高校学生和科研人员，并且使用人员不需要具有 GraphPad Prism 使用基础，只需要具备基本的计算机知识即可。因此，本书通常可以作为读者的工具书，可使其"依葫芦画瓢"地绘制所需要的学术图表。但在涉及统计分析时，读者需要结合自己的专业知识背景和统计学知识进行判断。

中心内容

全书内容共 9 章，采用"总—分—总"的结构编排。第 1 章是 GraphPad Prism 快速入门；第 2 章是 GraphPad Prism 图表与常见统计方法选择；第 3~8 章是 GraphPad Prism 的 8 种数据表及其图形绘制，读者可以根据需要进行选择性的学习；第 9 章是 GraphPad Prism 绘图进阶技巧。

第 1 章 介绍了软件下载、安装、使用界面、图形修饰与美化、学术图表配色、图片导出和发送等内容。

第 2 章 介绍了常见学术图表分类及选择与软件内嵌的大部分统计方法。

第 3 章 介绍了 XY 表及该数据表类型所支持的 12 类图表的绘制方法，以及带统计分析的

XY 表图形绘制，如相关分析、回归分析等。

第 4 章 介绍了纵列表（Column）及该数据表类型所支持的 6 类图表的绘制方法，并基于实例介绍了包含 t 检验和方差分析的相关图表绘制方法，以及 ROC 曲线、Bland-Altman 图的绘制。

第 5 章 介绍了行列分组表（Grouped）及该数据表类型所支持的 5 类图表的绘制方法，并基于实例介绍了二（三）因素方差分析。

第 6 章 介绍了列联表（Contingency）及该数据表类型所支持的图表的绘制方法。

第 7 章 介绍了生存表（Survival）及该数据表类型所支持的生存曲线的绘制方法。

第 8 章 介绍了局部整体表（Parts of whole）、多变量表（Multiple variables）及嵌套表（Nested）这 3 种数据表及其所支持的图形绘制，尤其是 GraphPad Prism 9 新增的主成分分析和气泡图。

第 9 章 介绍了 GraphPad Prism 绘图进阶技巧，包括首选项设置、图形组合、自定义配色方案、魔棒工具、克隆和模板等内容。

适用范围

本书所有内容均是在 GraphPad Prism 9 中完成的，绝大部分内容也适用于 GraphPad Prism 8。本书使用科研实例，结合统计分析方法绘制学术图表，在绘图过程中充分使用了软件内嵌的配色方案，还仿制了 ggplot2 配色风格，使用了自定义配色方案。另外，本书在绘制学术图表的同时兼顾了图形的美观性。

从 2020 年 2 月接到出版社的约稿，我利用空余时间不断撰写和修改本书的写作提纲，并在 2020 年 4 月开始基于 GraphPad Prism 8.4 版本进行写作，在 2020 年暑假期间更是专心撰写本书，终于在 9 月完成了初稿。然后根据出版社提出的意见和建议，我对初稿进行了删改，并且随着 GraphPad Prism 在 10 月发布了新版本，又将其中涉及的软件图片进行了修改，并补充了部分新版本的新增内容，如估计图、主成分分析和气泡图等。在写作过程中，我一边梳理学习，一边撰写修改，收获极大。同时有一句经验之谈与诸位分享：官方文档是软件学习的第一手资料。

在写作过程中，感谢电子工业出版社石倩老师对书稿的肯定与建议。由于时间与能力所限，本书疏漏之处在所难免，欢迎及恳请读者朋友们给予批评与指正。

作　者

2021 年 2 月 1 日

目 录

第 1 章

GraphPad Prism 快速入门

目前的非编程科学绘图界呈现出 GraphPad Prism、Origin 和 SigmaPlot "三分天下"的局面，大量学术图表都出自这三大软件。其中，GraphPad Prism 的体积最小，但是其功能齐全、学习成本低，而且在生物医学方面具有极为贴切的设计，如生存曲线、诊断方法的 ROC 曲线及对数分布数据的统计作图。本章将对 GraphPad Prism 使用界面、图形修饰和美化，以及一些学术图表配色知识等进行介绍，以便使读者系统地了解整个软件的使用方法和工作流程。

1.1 GraphPad Prism 简介

GraphPad Prism 是一款集数据分析和作图于一体的数据处理软件，它可以通过直接输入原始数据，自动进行基本的生物统计，如计算标准差、标准误和 P 值等，同时生成高质量的科学图表。

GraphPad Prism 的优点主要包括：

（1）基础统计分析和绘图功能齐全，不需要输入程序语言，可以全自动生成统计结果和图表，而且可以与 Microsoft Office 软件无缝衔接并自动更新。

（2）几乎所有的图表元素，包括坐标轴、图形外观、标题、网格和辅助线、刻度标签等，都可以被自由地编辑。

（3）图表排版方便，具有魔棒工具和从模板克隆创建图表的功能，可以快速统一图表外观形式。

（4）曲线拟合功能特别强大，集合了生命科学领域常见的曲线模型，可以快速拟合。

（5）软件体积小，界面友好，学习成本低，自带学习数据和教程。

GraphPad Prism 的缺点主要包括：一些高级统计方法和图形绘制无法实现；没有自动拾色器和数据集间颜色互换的功能；自定义颜色比较烦琐。

1.2 GraphPad Prism 下载和安装

进入 GraphPad Prism 官网，如图 1-2-1 所示，单击 Pricing 按钮即可获取各版本的报价信息，包括团队版和个人版，其中，个人版中的个人学术版或学生版价格比较适中。

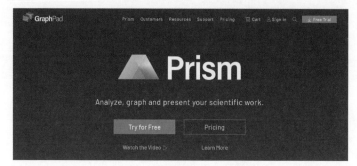

图 1-2-1 GraphPad Prism 官网

也可以单击 Try for Free 按钮，获取该软件的 30 天试用版，试用之后再决定是否购买。

（1）单击 Try for Free 按钮，在弹出的界面中填写邮箱信息，再简单回答两个问题，即可进入允许试用的界面。在此界面复制或记录 GraphPad Prism 发放的序列号，然后下载适合自己计算机的软件版本，并根据指引进行常规安装。

（2）在安装完成后，打开软件，软件会要求用户输入序列号。将刚才复制或记录的序列号输入，并单击 Next Step 按钮，如图 1-2-2 所示。之后会打开官网的确认界面，用户在此输入序列号、邮箱地址和简单个人信息并提交后，官网就会向用户填写的邮箱中发送激活码。

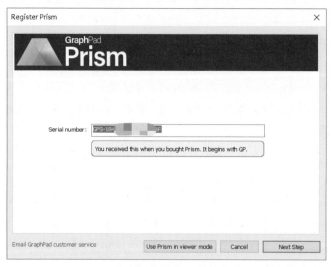

图 1-2-2 输入序列号

（3）复制官网所发送的激活码，回到软件激活界面，单击 Enter activation code 按钮，在弹出的界面中输入复制的激活码，勾选 I agree to the GraphPad license agreement 复选框，单击 Start using Prism 按钮，等待片刻即可开始试用软件，如图 1-2-3 所示。

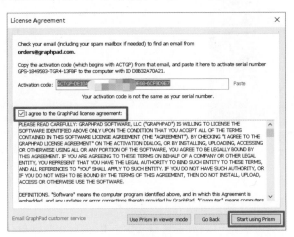

图 1-2-3　软件激活设置

1.3　GraphPad Prism 使用界面介绍

当新接触一款软件时，用户必然需要从整个软件最基础的界面开始学习。然而 GraphPad Prism 这款软件本来就不复杂，外观上也符合我们对常见软件的认知，仅仅介绍软件的界面可能会画蛇添足，适得其反。所以，下面的内容不仅介绍了这款软件的界面，还介绍了这款软件的操作流程。

1.3.1　欢迎界面

在打开 GraphPad Prism 之后，会显示一个欢迎界面（引导界面），如图 1-3-1 所示，该界面会引导用户选择数据表类型并进行一些基础设置。使用 GraphPad Prism 时通常从该界面开始，如果不小心关闭了该界面，则在工作区中双击即可再次显示该界面。

欢迎界面左侧包括两部分：New table & graph（新数据表和图形）和 Existing file（现有文件）。一般而言，通过 New table & graph（新数据表和图形）中的 8 种数据表就可以开始录入数据和绘制图形了。每一种数据表在欢迎界面右侧都有相应的说明，并且可以进行一些基础设置，包括输入数据的形式、数量以及是否带有其他统计量；也可以使用软件自带的示例数据探索软件的操作。这 8 种数据表是整个 GraphPad Prism 的组织基础，后面将会详细介绍每一种数据表的使用方法及应用场景。

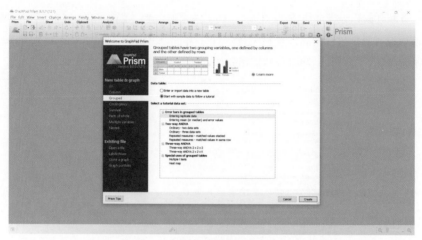

图 1-3-1　欢迎界面

　Existing file（现有文件）部分有以下 4 个功能。

（1）**Open a file**（**打开文件**）：打开文件界面如图 1-3-2 所示，除了可以在计算机上打开已经存在的 GraphPad Prism 文件（如模板文件），还可以在这里保存软件自动为用户保存的文件，即用户未保存而软件自动备份的文件。需要注意的是，这些文件只会被保存 4 天，超过 4 天就会被自动删除。所以，如果用户忘记保存或误操作了文件，则可以尝试到这里找回文件。

图 1-3-2　打开文件界面

（2）**LabArchives**（**实验室功能**）：实验室功能是由软件提供的免费的、永久的云端功能。根据注册的账户，用户可以存储、组织和分享数据到云端服务器。

（3）**Clone a graph**（**克隆图形**）：克隆图形界面如图 1-3-3 所示，可以从 Opened project（打开的项目）、Recent project（最近项目）、Saved example（保存的样图）及 Shared example（共享的

样图）选项卡中克隆图形。在克隆图形时，会把相关图形及支持图形的数据表复制过来；在克隆过程中，可以选择是否增删自己的数据；在增删数据之后，GraphPad Prism 会自动快速完成新图形的绘制。克隆图形功能通常用于快速绘制同系列的图形。相关内容在 9.4.2 节中还会介绍。

图 1-3-3　克隆图形界面

（4）**Graph portfolio**（**图形仓库**）：图形仓库界面如图 1-3-4 所示，该界面以预览图的形式收集了大量 GraphPad Prism 能够绘制的图形。如果用户不清楚能否使用 GraphPad Prism 绘制出想要的图形，则可以到这里找一找参考图形或灵感。整个图形仓库的图形分为两类：GRAPHS TO EXPLORE 和 GRAPHS WITH TUTORIALS，后者带有绘制教程。当然，除这里收集的图形之外，肯定还有其他大量图形没有被收录进来，用户需要发挥自己的创造力，充分利用 GraphPad Prism 进行绘制。

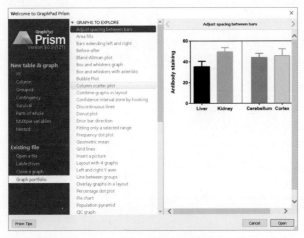

图 1-3-4　图形仓库界面

1.3.2 操作界面

选择欢迎界面左侧的 Column（纵列）标签，选中 Start with sample data to follow a tutorial 单选按钮，选择 Select a tutorial data set→T tests→t test - Unpaired（非配对 t 检验）选项，然后单击 Create 按钮，如图 1-3-5 所示，就会创建一个项目（Project），进入软件的操作界面。

图 1-3-5　利用软件自带数据创建一个项目

在介绍 GraphPad Prism 的操作界面之前，建议先把整个项目保存到磁盘中。选择 File（文件）→Save（保存）命令，将文件命名后保存为.pzfx 格式的原始文件，如图 1-3-6 所示。也可以单击下面要介绍的工具栏中的保存图标█进行保存。在保存项目之后，软件默认每隔 5 分钟自动备份一次，可以避免因不当操作而导致的软件崩溃或断电等意外情况造成的数据丢失，建议用户养成在新建项目之后就保存项目的习惯。

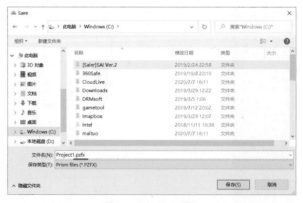

图 1-3-6　保存项目

GraphPad Prism 的操作界面和常规软件的差不多，从上到下依次是菜单栏、工具栏、工作

区和状态栏，其中，工作区左侧有一个导航栏，用来辅助工作区进行快速切换，如图 1-3-7
所示。需要注意的是，图 1-3-7 中的黄色提示框在正常创建的项目中是没有的，而是使用示例
数据所独有的，可以单击其右上角的最小化图标，将该提示框隐藏起来。这种提示框（或
悬浮笔记）可以通过在工具栏的 Sheet 选项组中单击图标并选择不同的颜色来建立，也可
以在提示框（或悬浮笔记）中右击，在弹出的快捷菜单中选择相应的命令，从而删除提示框（或
悬浮笔记）或更改颜色。在实际数据分析过程中，可以方便地添加备注信息。

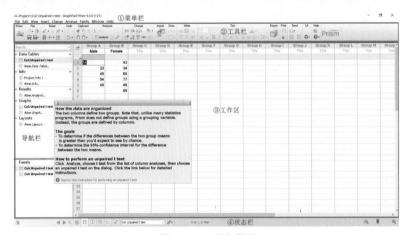

图 1-3-7　操作界面

1. 菜单栏

与其他常规软件一样，菜单栏按照软件功能分组排列，为软件的绝大多数功能提供入口。
在菜单栏中选择任一菜单命令，可显示其下拉菜单，在下拉菜单中选择相应的命令即可完成操
作，如图 1-3-8 所示，但直接使用菜单栏完成操作的频率较低，而且越往右的菜单命令的使用
频率越低。

图 1-3-8　菜单命令及其下拉菜单

2. 工具栏

工具栏把高频使用的软件命令通过图标按钮的形式集中显示出来,大多数操作可以在这里快速完成。

对于不同的表单,工具栏显示的工具会有所区别。如图 1-3-9 所示,对于 Data Tables(数据表),Change 选项组主要是关于数据表种类更换、数据表增减行列、排序一类的数据操作,右边的 Import 选项组可以快速从外部导入其他格式的数据表格,Draw 选项组则是灰色的,表示不可用;而切换到 Graphs(图形)时,相应的 Change 选项组变成了关于更改图形样式、设置图形格式等一系列操作,Import 选项组变成了 Arrange 选项组,Draw 选项组也变得可以使用。由于工具栏内容较多,在后面的内容中会结合实例再继续介绍。

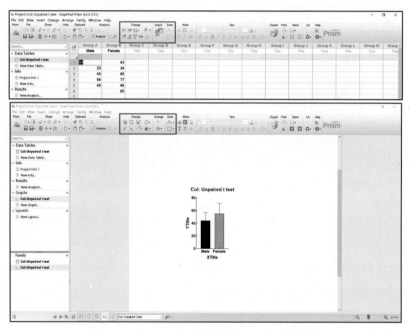

图 1-3-9　Data Tables 和 Graphs 下工具栏的差异

3. 工作区

工作区是软件处理数据并进行数据可视化的区域,是整个软件使用频率最高的区域。

工作区左侧有一个导航栏,这里清楚地列出了 GraphPad Prism 中一个 Project(项目)的 5 个组成部分——Data Tables(数据表)、Info(信息表)、Results(结果)、Graphs(图形)、Layouts(排版),以及最下面用来管理这 5 个组成部分之间关联关系的 Family(组织或族)。同时,可以通过单击左下角的按钮隐藏导航栏,如图 1-3-10 所示。

(1)Data Tables(数据表):该部分用于放置项目中的各种数据表,每种数据表的形式可以是 8 种数据表中的任意一种。每种数据表在右侧有对应的数据组织和输入形式，是整个软件进行统计分析和作图的基础。每种数据表及其他 4 个部分都可以通过右击并在弹出的快捷菜单中选择 Rename sheet 命令，或者双击标题中的文字部分进行重命名。

如果发现欢迎界面的数据输入形式选择错误，则可以在已经打开的数据表中进行更改，如图 1-3-11 所示：①在工具栏的 Change 选项组中单击 ▦ 图标，即可再次弹出欢迎界面，可以对数据表的类型和样式进行更改；②在没有对数据表进行任何更改的情况下，单击数据表左上角的 Table format 按钮，同样可以弹出欢迎界面，并对数据表进行更改。

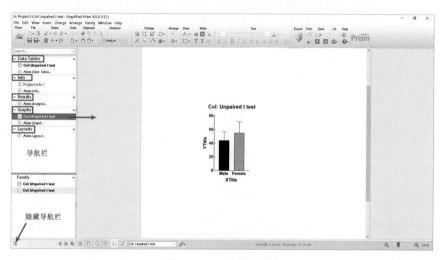

图 1-3-10　隐藏导航栏

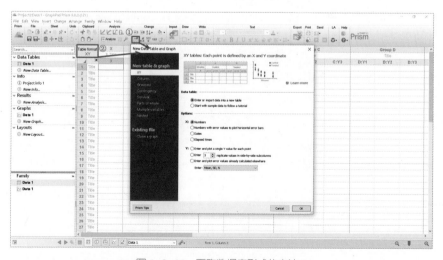

图 1-3-11　更改数据表形式的方法 1

双击数据表中第二行带有浅灰色 Title 字样的任意一格（即每一列的列标题），可以进入列

标题修改界面，如图 1-3-12（a）所示；双击数据表中第三行（即列标题下一行）及表格行号
上面用于选择整个表格的矩形区域，可以进入子列标题修改界面，如图 1-3-12（b）所示。这
两个界面除了可以对文字内容进行修改，还可以对文字格式进行修改，如加粗、斜体、下画线、
上下标等。

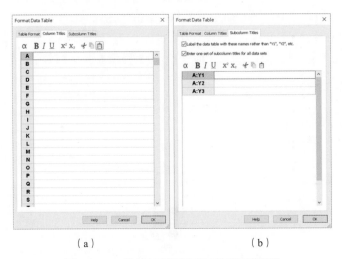

（a）　　　　　　　　　　　　　　　（b）

图 1-3-12　数据表列标题和子列标题修改界面

进入列标题或子列标题修改界面后，都可以切换到如图 1-3-13 所示的 Format Data Table
界面，该界面的外观与图 1-3-11 的欢迎界面不同，但内容相同，甚至更丰富，同样可以修改
数据表的类型和样式。此外，如果显示了列标题或子列标题（不需要修改）以及录入了数据之
后，再次单击数据表左上角的 Table format 按钮，也会进入 Format Data Table 界面，而不再显
示图 1-3-11 的欢迎界面。

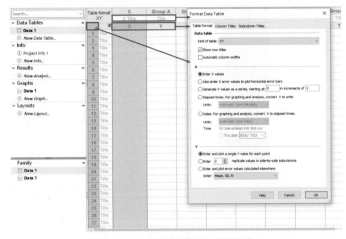

图 1-3-13　更改数据表形式的方法 2

选择 Data Tables→New Data Table 选项，可以进入欢迎界面，创建新的数据表，如图 1-3-14 所示，对其他 4 个部分也可以通过这种方法快速创建新的表单。

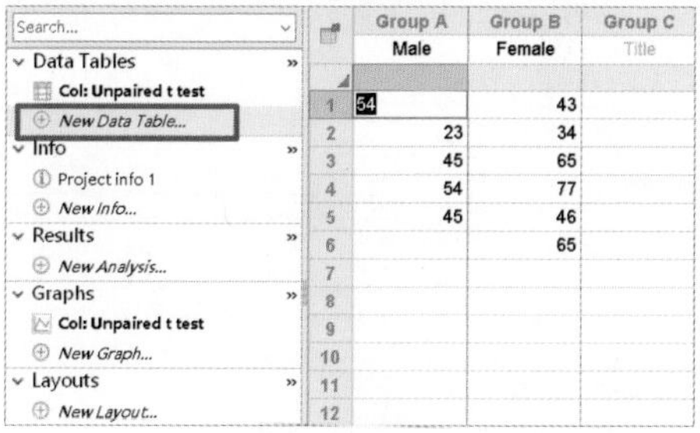

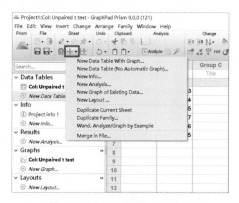

图 1-3-14　创建新的数据表

此外，可以通过单击工具栏中的 ➕ 图标快速创建新的表单，如图 1-3-15 所示。在项目的 5 个部分下面都可以创建不同的新表单，比如，在 Data Tables（数据表）下面可以创建不超过 1024 个（GraphPad Prism 9）数据表，其他 4 个部分也是如此。

图 1-3-15　快速创建新的表单

（2）Info（信息表）：该部分用于记录数据分析过程及实验设计的一些信息，以备检查，用户需要根据自己的实际情况填写，如图 1-3-16 所示。

图 1-3-16　信息表

（3）**Results**（结果）：该部分用于记录统计分析的结果。可以选择 New Analysis 选项，在弹出的界面中选择需要分析的数据表，选择统计分析方法，选择分析的数据集，完成统计分析，如图 1-3-17 所示。此外，也可以在选中所需数据表的同时，单击工具栏中的 ▣Analyze 图标进行分析。

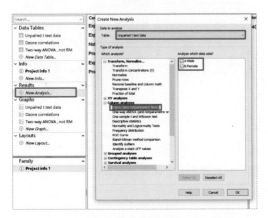

图 1-3-17　统计分析

本例使用 Unpaired t test data 示例数据，并且全部采用默认设置，很快就能得到分析结果，如图 1-3-18 所示。如果对分析过程中设置的参数不满意，则可以回到 Results 的分析结果表单，单击左上角标注分析名称的图标 Unpaired t test Tabular results，重新打开数据分析的参数设置界面，修改参数。如果对统计分析方法和分析结果有疑问，则单击工具栏中的 ⁎ 图标，将会打开一个界面，并显示所采用的统计分析方法和判断指标的解释说明。

图 1-3-18　分析结果

（4）**Graphs**（图形）：在数据表中输入数据之后，Info（默认只有建立项目的时间）和 Results

中没有内容，GraphPad Prism 会自动创建一个和数据表同名的图形表单，但图形的样式并没有确定。在初次单击图形名称时会跳出图形选择引导界面，如图 1-3-19 所示，供用户选择合适的图形样式。在图形绘制完成之后，再次单击图形名称则只起到一个导航定位的作用。如果需要更改图形样式，则需要在工具栏的 Change 选项组中单击第一个 Choose a different type of graph 图标 ┅。GraphPad Prism 的图形快速绘制功能非常强大，除非有个性化设计要求，几乎可以实现即出即用。

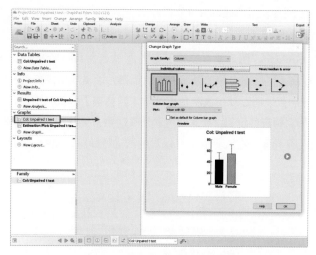

图 1-3-19　图形选择引导界面

（5）Layouts（排版）：该部分用于直接在 GraphPad Prism 中进行多个小图或表格的排版组图，生成符合出版要求的大图。选择 New Layout 选项，激活排版界面，根据项目实际情况创建图形排版，如图 1-3-20 所示。

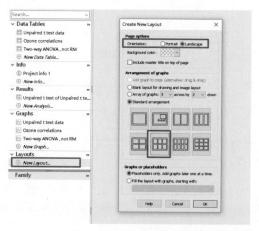

图 1-3-20　创建图形排版

Page options（页面选项）：可以设置排版页面是纵向（Portrait）的还是横向（Landscape）的，设置背景颜色（Background color），设置是否包括每个图形页顶部的主标题（Include master title on top of page），下面两个选项一般保持默认。

Arrangement of graphs（图形排列）：软件默认选中 Standard arrangement（标准排列）单选按钮，并内置了一些排列方式（见图 1-3-20），可以选择直接套用。如果想要使用其他排列方式，则选中 Array of graphs：_across by _down 单选按钮，可自定义图形排列矩阵，后面的数据表示 *n* 列×*m* 行。或者选中 Blank layout for drawing and image layout 单选按钮，可采用空白版面，自由排列图形和图像。

Graphs or placeholders（图形或占位符）：软件默认选中 Placeholders only. Add graphs later one at a time（仅占位，稍后逐个添加图形）单选按钮，可生成由浅灰色占位块表示图形的布局。在排版工作区中，可以通过双击浅灰色占位块来选择需要放置的图形，也可以从左边的导航栏中直接拖动图形到相应的位置。推荐使用双击浅灰色占位块的方式选择图形，因为双击占位块后会出现图形选择界面，在该界面中可以对图形进行预览，如图 1-3-21 所示，方便选择需要排版的图形。

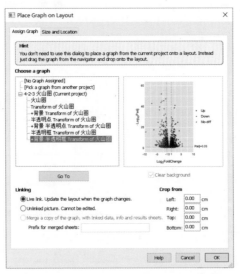

图 1-3-21　图形选择界面

导入的图形会被限制在浅灰色占位块的大小范围内，可以直接通过拖曳对角的方式进行缩放或拖曳图形的方式进行位置移动；浅灰色占位块可以被直接删除，如图 1-3-22 所示。

如果选中了 Fill the layout with graphs, starting with（将图形填入排版，从……开始）单选按钮，则需要选择一个起始图形，然后将 Graphs 部分的图形按照生成的先后顺序自动填入设置好的排版版式中。更多排版内容见 9.2 节相关内容。

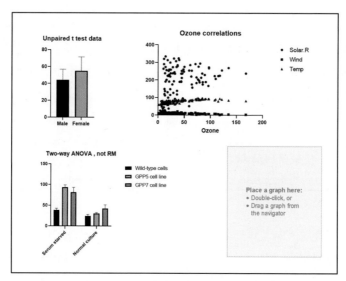

图 1-3-22　对图形和占位块进行再次排版

（6）**Family（组织或族）**：导航栏下面的这部分会把相关联的 Data Tables（数据表）、Info（信息表）、Results（结果）、Graphs（图形）和 Layouts（排版）放在一起，形成一个 Family（组织或族）。一般情况下，在数据表被命名之后，后面的信息表、结果和图形默认都会和数据表保持相同的名称，这种一贯性有助于回溯数据可视化的整个过程。但是在数据分析过程中，可能会修改各部分的名称，甚至重复命名，这样混乱的命名方式将导致很难找到相关联的几个部分。而 Family 可以提供这样的功能，不管如何改名，只要在数据分析和绘图上面存在关联的内容都会被放在一起，当选择某个 Family 时，其下属的各个表单会加粗显示，如图 1-3-23 所示。

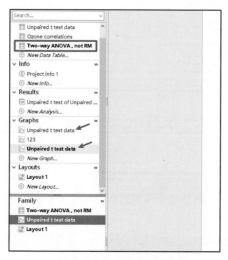

图 1-3-23　Family 功能

4. 状态栏

软件的最下方是软件的状态栏，除了指示各个表单的一些状态和提供视图缩放功能，还提供了一些快捷按钮，如图 1-3-24 所示。这些快捷按钮在其他地方也有实现方式，用户可以根据个人习惯决定是否使用。

图 1-3-24　状态栏

◀▶：按照从下到上或从上到下的顺序，可切换并浏览导航栏中的所有表单。

◀：在当前界面和上一次使用的界面之间来回切换，单击一次该按钮可回到上一次使用的界面，再单击一次该按钮可返回当前界面。

▦：表单缩略图模式，如图 1-3-25 所示，可以为每部分的多个表单提供缩略图模式，单击任意一个具体的表单即可退出缩略图模式。

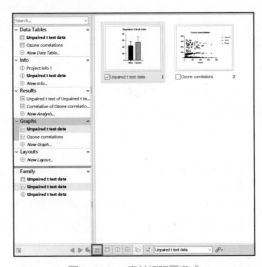

图 1-3-25　表单缩略图模式

▦①▤▨▨：这 5 个图标从左到右依次对应导航栏中的 5 个组成部分，即 Data Tables、Info、Results、Graphs、Layouts，分别单击不同的图标可以快速地在 GraphPad Prism 的 5 个组成部分之间切换。

Unpaired t test data ⌄：当前部分中的表单切换或重命名。

⌐：快速链接到同一个 Family 中的表单。

1.4　GraphPad Prism 图形修饰和美化

在 Graphs（图形）部分选择合适的图形之后，会在工作区快速生成 GraphPad Prism 图形，如图 1-4-1 所示，这个图形对于要求不高的期刊来说几乎可以直接使用。

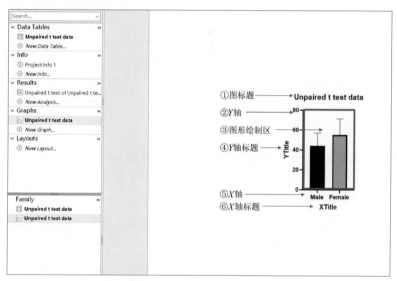

图 1-4-1　GraphPad Prism 图形

整个图形的元素看起来有很多，但可以归纳为 3 个部分：文字内容、坐标轴区和图形绘制区。因此，对图形的修饰和美化也分三步走：（1）文字内容→（2）图形绘制区→（3）坐标轴区。建议按照此顺序或者（1）图形绘制区→（2）坐标轴区→（3）文字内容的顺序进行修改。

（1）**文字内容的修饰和美化。**对于标题、刻度标签和图例的字体、字号，一般会在生成图形之后，按 Ctrl+A 键全选文字内容并直接修改，这一步也可以放到最后处理。尤其是在图形上面有中文字体的情况下，更是建议最后修改字体，这是因为 GraphPad Prism 目前的版本对中文的支持还有 Bug，可能在修改字体之后会自动变回默认字体。

其中，标题包括图标题和坐标轴标题，直接单击标题文字即可修改文字内容。在科研图形中，很多时候不需要图标题，将其直接删除即可；坐标轴标题可根据需要修改或删除，主要是对字体、字号、颜色、上下标、文字方向、对齐等方面进行调整，与 Office 软件的使用方式极为类似，如图 1-4-2 所示。

（2）**图形绘制区的修饰和美化。**详细内容见 1.4.1 节，建议在第二步或第一步修改此内容。

（3）**坐标轴区的修饰和美化。**详细内容见 1.4.2 节，建议在第三步或第二步修改此内容，以便调整图形大小。

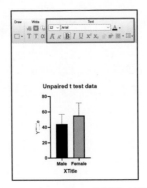

图 1-4-2　GraphPad Prism 图形的文字内容修改

1.4.1　图形绘制区的修饰和美化

图形绘制区是指由 X、Y 轴围成的区域。图形样式（填充和描边）、误差线样式、图例、误差标志等内容都是在这个区域中实现的。在图形绘制区的任意位置双击或者在工具栏的 Change 选项组中单击 图标，即可进入 Format Graph 界面，如图 1-4-3 所示，可以进行 4 个方面的设置：Appearance（外观）、Data Sets on Graph（图形数据集）、Graph Settings（图形设置）、Annotations（注释）。

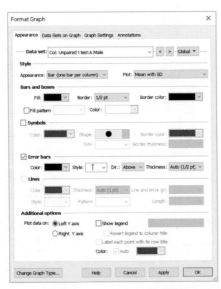

图 1-4-3　Format Graph 界面

（1）**Appearance**（外观）：在该选项卡中先选择需要修改的单个图形元件对应的数据集（Data set），如图 1-4-4 所示，本例（Col：Unpaired t test data）中涉及男性（Col：Unpaired t test data：A：Male）和女性（Col：Unpaired t test data：B：Female）两组数据。在 GraphPad Prism

9 中，软件自带数据会在前面加上表示数据表类型的缩写前缀，比如，本例中的 Col:表示 Column，即纵列表，而之前的软件版本则没有这个前缀。GraphPad Prism 中的数据集命名方式为"数据表名+字母标记+分组名"，由于采用这个命名方式得到的名称比较长，在本书中一般以字母标记来指示数据集，比如，本例中有 A、B 两列数据或者说有 A、B 两个数据集，分别对应两个柱状图。如果是单击图形绘制区的空白区域进入 Format Graph 界面的，要对其中一个柱状图进行修改，则需要先选择对应的数据；如果是直接在需要修改的柱状图（或其他图形）上双击进入 Format Graph 界面的，则软件会直接选好对应的数据集。

选好对应的数据集之后，再确定单个图形的整体 Style（样式）：如图 1-4-4 所示，在 Appearance（外观）下拉列表中可以对单个图形（本例为柱状图）样式进行修改，如改成 Violin plot（小提琴图）样式；在 Plot（画图）下拉列表中可以对外观样式做进一步修改，如该选项默认是 Violin plot only（小提琴图），但也可以选择 Violin plot.Show all points（显示点的小提琴图）选项。

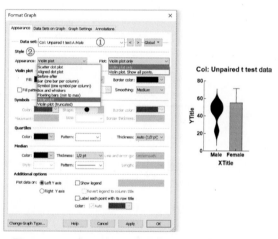

图 1-4-4　Format Graph 界面（Appearance 选项卡）

选好数据集和整体样式之后，剩下的就是细节修改，不同的整体样式对应的可修改细节有所不同。如图 1-4-5 所示，若将 Plot 设置为 Violin plot.Show all points（显示点的小提琴图），则可以进行的修饰如下所述。

- **Violin plot（小提琴图）**：可以修改 Fill（填色）、Border（边线粗细）、Border color（边线颜色）及 Smoothing（小提琴图的平滑度）选项，如果勾选了 Fill pattern（图案）复选框，还可以对图案的种类和颜色进行选择。
- **Symbols（符号）**：数据所代表的点的外观修改，包括 Color（填充颜色）、Shape（形状）、Placement［放置，可以错开（Staggered）或重叠（Aligned）］、Size（大小）选项，如果设置的符号有边线，还可以设置 Border color（边线颜色）和 Border thickness（边线粗细）选项。

- **Quartiles（四分位线）**: 小提琴图可以被看作核密度图与箱线图的结合，所以还会显示四分位线，在此可以设置上下四分位线的颜色（Color）、线条样式（Pattern）和粗细（Thickness）。
- **Median（中位线）**: 可以设置中位线的颜色（Color）、线条样式（Pattern）和粗细（Thickness）。如果带有误差线，还可以对误差线进行误差线朝向（Line and error go）、样式（Style）和长度（Length）的设置。
- **Additional options（其他选项）**: 可以设置图形是基于左 *Y* 轴还是右 *Y* 轴绘制的、是否显示图例（Show legend）以及是否以行名来标记每个点。

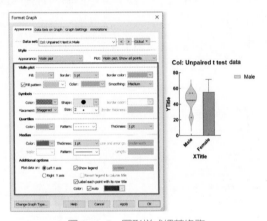

图 1-4-5　图形样式细节修改

（2）**Data Sets on Graph（图形数据集）**: 该选项卡主要用于控制构成单个图形的数据集（Data set）以对单个图形进行修改，包括 Add（增加）、Replace（替换）、Remove（移除）及 Reorder（排序）等操作，如图 1-4-6 所示。

图 1-4-6　Format Graph 界面（Data Sets on Graph 选项卡）

图 1-4-7 依次展示了对本例之前获得的单个图形（柱状图和小提琴图）数据集进行增加、移除、替换、反向及分隔等操作。

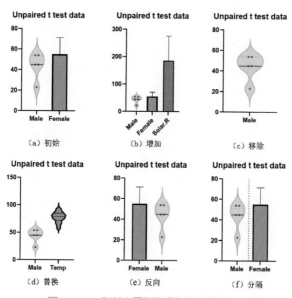

图 1-4-7　对单个图形数据集的常见操作

此外，选择非顶端的数据集，还可以进行间隔和分割线的设置，如图 1-4-8 所示。

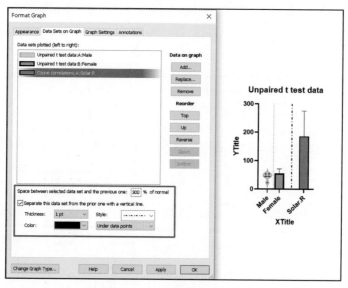

图 1-4-8　间隔和分隔线设置

（3）**Graph Settings**（图形设置）：该选项卡用于对图形整体进行设置。如图 1-4-9 所示，包括 Direction（图形方向）、Baseline（基线）、Dimensions（尺寸，可以设置各图形之间的间距）、Discontinuous axis（不连续坐标轴）、Scatter plot appearance（散点图外观）、Shape of legend key（图例图形形状）等方面的设置。

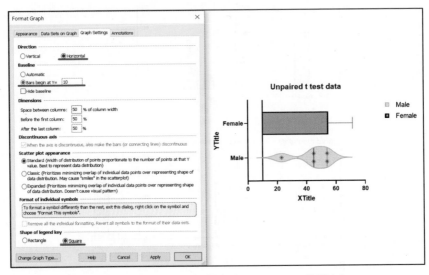

图 1-4-9　Format Graph 界面（Graph Settings 选项卡）

（4）Annotations（注释）：该选项卡主要用于设置数据标签的展示形式。如图 1-4-10 所示，本例分别在误差线之上、柱形图顶部或柱形图底部展示构成单个图形的数据标签，并且数据标签的形式，如方向、格式、小数位数、字体、颜色等都可以在该选项卡中设置。

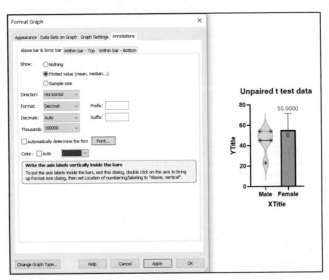

图 1-4-10　Format Graph 界面（Annotations 选项卡）

　　如图 1-4-11 所示，在单个图形的任意位置右击，在弹出的快捷菜单中也有一些修改命令，主要是用于进行格式设置的快捷操作命令，可以分为以下 4 类。

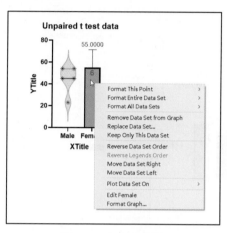

图 1-4-11　快捷菜单

　　格式设置类：包括对单个点（Format This Point）、整个数据集（Format Entire Data Set）和所有数据集（Format All Data Sets）的格式进行设置，如填色、描边、填充图案等选项。

　　数据集操作类：包括从图形中移除数据集（Remove Data Set from Graph）、替换数据集（Replace Data Set）、仅保留该数据集（Keep Only This Data Set）3 种操作。

　　数据集顺序操作类：包括反向数据集顺序（Reverse Data Set Order）、反向图例顺序（Reverse Legends Order）、右移数据集（Move Data Set Right）、左移数据集（Move Data Set Left）4 种操作。

　　更换绘图坐标轴类：选择 Plot Data Set On（数据绘图于）命令，然后选择数据绘制在左 Y 轴还是右 Y 轴，并对图形所在数据集进行编辑（Edit），进入 Format Graph 界面。

1.4.2　坐标轴区的修饰和美化

　　在 GraphPad Prism 中，坐标轴、刻度和刻度标签是一体的，统称为坐标轴区。如果需要修改坐标轴区的格式，可以在工具栏的 Change 选项组中单击 图标；或者先单击刻度标签或坐标轴（含刻度），在刻度标签或坐标轴两端出现蓝色端点后双击该端点即可进入 Format Axes 界面，如图 1-4-12 所示。修改内容包括坐标轴框和原点，X 轴/左 Y 轴/右 Y 轴格式，标题和字体等，其中 X 轴/左 Y 轴/右 Y 轴格式的修改内容大同小异。

　　（1）Frame and Origin（坐标轴框和原点）：如图 1-4-13 所示，在 Format Axes 界面（Frame and Origin 选项卡）中可修改内容包括 4 个方面。

　　Origin（原点）：可以设置 X 轴和 Y 轴交点所在位置，包括 Lower left（左下）、Upper left

（左上）、Lower right（右下）、Upper right（右上）4 个预设位置，以及 Custom（自定义）位置。在大多数情况下，采用软件的默认设置即可。

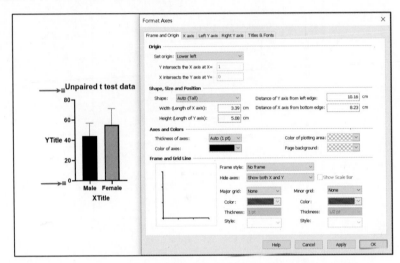

图 1-4-12　从刻度标签进入 Format Axes 界面

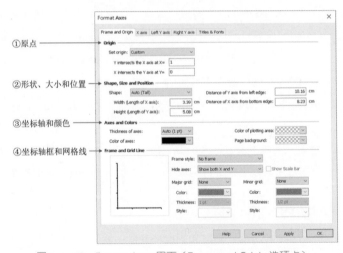

图 1-4-13　Format Axes 界面（Frame and Origin 选项卡）

Shape, Size and Position（形状、大小和位置）：可以快速设置整个图形的形状和位置。Shape（形状）下拉列表中提供了 Auto（Tall）（自动（高））、Wide（宽）、Square（方）和 Custom（自定义）4 种格式，前面 3 种格式由系统自动调整尺寸，适用范围比较广；Custom（自定义）可以根据排版需要自行设置 X 轴和 Y 轴的长度和宽度。还可以通过设置 Distance of Y axis from left edge（Y 轴距页面左边缘距离）和 Distance of X axis from bottom edge（X 轴距页面底边距离）来确定整个图形在页面上的位置，但一般不采用这种方式，因为可以通过自由拖动的方式对图形进行定位。此外，也可以单击选中 *X* 轴或 *Y* 轴，自行拖动或缩放，改变整个图形的形状；还可以框选整个图形并自由移动整个图形，改变其在页面上的位置。

　　Axes and Colors（坐标轴和颜色）：可以设置坐标轴的 Thickness of axes（坐标轴线条粗细）和 Color of axes（坐标轴颜色），以及 Color of plotting area（图形绘制区颜色）、Page background（页面背景）。

　　Frame and Grid Line（坐标轴框和网格线）：坐标轴框有 5 种形式，如图 1-4-14（a）所示，即 No frame（无边框）、Offset X & Y axes（*X/Y* 轴分离）、Plain Frame（无刻度边框，平框）、Frame with Ticks（mirrored）（刻度边框（镜像），这里的镜像指与现有的 *X/Y* 轴刻度方向成镜像对称）、Frame with Ticks（inward）（刻度边框（向内））。通过设置 Hide axes（隐藏坐标轴），可以获得 4 种坐标轴的显示样式，如图 1-4-14（b）所示。此外，还可以设置主要网格线（Major grid）和次要网格线（Minor grid）的颜色、粗细、线条样式，如图 1-4-14（c）所示。

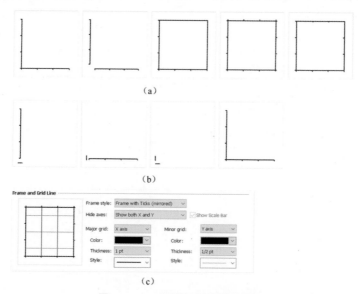

图 1-4-14　坐标轴框和网格线设置

　　（2）**X axis/Left Y axis/Right Y axis**（*X* 轴/左 *Y* 轴/右 *Y* 轴）：3 个坐标轴的设置选项是一样的，只是根据各自的数据可能会有一些功能无法使用。比如，本例中是没有双 *Y* 轴的，所以右 *Y* 轴的设置选项均为灰色不可用状态，如图 1-4-15 所示。

　　Gaps and Direction（坐标截断和方向）：坐标轴默认为 Standard（标准，即正向无截断）样式，如图 1-4-16 所示。此外，还可以设置反向（Reverse）、两段截断（Two segments）或三段截断（Three segments）形式，以应对因个别数据过大造成整个图形过高的情况。Scale（标尺）默认设置坐标轴上面的刻度数值以线性（Linear）形式表示，也可以改为其他形式，如对数形式、自然对数形式或百分率形式。

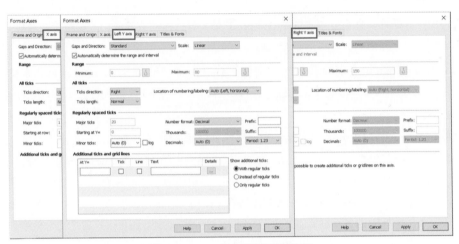

图 1-4-15　3 个坐标轴的设置选项

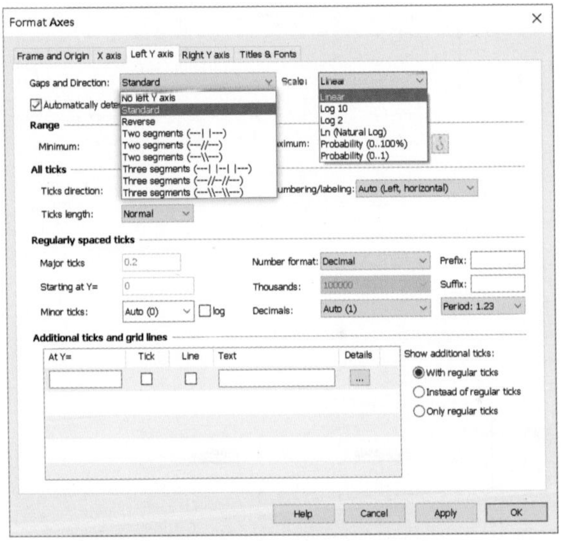

图 1-4-16　坐标截断和方向

　　如果将坐标轴设置为两段截断或三段截断形式，则需要对每一段（Segment）所占的范围（Range），包括长度（Length）、最小值（Minimum）和最大值（Maximum）进行设置，如图 1-4-17 所示，并且在每一段的衔接上都要进行一些简单的计算。关于坐标截断设置见 4.2.2 节相关内容。

　　Range（坐标轴范围）：GraphPad Prism 生成的整个图形默认根据录入的数据自动确定坐标轴长度范围和刻度间隔。如果想要手动修改，则需要取消勾选 Automatically determine the range and interval（自动确定范围和间隔）复选框，才能手动设置坐标轴的 Minimum（最小值）和 Maximum（最大值）等，从而更改坐标轴范围，如图 1-4-18 所示。

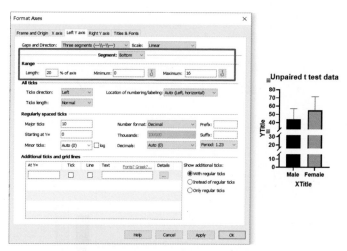

图 1-4-17　坐标轴的三段截断

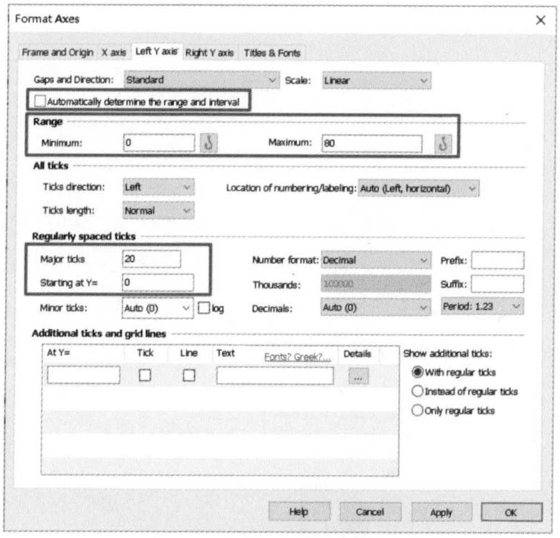

图 1-4-18　更改坐标轴范围

All ticks（所有刻度）：可以设置所有刻度的方向、长度，以及刻度旁边的数字/标签的位置（Location of numbering/labeling）。

Regularly spaced ticks（均匀间隔刻度）：GraphPad Prism 生成的整个图形默认根据录入的数据自动确定坐标长度和刻度间隔。如果想要手动修改，则需要取消勾选 Automatically determine the range and interval（自动确定范围和间隔）复选框，才可以对 Major ticks（主要刻度）和 Starting at Y =（起始 Y 值）进行设置（见图 1-4-18）。

此外，还可以设置 Number format（刻度数字格式），包括 Decimal（小数）、Scientific（科学计数）、Power of 10（以 10 为底的对数）和 Antilog（逆对数）等格式，以及 Prefix（加前缀）、Suffix（加后缀）等，可以满足刻度数字/标签格式的多样化要求。

Additional ticks and grid lines（辅助刻度和辅助网格线）：可以在相应坐标轴上面更改刻度值和添加辅助线。

（3）**Titles&Fonts**（标题和字体）：可以设置图标题、坐标轴标题、刻度数字/标签的字体和距离，对于 Y 轴标题，还可以设置其文字方向，如图 1-4-19 所示。

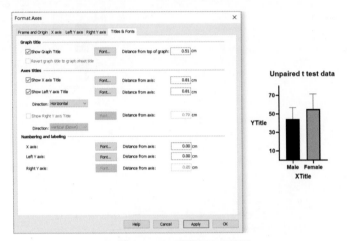

图 1-4-19　标题和字体设置

（4）**快速设置**：除了双击进入上面的 Format Axes 界面进行设置，还可以在坐标轴或刻度标签上（坐标轴两端出现蓝色端点代表选中）右击，通过弹出的快捷菜单进行快速设置，包括设置坐标轴的粗细、颜色、坐标轴框，设置刻度数字/标签的字体大小、颜色、方向，以及设置坐标轴标题的字体大小、颜色、方向，如图 1-4-20 所示。

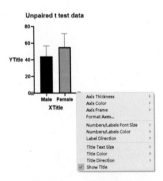

图 1-4-20　快速设置

这里最常用的一个功能是在弹出的快捷菜单中选择 Label Direction→Below, angled 命令，让 X 轴标签以默认的 45°显示，可以避免因某些标签过长、横排而无法较好地显示标签的情况发生。如果想要自由设置旋转角度，则需要双击刻度标签或 X 轴进入 Format Axes 界面进行设置，如图 1-4-21 所示。

图 1-4-21　对 X 轴刻度标签进行旋转角度设置

1.5　学术图表配色知识

　　GraphPad Prism 内置了较多的配色方案，基本可以满足学术图表的常规使用。使用方法是在工具栏的 Change 选项组中单击 图标，在弹出的下拉菜单中会有一些高频使用的配色方案可供选择，如果不满意这些方案，则可以选择 More Color Schemes 命令，预览更多软件内置的配色方案，如图 1-5-1 所示。如果对配色有更高的要求，则需要了解一些配色相关的知识和工具。关于自定义颜色见 3.2.3 节相关内容，关于自定义配色方案见 9.3 节相关内容。

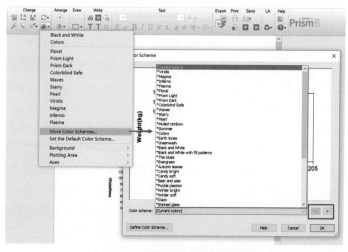

图 1-5-1　预览软件内置的配色方案

1.5.1 色彩三要素

在描述色彩时，如浅红色，有时很难区分这是由于红色里面混入了白色而形成的色彩，还是由于红色在比较明亮的环境下造成的视觉浅化效果。而在脱离语境并客观、独立、准确地描述一种色彩时，则需要用到与色彩密不可分的三要素：色相（Hue）、饱和度（Saturation）和明度（Brightness）。

色相（Hue）是色彩的首要特征，是色彩所呈现出来的质地面貌，是区别各种不同色彩的最准确的标准。我们常说的七色——红、橙、黄、绿、青、蓝、紫，以及玫瑰红、橘黄、柠檬黄、钴蓝、翠绿等指的就是色相。色相的特征取决于光源的光谱组成或有色物体表面反射的各波长辐射的比值对人眼所产生的感觉。

饱和度（Saturation）是指色彩的鲜艳程度，也称为纯度，表示色彩中所含有色成分的比例。所含有色成分的比例愈大，则色彩的饱和度愈高；所含有色成分的比例愈小，则色彩的饱和度愈低。随着饱和度的降低，有色成分会降低，色彩也会变得暗淡直至无色彩（灰度），即失去色相的色彩。

明度（Brightness）则是指色彩的明暗程度。各种有色物体因反射光量的区别而产生色彩的明暗强弱，从这点来看，明度与有色物体的化学组成相关，而化学组成与饱和度相关。色彩的明度有两种情况：一种情况是同一色相不同明度，例如，同一色彩在强光照射下显得明亮，而在弱光照射下显得灰暗；另一种情况是同一色彩加黑色或加白色后在同样光照下产生不同的明暗层次。同时，色彩的饱和度和明度会交错起作用。例如，红色加黑色后明度降低了，饱和度也降低了，则在强光照射下能提升一定的明度；红色加白色后明度提高了，饱和度却降低了，则在弱光照射下明度会有所降低。

此外，各种色彩都具有不同的明度，每一种纯色都具有与其相应的明度。其中，黄色明度最高，蓝紫色明度最低，红、绿色为中间明度。由于色相、饱和度和明度这三要素是不可分割的，因此在应用时必须同时考虑。

如何以符合人眼主观感受的方式去描述色彩呢？有两种色彩模式（模型）：HSL 色彩模式和 HSB 色彩模式，如图 1-5-2 所示。在这两种色彩模式中，H 都表示色相（Hue）、S 都表示饱和度（Saturation），而 B 表示明度（Brightness）、L 表示亮度（Lightness）。这两种色彩模式对于色相的描述相同，但对于饱和度和明度（亮度）的描述则存在差异。HSL 色彩模式用 S 单纯描述某种色彩的饱和度，用 L 单纯描述向对应色彩中加入黑色和白色的程度；而 HSB 色彩模式则用 S 综合描述白色和某种色彩的各自占比，用 B 描述向该色彩中加入黑色的程度，可类比环境光的亮暗。HSL 色彩模型更好地反映了饱和度和亮度作为两个独立参数的直觉观念，但会导致饱和度定义发生错误，因为非常柔和的几乎全白（或非常暗淡的几乎全黑）的色彩在 HSL 色彩模式中会被定义为完全饱和的。HSB 色彩模型在饱和度 S 中描述白色占比，在明度 B 中描述环境光，符合饱和度和明度的交错关系，但可能更难理解。所以，对于 HSL 色彩模式和 HSB 色彩模式，哪一个更适合人机界面一直存在争议。

图 1-5-2　HSL 色彩模式和 HSB 色彩模式

在色彩三要素中，色相属性代表色彩质地的区别，决定色彩给读者的心理感受。色相可被简单地分为暖色和冷色两部分。红、橙、黄、棕等色彩往往给人炽热、兴奋、热情、温和的感觉，所以将它们称为暖色；绿、蓝、紫等色彩往往给人镇静、凉爽、开阔、通透的感觉，所以将它们称为冷色。色彩的冷暖感觉是相对的，除橙色与蓝色是色彩冷暖的两个极端外，其他许多色彩的冷暖感觉都是相对存在的，比如紫色和绿色，紫色中的红紫色较暖，而蓝紫色则较冷；绿色中的草绿色偏暖，而翠绿色则偏冷。

一旦确定了色相，就需要考虑饱和度和明度，这两个属性在很大程度上决定了色彩带给审稿人和读者的视觉感受，进而影响他们的心理感受。在长期进化过程中，人类很容易被突然出现的高饱和度、高明度的鲜艳色彩吸引注意力，进而产生一种独特的警惕性，但如果发现这种鲜艳色彩背后并没有潜意识中的危险，就会有种被欺骗的恼怒和厌恶。因此，高饱和度、高明度的鲜艳色彩往往给人冲动、盲目、低廉、粗糙、没内涵、不可靠的心理感受。此外，高饱和度、高明度的鲜艳色彩的"抢眼"效果，容易消耗人的精神，对人的眼睛造成视觉疲劳，不宜长时间观看。

图 1-5-3 所示为根据 HSB 色彩模式设置的两组饱和度和明度值不同的色彩，同组色彩的色相值相同。各组中左侧列是 100% 的饱和度和明度的色彩，右侧列是 90% 的饱和度和明度的色彩。长时间观看后，我们应该可以感受到 100% 的饱和度和明度的色彩的"刺眼"感觉。

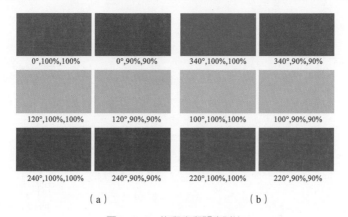

图 1-5-3　饱和度和明度对比

如果同时关注图 1-5-3 中（a）和（b）两组色彩的左侧列，就可以发现，虽然两组色彩都是 100%的饱和度和明度，但图 1-5-3（b）的色彩可能更"新奇"些，主要原因是相比于红绿蓝三原色，这 3 种色相不太常见。因此，有时为了体现设计感会刻意不使用常见的正色色相。

如果画面使用多种高饱和度和高明度的色彩，则会使画面凌乱，造成读者注意力分散，进而让人产生心烦意乱的感觉，用在学术图表里面则会使得数据之间发生割裂，给人一种数据堆砌、没有重点、不上档次的感觉。当然，其解决办法也简单，即降低色彩的饱和度和明度，减少高饱和度和高明度色彩的种类，这样就可以降低和削减色彩对人的情绪的影响，从而产生一种平稳、含蓄、有把握的高级感。如果要体现一种"小清新"的色彩感觉，还可以在此基础上偏离常见的正色色相，即选择一种不太常见的色相。

1.5.2 色轮和色轮配色方法

在了解了色彩的三要素之后，如果固定其中一个要素，如明度，然后在横轴上表示色相变化，在纵轴上表示饱和度变化，就将色彩模式从三维圆柱体降到二维色谱。如图 1-5-4（a）所示，在 HSB 色彩模式中，将 B 值固定为 100%，仅展示 H 和 S 两个维度的色谱。如果将图 1-5-4（a）两端卷起来，形成一个从 0° 到 360° 循环表示各种色相、从外到内表示饱和度深浅的圆，就是所谓的色轮，如图 1-5-4（b）所示，也可以理解为在 HSB 色彩模式的圆柱体上取了一个截面。色轮往往会采用简化形式，如 12 色色轮（见图 1-5-4（c））、16 色色轮、24 色色轮等。需要注意的是，色轮是人为规定的一种色彩排布方式，实际上并不存在；色轮中的三原色是红黄蓝（RYB），也被称为美术三原色，和光学三原色的红绿蓝（RGB）不同。

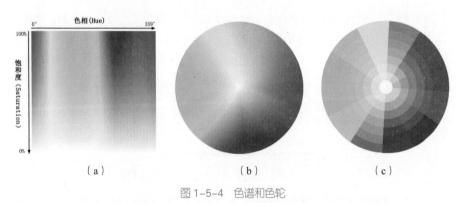

（a）　　　　　　　　　（b）　　　　　　　　　（c）

图 1-5-4　色谱和色轮

色轮的作用是更好地研究色彩的变化和搭配规律。很多配色工具都是基于色轮来实现的，使用色轮可以辅助初学者较好地完成基本配色。常见的色轮配色方法有 6 种，如图 1-5-5 所示，分别为单色系、互补色（也称对比色）、邻近色、等距三色系、分裂互补色、四色系，其中单色系和互补色在学术图表中应用较多。

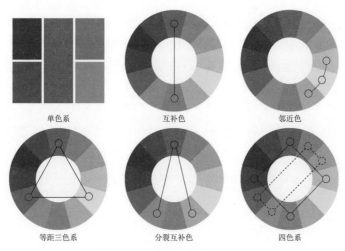

图 1-5-5　常见的色轮配色方法

（1）单色系（Monochromatic scheme）：是指色相相同或极度相近，饱和度和明度不同的一组色彩。在所有配色方法中，单色系是最容易上手的，这是因为它不需要考虑和其他色相的搭配，只需要在同一色相下变化饱和度和明度。单色系既有饱和度和明度的变化，又有相同色相之间的协调，在变化和协调之间具有良好的平衡性，不会出现多种鲜艳色彩。这种变化和协调就像我们在观察森林时，虽然森林整体都是绿色的，但是其细节处的各种绿色又有层次感，不会让人感到单调和厌烦。

单色系由于天然存在的色相联系，在学术图表中可以用来表示关系比较密切的分组（见图 1-5-6（a））或者同系列数据的延伸，如散点、拟合曲线及其置信区间（见图 1-5-6（b））。单色系的色彩种类不宜过多，当单色系色彩达到七八种时，尤其是暖色的单色系，将难以分辨不同的色彩，一般建议使用三四种。除了直接修改饱和度和明度（见图 1-5-6（a）），在白色背景上修改同种色彩的透明度，对色彩进行"淡化"也是一种实用技巧（见图 1-5-6（b）），而且后者在 GraphPad Prism 中更容易实现。需要注意的是，如果将图形导出为 PDF 文件，则透明度设置会失效。

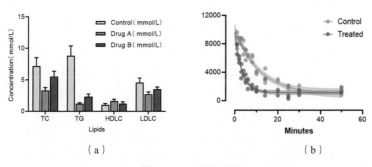

（a）　　　　　　　　　　　（b）

图 1-5-6　单色系配色

（2）互补色（**Complementary color scheme**）：色轮上相隔 180° 的两种色彩为互补色，当互补色并列时，会引起强烈的视觉对比。例如，当红色和绿色并列时，我们会感到红色更红、绿色更绿。因此，最佳搭配是将互补色的一种色彩作为主色，将另一种色彩用于强调，尤其是用于重要结果实验组与对照组的对比上，如图 1-5-7（a）所示，其中的 Control 和 Treated 就属于互补色。

用于对比强调的配色方案，除了色轮互补色，还可以使用冷暖对比色或者彩色和无色系（黑白灰）的对比色。图 1-5-7（b）所示为考虑了冷暖对比的互补色；图 1-5-7（c）所示为冷暖对比色，这种红蓝配色是在 GraphPad Prism 使用说明中常见的配色方案，但现在已经不是很流行了；图 1-5-7（d）所示为彩色和无色系的对比色。使用的一般规律是用暖色强调实验结果，突出处理结果；用冷色、互补色或无色系作为对照配色。

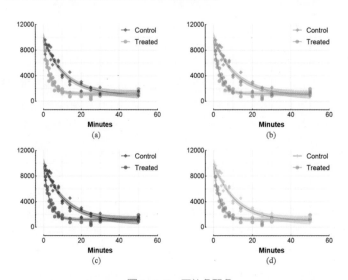

图 1-5-7　互补色配色

（3）邻近色（**Analogous color scheme**）：也称为类似色，由色轮上彼此相邻的色彩组成，这个相邻范围最好控制在 60° 以内。在 12 色色轮上，邻近色就是指某一色彩和左右相邻的两种色彩。邻近色可以被看作单色系的扩展，由于色相在色轮上相近（60° 以内），因此邻近色的色相冷暖相近、色调和谐、感情特性一致，具有协调属性；由于色相的小范围变化，再加上饱和度和明度的变化，因此邻近色比单色系的变化更丰富，能够容纳更多具有明显区别的色彩种类。其缺点与单色系类似，暖色之间的区分度不大，对比较弱，使用场合也与单色系类似。GraphPad Prism 内置的比较靠前的颜色模板（如 *Viridis、*Magma、*Inferno、*Plasma、*Floral 等）使用的就是邻近色的方案，当然都是调整了饱和度和明度的邻近色，而且使用的都是冷色。

图 1-5-8（a）所示为邻近色，一般邻近色最好按照色彩浓淡和深浅变化进行排序，从而给

人一种规整的感觉；图 1-5-8（b）所示为 GraphPad Prism 内置的颜色模板，使用了 3 种邻近色和一种互补色，这种邻近色或单色系加一种互补色的配色方案，在 GraphPad Prism 内置的配色方案中比较常见。在大多数情况下，互补色可以起到对比强调的作用。但 GraphPad Prism 内置的配色方案有时需要根据实际情况进行调整，比如，图 1-5-8（b）如果强调的是"无效"百分比，则按照图示用绿色来表示"无效"没有任何问题；如果强调的是"临床治愈"百分比，则需要重新排序数据，或者重新设置颜色。目前还没有办法快速对各数据集进行颜色置换。

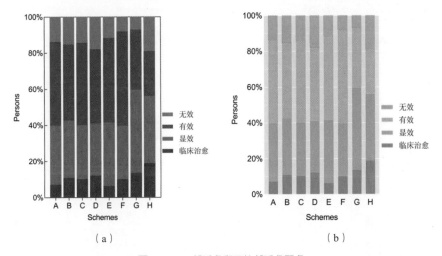

图 1-5-8　邻近色和互补邻近色配色

（4）等距三色系（Triadic color scheme）：是指色轮上彼此等距（间隔 120°）的 3 种色彩形成的三色组。由于 3 种色彩相互之间在色轮上的间距达到了最大值，区分度大，关联度小，形成了"三足鼎立"的格局，必然会有冷暖色之分。这种色彩搭配鲜亮、活泼、跳跃，且独立性强，为色彩搭配带来了难度。比如，红色、黄色和蓝色这种三色系常用于儿童产品的外观设计，而在学术图表绘制方面应用较少，毕竟学术图表讲究沉稳、严肃，与三色系格格不入。如果想要在绘制学术图表时尝试使用上述三色系，则尽量不要使用 3 种大纯色的搭配，而应当通过降低饱和度和明度，削弱色彩对情绪的影响；同时将 3 种色彩分出主次关系，使一种色彩为主，另外两种色彩为辅。可以尝试在进行二维分组时，各个大组采用三色系，组内采用单色系或邻近色的方法。等距三色系配色如图 1-5-9 所示。

（5）分裂互补色（Split-Complementary color scheme）：以互补色为基础，将其中一端的色彩改为其邻近两色，这 3 种色彩形成的配色就叫作分裂互补色。例如，色轮中的分裂互补色（见图 1-5-5），红色的互补色是绿色，可以取绿色两端的青绿色和黄绿色。分裂互补色具有互补色的特点，即对比强烈，容易吸引人的注意力，但没有互补色的对比程度高。同时由于使用分裂互补色降低了互补色的生硬，使配色多了一分"灵动"。在大多数情况下，需要降低色彩的饱和度和明度。分裂互补色配色如图 1-5-10 所示。

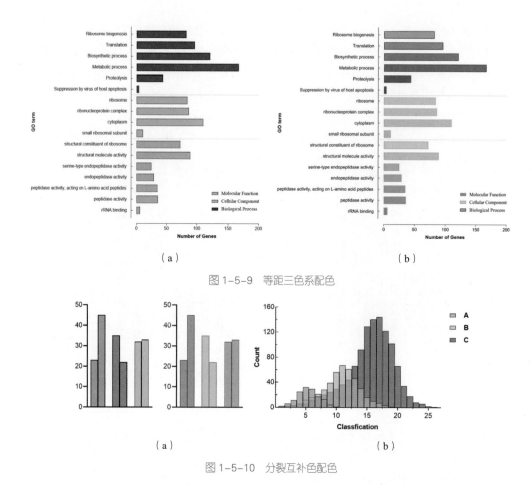

图 1-5-9　等距三色系配色

图 1-5-10　分裂互补色配色

（6）四色系（Tetradic color scheme）：四色系有两种情况，一种是图 1-5-5（四色系）中虚线表示的两对互补的分裂色组成的矩形色系（Rectangle color scheme）；另一种是图 1-5-5（四色系）中实线表示的方形色系（Square color scheme）——这种分裂跨度更大。四色系意味着 4 种色彩的搭配，优点是色彩丰富多样，千变万化；缺点则是容易造成色彩杂乱，难以把握。在使用四色系配色时尤其讲究主题色彩和辅助色彩的区分、冷暖色的平衡、饱和度和明度的协调。如果用户没有较好的色彩把握能力和较多的经验，一般不建议尝试。事实上，在学术图表中通常很难用到这么多种颜色，GraphPad Prism 内置的配色方案中也很少有超过 5 种颜色的。

1.5.3　色轮配色工具

前文介绍了使用色轮进行配色的 6 种基本方法，在实际应用中已经有比较完善的配色工具可供使用，如 Petr Stanicek 设计的高级配色工具（Color Scheme Designer，搜索引擎直接搜索该英文名字即可找到该在线工具）。

　　高级配色工具的界面如图 1-5-11 所示，其左上角的 6 个图标表示 6 种色轮配色方法，左下角为标注了冷（cold）暖（warm）色的色轮，右侧显示了配色预览区域。该工具默认使用单色搭配，在色轮上面拖动黑色小圆点即可获得不同色相的单色系配色，互补色搭配的使用方法也是如此。

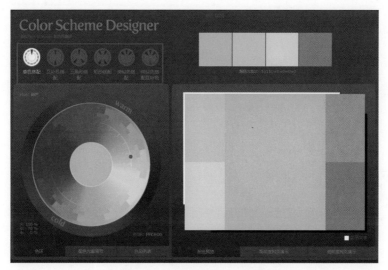

图 1-5-11　高级配色工具的界面

　　而三角形搭配通过一个黑色小圆点和两个白色小圆点来调节，拖动黑色小圆点可以旋转不同的角度以获得对应的色相，拖动白色小圆点则可以修改两个白色小圆点之间的夹角，以获得等距三色系配色和分裂互补色配色等，如图 1-5-12 所示。

图 1-5-12　高级配色工具中的三角形搭配

矩形搭配则通过两个小黑点和两个小白点组成过中心的两条对角线,并拖动白色小圆点修改两条对角线之间的夹角,从而实现各种四色系配色方案。同时,拖动黑色小圆点可以旋转不同的角度以获得色相角度,夹角和色相分别在色轮的右上角和左上角显示。矩形搭配如图 1-5-13 所示。

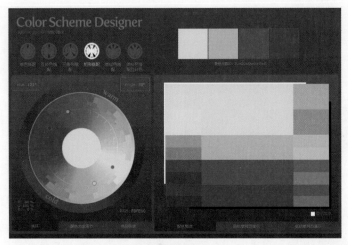

图 1-5-13　高级配色工具中的矩形搭配

类似色搭配和类似色搭配互补色也是通过类似的方法拖动黑色和白色小圆点来完成色彩搭配的。

这样在色轮上获得的色彩的饱和度和明度是固定的,如果需要调节,则可以单击左侧底边栏的"配色方案调节"按钮,选择不同的"预设"类型,或者手动调节"配色方案饱和度/明度""配色对比度"等,如图 1-5-14 所示。一般采用默认的色彩搭配就很好了。

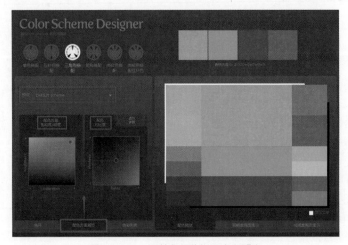

图 1-5-14　调节色彩的饱和度和明度

完成色彩搭配后，可以将鼠标光标悬停在右侧的配色预览区域以查看十六进制的 RGB 颜色码；也可以单击左侧底边栏的"色彩列表"按钮以查看所有的十六进制颜色码，如图 1-5-15 所示。

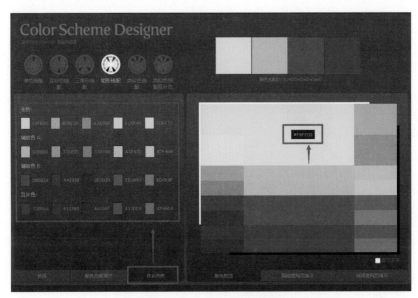

图 1-5-15　十六进制颜色码

由于 GraphPad Prism 不能使用十六进制颜色码，因此需要通过搜索引擎搜索"RGB 颜色值与十六进制颜色码转换"，找到一些网页小工具将十六进制颜色码转换成 RGB 颜色值，如图 1-5-16 所示，再将 RGB 颜色值输入 GraphPad Prism 拾色器面板中，进行颜色自定义。

当前位置：首页 > 应用工具 > RGB颜色值与十六进制颜色码转换工具

RGB颜色值转换成十六进制颜色码：

| 255 | 180 | 0 |

转换

十六进制颜色码转换成RGB颜色值：

67E300　转换

103,227,0

图 1-5-16　将十六进制颜色码转换成 RGB 颜色值

这种通过在线工具转换的方法并不方便，但是可以用于转换非屏幕显示的颜色。而一些屏幕截图工具在截图的同时往往自带显示 RGB 颜色值的功能。比如，在微信、QQ 自带的截图工具中就有识别 RGB 颜色值的功能，如图 1-5-17（a）和图 1-5-17（b）所示，在使用这两者截图时只能先自动选取截图区域，而鼠标光标在选定的截图区域划过时就会获取所在点的 RGB 颜色值。另外，更好用的专业屏幕截图—贴图工具是 Snipaste，如图 1-5-17（c）所示，在使用它截图时可以自由选定区域，然后由鼠标光标获取指定点的 RGB 颜色值。此外，还有屏幕颜色识别小工具 ColorPix，如图 1-5-17（d）所示，这是一个非常小的单文件小软件，可以识别多种色彩模式下的颜色值，如 RGB、HSB、CMYK 等，但是对于高清显示屏的图片颜色值的获取，可能会出现错位现象，效果不太好。

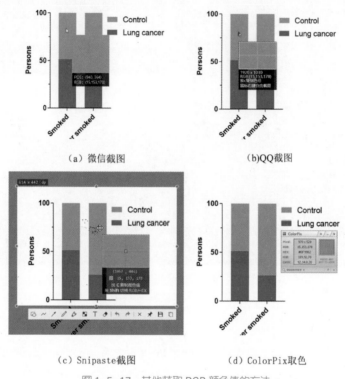

（a）微信截图   (b)QQ截图

（c）Snipaste截图   （d）ColorPix取色

图 1-5-17　其他获取 RGB 颜色值的方法

还有一个色轮配色工具是 Adobe 公司的 Adobe Color（搜索引擎直接搜索该英文名字即可找到该在线工具，以前称为 Kuler），如图 1-5-18 所示。该工具的左侧是配色方案，与 1.5.2 节介绍的 6 种色轮配色方法类似。在右侧的色轮上面，最多能列出 5 个小圆圈。首先需要找到带有白色小三角的圆圈，可以统一旋转以选择不同的色相，也可以统一沿半径拖动以选择不同的饱和度，其代表的色块颜色位于色轮下方 5 个色块颜色的正中间；其他 4 个不同颜色的小圆圈则代表剩下的 4 个色块颜色，可以自由旋转各自的色相角度和调节各自的饱和度。

这个配色工具最大的好处是可以在左下角选择色彩模式，如果选择 RGB 选项，则会自动获得各个色块颜色的 RGB 颜色值，可以将其直接输入 GraphPad Prism 拾色器面板中使用。

在 RGB 颜色值的最下面一排，可以分别调节各种色彩的明度。

在获取各配色方案的 RGB 颜色值之后，就可以在 GraphPad Prism 拾色器面板中自定义颜色并使用了。具体操作过程见 3.2.1 节和 3.2.3 节中绘制实例的相关内容。

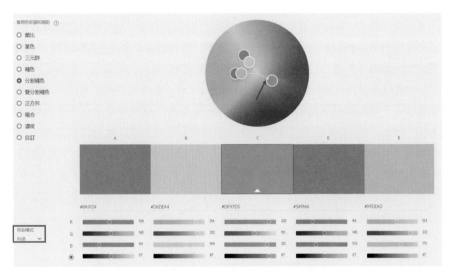

图 1-5-18　Adobe Color 色轮配色工具

1.6　GraphPad Prism 图片导出和发送

学术论文投稿要求将图片作为单独文件递交。此外，说明同一个问题的各种实验图像（Image）、统计图表（Graphic）及示意图（Illustration）也需要组合在一起，形成一张大图（Figure）。因此，在统计软件获得结果之后要进行图片导出。而在常规写作（如毕业论文写作）中，则需要将图片插入文字中，而不是作为单独的图片导出，这时需要用到图片发送的功能。

1.6.1　图片导出

当完成图片的修饰和美化之后，如果不在 GraphPad Prism 中进行排版组图，就需要进行最后一步，即导出图片。在导出图片之前，建议先保存原始文件格式。导出方式非常简单，选择File（文件）→Export（导出）命令，或者在工具栏单击 Export（导出）图标，即可弹出如图 1-6-1 所示的 Export Graph 界面。

（1）**File format**（**文件格式**）：可以保存为常见的矢量格式、封装格式和位图格式。**矢量格式**包括 EMF（Enhanced Metafile，增强型图元文件）、EMF+（Enhanced Metafile plus，增强型图元文件+）、WMF（Windows Metafile，图元文件），其中 EMF+和 WMF 格式默认为直接从 GraphPad Prism 复制粘贴到 Office 中的图片格式，所以 GraphPad Prism 和 Office 的交互性非常好，在 Office 中双击直接从 GraphPad Prism 复制或发送而来的图片文件，就能快速打开GraphPad Prism 并对该文件进行编辑。**封装格式**包括 PDF（Portable Document Format，便携式文件格式）格式和 EPS（Encapsulated Post Script，预览 PS）格式，这两种格式既不属于矢量格式也不属于位图格式，可以被简单地看作既可以容纳矢量图也可以容纳位图的文件格式。例如，我们把做好的 PowerPoint 文件转换为 PDF 格式，PowerPoint 文件中的位图在 PDF 文件中还是位图，PowerPoint 文件中的文字和绘制的图形在 PDF 文件中则变成了矢量图，两者混合存在。EPS 格式也具有类似的特性。如果在 GraphPad Prism 中绘制的图形还插入了位图（如在柱状图上叠加一个位图的分子结构式示意图），则一般保存为这两种格式，便于后续处理；但在 GraphPad Prism 中绘制的图形通常不包含位图，这两种封装格式也可以被当作矢量图来使用。**位图格式**包括 TIF 格式、JPG 格式、PNG 格式和 BMP 格式 4 种，其中 TIF 格式和 PNG 格式是无损压缩格式，在科研图片中 TIF 格式的使用频率最高；BMP 格式是进行少量压缩的 Windows 操作系统的标准图片格式，文件较大；JPG 格式是压缩比率可调的图片格式，文件较小，适用于互联网传输。

图 1-6-1　Export Graph 界面

（2）**Exporting options**（导出选项）：根据导出格式的不同可以对是否需要背景颜色（Background color）、分辨率（Resolution）、色彩模式（Color Model）、图片大小（Size）、压缩方式（Compression）等方面进行设置。比如，对于矢量格式，只需要设置是否需要白色背景；而对于 EPS 格式，则可以设置色彩模式、图片大小和图形文本。

（3）**Where to export**（导出位置）：对图片进行命名并选择保存位置。此外，还可以针对多图形页面（多图排版），选择将每个图形保存为单个图片，或是将它们都保存在一个图片上。

（4）**Defaults**（默认设置）：如果勾选此处的复选框，则软件会记住这次在导出选项中的设置，下次导出时会默认使用这次的参数，对于连续导出多张图片非常方便。类似的默认设置会在软件中多次出现，可以提高使用效率。

这里需要注意的是，GraphPad Prism 导出的矢量图上面的描边粗细和文字大小与 Illustrator 中显示的并不一致：在 GraphPad Prism 中设置描边粗细为 1pt，但是在 Illustrator 中会显示为 1.43～1.44pt；在 GraphPad Prism 中设置文字大小为 10.5pt，但是在 Illustrator 中会显示为 10.91pt。如果有精确要求，可以在 Illustrator 中根据稿约要求进行统一。

1.6.2　图片发送

如果正在编写 Word 或 PowerPoint 文件时，需要把使用 GraphPad Prism 绘制的图片插入 Word 或 PowerPoint 文件中，则可以通过把图片发送到 Microsoft Office（WPS 可能不能实现此功能）中的功能来实现。

发送图片之前，在需要插入图片的 Word 或 PowerPoint 文件中单击，通过鼠标光标进行定位；然后在 GraphPad Prism 中的 Graphs 部分或 Layouts 部分选择需要发送的图片，并选择 File（文件）→Send to PowerPoint（导出到 PPT）或 Send to Word（导出到 Word）命令，即可将图片发送到指定位置。

图片发送的快捷方式是在工具栏中单击 Send to PowerPoint 图标 🅿 或 Send to Word 图标 🅆，如图 1-6-2（a）所示。如果没有对首选项设置进行修改，则发送到 Word 或 PowerPoint 文件中的图片周围是虚线，如图 1-6-2（b）所示，表示和 GraphPad Prism 具有关联，双击图片即可在 GraphPad Prism 中打开并进行后续编辑。该图片在 GraphPad Prism 中编辑并保存之后，Word 或 PowerPoint 文件中的图片也会随之改变，实现即时修改的效果。

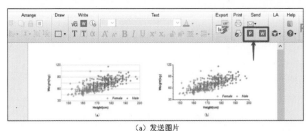

（a）发送图片

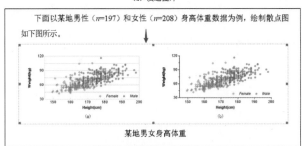

（b）图片周围的虚线代表可编辑

图 1-6-2　发送图片和 Word 文件中的图片样式

1.7 GraphPad Prism 一般操作流程

从前面的内容介绍中，我们可以获得 GraphPad Prism 的一般操作流程。

（1）收集并整理原始实验数据。

（2）打开 GraphPad Prism，选择合理的数据表类型，并新建一个 Project。

（3）在 Project 的数据表（Data Tables）中输入原始实验数据、记录实验信息（Info）。

（4）在导航栏的 Results 部分或者工具栏的 Analysis 选项组中选择合适的数据转换和统计方法并进行分析。

（5）在 Graphs 部分生成、修改并美化图片，可能需要用到上一步的统计分析结果。

（6）按照要求导出所需的图片格式。

核心部分有 3 步：数据录入、数据分析、图形生成和美化，本书中的图形绘制过程将基本按照这个顺序进行。

第 2 章

GraphPad Prism 图表与常见
统计方法选择

常见的图表有很多，如我们常说的散点图、折线图、柱状图等，这是按照图表外观来进行分类的。有时我们需要按照图表展示的数据关系来进行分类，如比较类图表、分布类图表等。而 GraphPad Prism 直接按照底层的数据结构对图表进行了分类，我们需要对 GraphPad Prism 的图表和图表背后设计的统计方法进行了解，才能更好地使用这款软件。

2.1　图表分类及选择

图表分类方式有 3 种：按照图表外观分类、按照图表展示的数据关系分类和 GraphPad Prism 自定义的 8 种数据表。

2.1.1　按照图表外观分类

按照图表外观分类，常见的图表类型有散点图、线图（含曲线图）、柱状图（含条形图）、饼图、面积图等，涵盖了学术图表绝大部分的使用场景，一些特殊图表（如地图）不在讨论之列。

（1）散点图（Scatter plot）：以二维坐标系中 X、Y 坐标值确定空间位置的点来反映数据关系，可以反映数据分布关系和两个变量之间的关系。常见的相关分析和回归分析一般使用散点图，如图 2-1-1 所示。

（2）线图（Line plot）：用来反映随时间变化的趋势，包括线条连接的散点图，如折线图和曲线图，如图 2-1-2 所示。

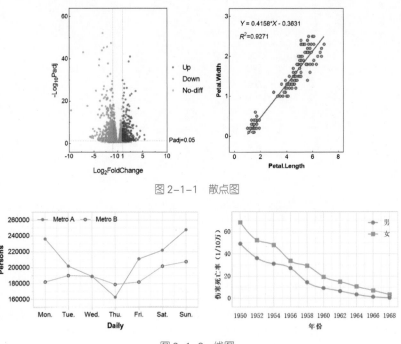

图 2-1-1　散点图

图 2-1-2　线图

（3）柱状图（**Bar plot**）：使用直条矩形展示带误差线或不带误差线的均数、几何平均数、中位数、极差等统计量，可以用来反映分类项目之间的对比，也可以用来反映时间趋势。柱状图中有两种特色图表：直方图和条形图，直方图用来表示连续间隔或特定时间段内的数据分布（如频数），而条形图往往被看作反映频数的水平柱状图。多数据系列柱状图根据柱状图的组成形式，可以分为交错柱状图、分隔柱状图、堆积柱状图、叠印柱状图。常见柱状图如图 2-1-3 所示。

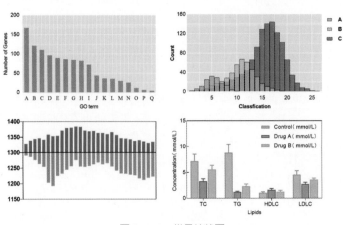

图 2-1-3　常见柱状图

如果需要进一步展示更多的统计量，如四分位数，则需要使用箱线图、小提琴图等特殊图表。

（4）饼图（**Pie plot**）：饼图（包括环形图）属于面积图，通过面积占比来反映构成，即部分占总体的比例。如果将饼图尤其是环形图拉直，就可以将其看作堆积柱状图，如图 2-1-4 所示。

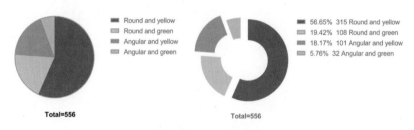

图 2-1-4　饼图和环形图

（5）面积图（**Area plot**）：有时特指线下面积图，即将折线图下面的部分填充颜色所形成的图表，如图 2-1-5 所示。但如果从字面意思来理解，则面积图涵盖的范围比较广，任何通过面积大小来表示数据关系的图形都应该算是面积图，如堆积柱状图、线下面积图、饼图、环形图等。

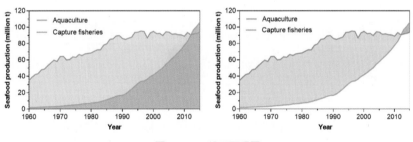

图 2-1-5　线下面积图

2.1.2　按照图表展示的数据关系分类

按照图表展示的数据关系分类，Andrew Abela 于 2009 年在其博客上发布了一份图表建议——思维指南，从分布、联系、比较、构成 4 个方面对图表进行了分类和选择，如图 2-1-6 所示。

分布（Distribution）：包括散点图、直方图、正态分布图和曲面图。

联系（Relationship）：以散点图为主。除了表示数据分布，散点图还可以表示变量联系。

比较（Comparison）：以柱状图为主，分为基于分类比较和基于时间比较两大类。基于时间比较的图表，除了柱状图，还可以是雷达图和曲线图。

构成（Composition）：以面积图为主，包括堆积或百分比堆积柱状图、堆积或百分比堆积面积图、饼图、桥图（图中的瀑布图）等。

图表建议—思维指南

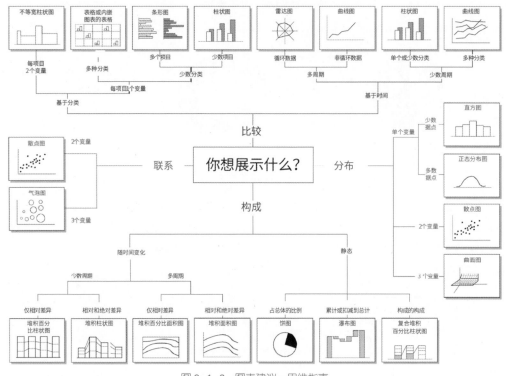

图 2-1-6 图表建议—思维指南

2.1.3 GraphPad Prism 自定义的 8 种数据表

1. XY 表

在 XY 表中，每组数据由 X 值和 Y 值组成，X 轴和 Y 轴既可以用于展示连续数据，也可以用于展示分类数据。如果 X 值和 Y 值同等重要，则两者共同定义数据点在二维空间的位置，这尤其适用于散点图或直线连接的散点图，如图 2-1-7（a）和图 2-1-7（b）所示。如果 X 值持续有序变化，如表示时间变化，数据展示将侧重于 Y 值，则除了直线连接的散点图，柱状图也可以达到展示目的，如图 2-1-7（c）和图 2-1-7（d）所示。但如果 X 轴用于展示分类数据，且标签名称过长，则将柱状图换成水平方向的条形图是更好的选择。如果 X 值等距有序变化，如某个身高区间，则 Y 轴可能会用于展示频数，变成直方图。同时如果 X 值等距有序变化，数据展示将侧重于 Y 值的变化和 Y 值的累计和，则线下面积图是理所当然的选择，如图 2-1-7（e）和图 2-1-7（f）所示。XY 表中两个变量的侧重不同，展示方式也随之不同，所以 XY 表下可绘制的图形种类是整个软件中最多的（见图 2-1-7）。

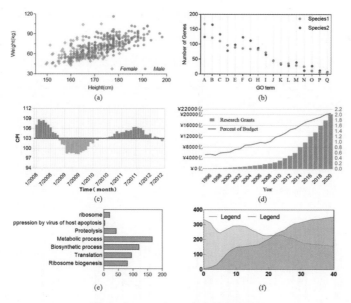

图 2-1-7　XY 表下可绘制的部分图形

2. Column（纵列表）

纵列表也叫作一维分组表，使用二维矩阵中的列对数据进行分组，侧重于分组下的多个 Y 值的统计量，如平均数、几何平均数和中位数等。所以纵列表下可绘制的图形主要是柱状图、水平向的条形图、误差线图、箱线图和小提琴图等，如图 2-1-8 所示。

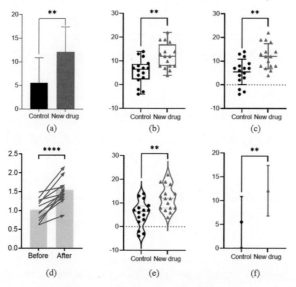

图 2-1-8　纵列表下可绘制的部分图形

3. Grouped（行列分组表）

行列分组表也叫作二维分组表，行和列都是分组因素。在行列分组表中，行和列往往展示了每组数值的统计量，都使用柱状图来表示。由于行和列的展示同等重要，因此在二维坐标系里面安排行和列的分组因素往往会形成在柱状图上的 4 种表现形式：分隔（Separated）或分组（Grouped）、交错（Interleave）、堆积（Stacked）和叠印（Superimposed），分别如图 2-1-9 所示。分隔和交错按字面意思及图示很容易理解，但是堆积和叠印需要注意区分。堆积是把代表各自数据的矩形条在一个维度上相连，没有重叠部分；而叠印是把代表各自数据的矩形条前后重叠，在重叠之后不利于展示被遮挡的数据。除了柱状图，行列分组表下数值的统计量同样可以使用误差线图、箱线图、小提琴图等来表示。

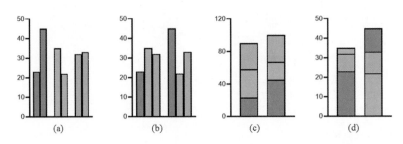

图 2-1-9　行和列的分组因素在柱状图上的 4 种表现形式

4. Contingency（列联表）

列联表是一种特殊的频数统计表，从数据组织结构来看，与行列分组表类似。但与行列分组表不同的是，列联表中只能展示两个或多个变量分类时所列出的实际频数，而不能展示计算后的统计量、小数或百分数。这是为了与其内置的卡方检验相对应，一般可以绘制分隔、交错和堆积柱状图，而叠印柱状图需要在这 3 种柱状图的基础上更改模式，这与行列分组表的要求完全一样。

5. Survival（生存表）

生存表是为生存分析所设置的一类表格，主要用于生存分析和生存曲线绘制，如图 2-1-10所示。

6. Parts of whole（局部整体表）

局部整体表主要用于绘制饼图、环形图。

7. Multiple variable（多变量表）

多变量表的每一列代表一个变量，每一行代表一个个体或一次试验，在数据组织结构上与行列分组表相同，但不能设置子列，没有专门对应的可绘制图形。多变量表主要用于安置高级统计分析方法，如多元线性回归（Multiple linear regression）、多元 Logistic 回归（Multiple logistic regression）、泊松回归（Poisson regression）及相关性矩阵计算（Correlation matrix）。

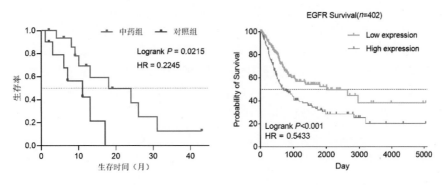

图 2-1-10　生存分析和生存曲线绘制

8. Nested（嵌套表）

嵌套表也被翻译为巢式数据表，是 GraphPad Prism 8 以上版本提供的一种新的数据表。嵌套表在数据组织结构上类似于带子列的纵列表，但两者存在明显区别：纵列表的每一个子列代表一个生物学重复，每一列堆叠在一起的数据表示多次测量；而嵌套表的每一行代表一个生物学重复，每一行的子列数据表示技术重复。嵌套表主要用于解决嵌套数据的统计分析和图形绘制，绘制的图形与纵列表下的柱状图类似，不过为了表示嵌套，会在不同分组之间以直线隔开。

需要注意的是，无论是按照图表外观分类，还是按照图表展示的数据关系分类，都很难实现 100% 的边界清晰度，因为总会有交叉的地方。柱状图包括条形图和直方图，是用于展示对比和分布关系的数据图，堆积（百分比）柱状图还可以用于展示构成关系的数据；散点图既可以用于展示数据的分布关系，也可以用于展示两个变量之间的联系。

GraphPad Prism 按照数据表的形式对图表进行分类时也有类似的问题。比如，XY 表可以绘制散点图、折线图、柱状图、面积图；而柱状图如果涉及单数据系列和多数据系列，则使用的数据表会涉及纵列表和行列分组表。

2.2　常见统计分析方法

在学术图表中，除了将数据进行图形可视化展示，往往还需要对数据进行统计分析和判断，并将分析结果在图形上面标注出来，所以统计分析也是绘制学术图表时不可或缺的一部分。在大多数情况下，如果没有统计分析，再精美的图表也不符合投稿要求。所以，在很多绘图软件中，都会先使用统计分析软件（如 SPSS、SAS、STATA 等）进行统计分析，得到分析结果后再绘制图形。

　　而 GraphPad Prism 将统计分析和图表绘制合为一体,在绘图过程中可以完成常见的绝大多数统计分析,这种一体化分析给用户带来了极大的便利。但这对软件介绍和学习带来了麻烦,因为这时不可避免地要介绍统计学知识,对于整个篇章结构的安排就增加了难度。好在国内的理工科专业都开设了"统计学"的课程,很多读者基本都学过常见的统计方法。因此,本书并没有对统计知识进行详细介绍,而是注重结合实例介绍常用统计方法在 GraphPad Prism 中的应用目的和实现过程,将其完全融合在绘图过程中。如果读者完全没有相关统计学知识,只是想要绘图,则可以直接跳过统计分析相关的步骤。

　　单击工具栏中的 Analyze 图标,进入 Analyze Data(分析数据)界面,可以看到 GraphPad Prism 内置的统计分析方法共有 11 类,还有 1 类是 Recently used(最近使用),便于快速选择统计分析方法,如图 2-2-1 所示。在这 11 类统计分析方法中,有 8 类是与 8 种数据表相对应的,是整个软件进行数据分析的重点,另外还有 Transform,Normalize(变换,归一化)、Generate curve(生成曲线)和 Simulate data(模拟数据)3 类,可以进行常见的数据变换或辅助使用。

图 2-2-1　GraphPad Prism 内置的统计分析方法

1. Transform,Normalize(变换,归一化)

　　Transform,Normalize 主要针对数据变换和归一化,其下的统计分析方法如表 2-2-1 所示,变换结果将在左侧导航栏的 Results 部分以绿色网格线的新表格表示。如果用户能够熟练使用 Excel 进行数据预处理,则基本可以在 Excel 中完成这里的功能,而且 Excel 使用函数进行数据变换的功能更加强大。但是,在这里进行数据变换的过程会更加简单,绝大多数常见函数只需要简单单击就能完成数据变换。

表 2-2-1　Transform,Normalize 下的统计分析方法

统计分析方法	内　　容
Transform（变换）	主要包括 3 个方面的变换，如图 2-2-2（a）所示。 ① 标准函数变换，包括 X 值和 Y 值互换位置，以及 X 值和 Y 值根据函数进行变换 ② 药学和生物化学变换，如 Eadie-Hofstee、Hanes-Woolf 和 Lineweaver-Burk 变换用于绘制酶动力学结果，Scatchard 变换用于显示放射性配体结合，Hill 图用于绘制剂量反应数据 ③ 用户自定义语法和函数变换
Transform concentrations (X)（变换浓度）	主要针对 X 表示浓度时一些特殊情况的处理，如当 $X=0$ 时如何进行对数变换？软件建议使用一个近似于 0 的极小值，或者乘以或除以一个常数来进行对数变换
Normalize（归一化）	对数据进行归一化，可以设定归一化的 0%值和 100%值
Prune rows（修剪行）	根据设定范围排除数据和按条件选定行进行计算
Remove baseline and column math（移除基线行和列）	选择作为基线的行列，并用其他行列对基线行列进行相应计算，如图 2-2-2（b）所示
Transpose X and Y	转置 X 值和 Y 值。见 5.2.1 节相关内容
Fraction of total（局部占总体比例）	计算局部在整体中的比例。见 5.2.2 节相关内容

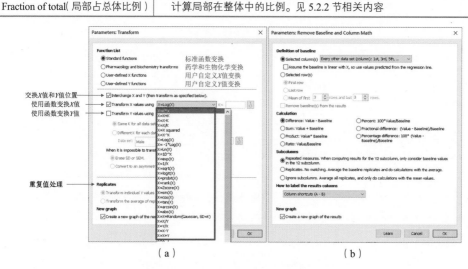

图 2-2-2　数据变换和对基线行列进行计算

2. XY analyses（XY 表分析）

XY 表展示的是 X 和 Y 两个变量的关系。而变量间常见的关系有平行关系和因果关系两种。平行关系是指两个或两个以上变量之间共同受到其他因素的影响，如男/女性身高和体重之间的关系，一般使用相关性分析（Correlation）进行研究。因果关系是指一个变量的变化受到另

一个或几个变量的制约，如细胞的生长速度受到温度、CO_2 浓度、生长因子等因素的影响，一般使用回归分析进行研究。

根据平行关系和因果关系涉及的变量数量，相应的研究方法有很多，如图 2-2-3 所示。XY 表只涉及两个变量，图 2-2-3 中蓝色部分的研究方法，包括简单相关（Pearson 系数）、秩相关（Spearman 系数）简单线性回归（Simple linear regression）、非线性回归（Nonlinear regression）、简单 Logistic 回归（Simple logistic regression）都可以在 XY analyses 下完成。

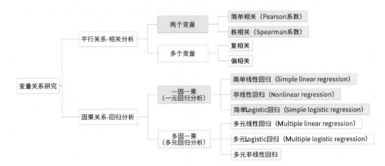

图 2-2-3　变量关系研究方法

图 2-2-3 中的多元线性回归（Multiple linear regression）、多元 Logistic 回归（Multiple logistic regression）等则需要在多变量数据表下完成。具体而言，XY 表统计分析方法如表 2-2-2 所示。

表 2-2-2　XY 表统计分析方法

统计分析方法	内　容
Nonlinear regression (curve fit)（非线性回归（曲线拟合））	非线性回归的内容极其丰富，涵盖了生命科学领域常见的 17 类模型。其中的模型需要根据自己的研究内容仔细阅读相关文档和练习数据进行理解。见 3.3.3 节相关内容
Simple linear regression（简单线性回归）	见 3.3.2 节相关内容
Simple logistic regression（简单 Logistic 回归）	对二分类数据反应变量和多个影响因素进行的回归分析
Fit spline/LOWESS（样条拟合/局部加权回归）	在散点中绘制平滑曲线。见 3.2.6 节相关内容
Smooth, differentiate or integrate curve（平滑/微分或积分曲线）	对数据进行平滑处理以改善图形的外观。由于在平滑处理曲线时会丢失数据，因此不应在进行非线性回归或其他分析之前平滑处理曲线。平滑处理不是数据分析的方法，而是图形修饰的一种方法
Area under curve（曲线下面积）	曲线下面积计算是对可测量的效果或现象的综合测量。它可用于药代动力学中药物作用的累积度量，也可用于比较色谱峰
Deming（Model II）linear regression（戴明（模型 II）线性回归）	与标准线性回归对应的一种回归分析方法。标准线性回归是假设 X 值完全已知，所有的不确定性都来源于 Y 值，最终回归时一般使用最小二乘估计法。如果 X 和 Y 变量都容易出错，则使用戴明（模型 II）线性回归

续表

统计分析方法	内　容
Row means with SD or SEM（带 SD 或 SEM 的行平均值）	带 SD 或 SEM 的行平均值
Correlation（相关性分析）	见 3.3.1 节相关内容
Interpolate a standard curve（从标准曲线解析插值）	在构建标准曲线（回归分析）的同时，计算基于标准曲线下待测样品的值。见 3.3.2 节相关内容

3. Column analyses（纵列表分析）

Column（纵列表）又称为一维分组表，以列的形式安排一个分组因素。根据分组后的样本数量，可将样本为单样本、两样本和多样本，分别对应不同的统计分析方法，常见的有单样本 t 检验、成组 t 检验、配对 t 检验、单因素方差分析及对应的非参数检验方法。纵列表涉及的统计分析是整个统计学的基础部分，在学术图表绘制中使用频率较高，而且在不同前提条件下使用的检验方法也不同，显得特别繁杂。如图 2-2-4 所示，总结了对连续变量进行差异分析时，在不同前提条件下 GraphPad Prism 所使用的方法。

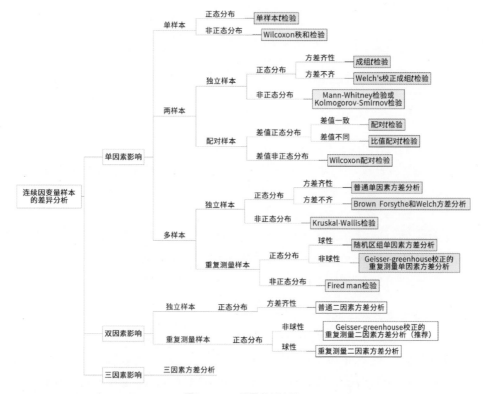

图 2-2-4　差异分析方法

纵列表统计分析方法如表 2-2-3 所示。

表 2-2-3 纵列表统计分析方法

统计分析方法	内　容
t tests (and nonparametric tests)(t 检验（和非参数检验）)	见 4.3.2 ~ 4.3.3 节相关内容
One-way ANOVA (and nonparametric or mixed)（单因素方差分析（和非参数检验或混合检验））	见 4.3.4 ~ 4.3.6 节相关内容
One sample t and Wilcoxon test（单样本 t 检验和 Wilcoxon 检验）	见 4.3.1 节相关内容
Descriptive statistics（描述性统计）	对各列数据进行简单的描述性统计分析，如最小/最大值、极差、（几何）平均值、SD、SEM、四分位数、列值之和、置信区间及子列相关内容等
Normality and Lognormality Tests（正态性和对数正态性检验）	见 4.3.1 ~ 4.3.6 节相关内容
Frequency distribution（频数分布）	见 4.3.7 节相关内容
ROC Curve（ROC 曲线）	见 4.3.7 节相关内容
Bland-Altman method comparison（Bland-Altman 一致性分析）	见 4.3.8 节相关内容
Identify outliers（离群值识别）	与 5.3.1 节中离群值识别相关内容类似
Analyze a stack of P values（P 值分析）	确定在其他地方分析得到的 P 值哪个足够小，使相应的比较值得到进一步研究

4. Grouped analyses（行列分组表分析）

Grouped（行列分组表）又称为二维分组表，以行和列结合的形式安排 2 个或 3 个分组因素。以行列分组表安排 2 个或 3 个分组因素对应的统计分析方法主要是二因素方差分析（Two-way ANOVA）和三因素方差分析（Three-way ANOVA）（见图 2-2-4）。此外，如果试验过程中对同一受试对象进了多次观察和测量，则还需要使用重复度量的方差分析，GraphPad Prism 也支持此类分析。Grouped analyses 下具体的统计分析方法除了 Two-way ANOVA（二因素方差分析）、Three-way ANOVA（三因素方差分析）和 Row means with SD or SEM（带 SD 或 SEM 的行平均值），还有 Multiple t tests-one per row（每行之间的多重 t 检验）。

5. Contingency table analyses（列联表分析）

Contingency table analyses 下的统计分析方法主要包括 Chi-square（and Fisher's exact）test（卡方（Fisher 精确）检验），相关内容见 6.2 节；而 Row means with SD or SEM（带 SD 或 SEM 的行平均值）在 XY analyses、Column analyses、Grouped analyses 下重复出现；Fraction of total（局部占总体比例）在 Transform,Normalize 和 Parts of whole analyses 下重复出现。

6．Survival analyses（生存表分析）

Survival（生存表）主要用于生存分析和生存曲线绘制，相关内容见第 7 章。

7．Parts of whole analyses（局部整体表分析）

Fraction of total（局部占总体比例）在 Transform,Normalize 和 Contingency table analyses 下重复出现。还有一种分析方法是 Compare observed distribution with expected（比较观察分布和期望分布），用来推断两个总体率或构成比之间有无差别，相关内容见 8.1 节。

8．Multiple variable analyses（多变量表分析）

Multiple variable（多变量表）是 GraphPad Prism 8 新增的数据表，每一列代表一个变量，每一行代表一个个体或一次试验，常用于安置高级统计分析方法，如多元线性回归（Multiple linear regression）、多元 Logistic 回归（Multiple logistic regression）、泊松回归（Poisson regression）及相关性矩阵计算（Correlation matrix）。多变量表统计分析方法如表 2-2-4 所示。

表 2-2-4　多变量表统计分析方法

统计分析方法	内　　容
Correlation matrix（相关性矩阵计算）	见 5.2.5 节相关内容
Multiple linear regression（多元线性回归）	基于几个独立的变量的线性组合来预测另一个变量
Multiple logistic regression（多元 Logistic 回归）	基于几个独立的变量或预测因子来拟合二元结果
Extract and rearrange（数据提取和重排）	从多变量表的一部分中提取数据，并用提取的数据创建另一种数据表
Select and Transform（选择和变换）	根据一个已有的数据表创建一个新的多变量表
Descriptive statistics（描述性统计）	对各列数据进行简单的描述性统计分析，如最小/最大值、极差、（几何）平均值、SD、SEM、四分位数、列值之和、置信区间及子列相关内容等
Identify outliers（离群值识别）	与 5.3.1 节中离群值识别相关内容类似

9．Nested analyses（嵌套表分析）

Nested（嵌套表）主要用于解决嵌套数据的统计分析和图形绘制。因此，在该表中，数据格式和统计分析方法是配套专用的，其中同名的 Descriptive statistics（描述性统计）等描述的都是子列的数据，所以表 2-2-5 里面的部分统计分析方法都加了"子列"二字以示区别。嵌套表适用于既有试验重复又有技术重复的数据结构，可以同时判断分组内部单元和分组之间是否存在统计学差异。

表 2-2-5　嵌套表统计分析方法

统计分析方法	内　　容
Nested t test（嵌套 t 检验）	嵌套 t 检验
Nested one-way ANOVA（嵌套单因素方差分析）	嵌套单因素方差分析
Descriptive statistics（子列描述性统计结果）	对各子列数据进行简单的描述统计分析，如最小/最大值、极差、（几何）平均值、SD、SEM、四分位数、列值之和、置信区间及子列相关内容等
Normality and Lognormality tests（子列正态性和对数正态性检验）	子列正态性和对数正态性检验
One-sample t test and Wilcoxon test（子列单样本 t 检验和 Wilcoxon 检验）	子列单样本 t 检验和 Wilcoxon 检验

10. Generate curve（生成曲线）

根据软件内置的函数模型和自行指定的参数生成曲线，如图 2-2-5 所示。

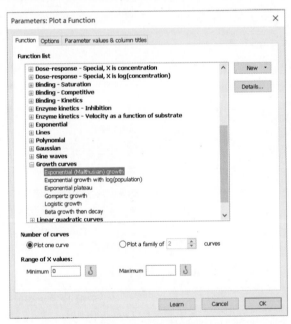

图 2-2-5　生成曲线

11. Simulate data（模拟数据）

可以根据要求模拟数据，如模拟 XY 表、纵列表、列联表数据，主要用于研究软件的使用和统计分析方法，如表 2-2-6 所示。

表 2-2-6　模拟数据统计分析方法

统计分析方法	内　容
Simulate XY data（模拟 XY 表数据）	模拟 XY 表数据
Simulate column data（模拟纵列表数据）	模拟纵列表数据
Simulate 2x2 contingency table（模拟 2×2 列联表数据）	模拟 2×2 列联表数据
Monte Carlo（蒙特卡罗模拟）	子列正态分布和对数正态分布检验

第 3 章

XY 表及其图形绘制

在 XY 表中，每组数据由 X 值和 Y 值组成，X 值和 Y 值共同定义数据点在二维空间的位置，尤其适用于散点图或直线连接的散点图。但需要注意的是，XY 表适合用散点图来表示，并不是说 XY 表只能绘制散点图或者其他数据表就不能绘制散点图了。除了散点图，XY 表还可以绘制折线图、面积图、柱状图/直方图等，而其他数据表如纵列表（Column）和行列分组表（Grouped）也可以绘制散点图。实际上，目前 XY 表是在整个 GraphPad Prism 中可绘制图形种类最多的数据表，涉及的小技巧也特别多。掌握本章所涉及的 XY 表下各类图形的绘制，对于灵活应用 GraphPad Prism 具有重要作用。另外，仔细体会本章"散点图→棒棒糖图→柱状图"和"散点图→直线连接的散点图→折线图→面积图→柱状图"的两条编排线索，有助于理解这些图形在本质上的异同。

3.1 XY 表及其输入界面

由于 XY 表下可绘制的图形种类最多，因此它的输入界面也是 8 种数据表里面最复杂的，当然这里所说的复杂是相对的，在了解 XY 表的输入界面之后，使用其他数据表的输入界面就算是"一马平川"了。

3.1.1 XY 表输入界面

打开 GraphPad Prism，会自动弹出软件欢迎界面（引导界面），默认选择 XY 表，也即 XY 表输入界面，如图 3-1-1 所示。如果不小心关闭了引导界面，则在工作区双击即可再次将其打开。

一旦选择了 8 种数据表中的一种，界面右侧就只有两个可选部分。一个是 Data table（数据表）选项组，8 种数据表在此处都有两个选项。

（1）Enter or import data into a new table：在新数据表中输入或导入数据。

（2）Start with sample data to follow a tutorial：使用软件自带的示例数据跟着教程练习，可

便于新手探索软件使用方法，如图 3-1-2 所示。

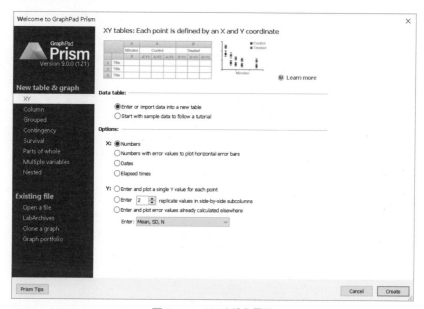

图 3-1-1　XY 表输入界面

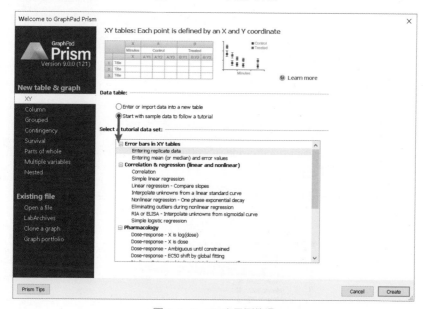

图 3-1-2　XY 表示例数据

另一个是 Options（选项）选项组，可对数据的输入形式进行限定。在 XY 表输入界面中，X 值有 4 种输入形式（见图 3-1-1）。

（1）Numbers：数字。

（2）Numbers with error values to plot horizontal error bars：带误差值的数字，可以绘制水平误差线。

（3）Dates：日期。

（4）Elapsed times：时间，格式为 hh:mm:ss。

在 XY 表输入界面中，Y 值有 3 种输入形式，如图 3-1-3 所示。

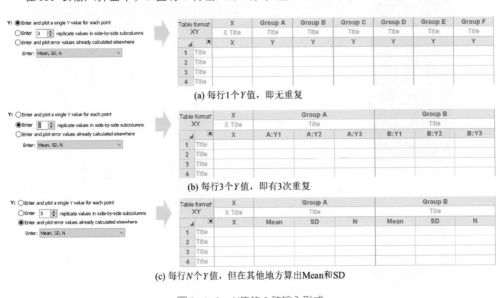

图 3-1-3　Y 值的 3 种输入形式

（1）Enter and plot a single Y value for each point：为每个点输入单个 Y 值。

（2）Enter _replicate values in side-by-side subcolumns：子列并列输入多个重复 Y 值。如果根据原始数据作图，则选择此选项。

（3）Enter and plot error values already calculated elsewhere：输入在其他地方算出的统计量数值，该数值包括 8 种形式，如图 3-1-4 所示。

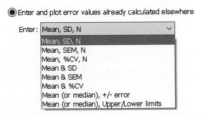

图 3-1-4　在其他地方算出的统计量数值的形式

- Mean，SD，N：均值，标准差，重复个数。
- Mean，SEM，N：均值，标准误，重复个数。
- Mean，%CV，N：均值，%变异系数，重复个数。
- Mean & SD：均值，标准差。
- Mean & SEM：均值，标准误。
- Mean & %CV：均值，%变异系数。
- Mean(or median)，+/-error：均值（或中位数），+/-误差。
- Mean(or median)，Upper /Lower limits：均值（或中位数），上/下限。

其中，SD（Standard Deviation）表示标准差；SEM（Standard Error of Mean）表示样本平均数的标准误；CV 表示变异系数，相当于 SD/Mean，如果设置了此值，则 GraphPad Prism 会自动生成 SD 误差棒。

需要注意的是，除了可以输入 X 值和 Y 值，还可以对每一行的 X 值设置标题 Title，对数据进行标记；如果想要以文本的形式表示 X 轴上的刻度，则可以通过纵列表（Column）来绘制图形或隐藏 X 轴刻度值，并手动输入文本刻度值。

3.1.2　XY 表统计分析方法

XY 表展示的是 X 和 Y 两个变量的关系。而变量之间常见的关系有平行关系和因果关系两种。由于 XY 表只涉及两个变量，所以简单相关研究（Correlation）、简单线性回归（Simple linear regression）、非线性回归（Nonlinear regression）、简单 Logistic 回归（Simple logistic regression）都可以通过 XY 表完成。

具体来说，在 XY analyses 下有 10 种统计分析方法。

（1）Nonlinear regression (curve fit)：非线性回归。

（2）Simple linear regression：简单线性回归。

（3）Simple logistic regression：简单 Logistic 回归。

（4）Fit spline/LOWESS：样条拟合/局部加权回归。

（5）Smooth, differentiate or integrate curve：平滑/微分或积分曲线。

（6）Area under curve：线下面积。

（7）Deming (Model II) linear regression：戴明（模型 II）线性回归。

（8）Row means with SD or SEM：带 SD 或 SEM 的行平均值。

（9）Correlation：相关性分析。

（10）Interpolate a standard curve：从标准曲线解析插值。

需要注意的是，并不是说 XY 表就只能使用这 10 种统计分析方法，这只是软件的大致归类，如数据变换、正态性分析在第一类统计分析方法 Transform,Normalize（变换，归一化）中。

3.1.3 XY 表下可绘制图形

XY 表下可绘制的图形样式有 3 组共 15 种，如图 3-1-5 所示，选择其中一种后可以快速绘制相应图形，也可以再次更改。

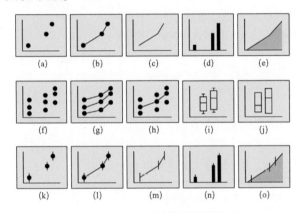

图 3-1-5 XY 表下可绘制的图形样式

1. 单数据图组

对于单数据图组，由单个 X、Y 值确定点，共 5 种图形样式。

（1）散点图。

（2）直线连接散点图。

（3）折线图：不显示点但直线连接。

（4）柱状图/垂线图：不显示点但向 X 轴引直条矩形或垂线。

（5）面积图：不显示点但直线连接并与 X 轴围成可以填色的面积图。

2. 重复数据图组

对于重复数据图组，同一个 X 值对应着多个重复列或子列的 Y 值，形成 X 值相同的多个点，共有 5 种图形样式。

（1）重复点图：将所有数据代表的点都列出来。

（2）直线连接的重复点图：将所有数据代表的点都列出来，且进行直线连接。

（3）中位数或平均值直线连接的重复点图：在重复点图的基础上将各组点的平均值或中位数用直线连接起来。

（4）箱线图：在每列有子列重复的 Y 值时可以绘制。

（5）悬浮柱状图：在每列有子列重复的 Y 值时可以绘制。

3. 统计量图组

对于统计量图组，将多个数据转换成统计量来表示，共有 5 种图形样式。

（1）带误差线的散点图：其中的点可以表示带或不带误差线的平均值、几何平均值、中位数 6 种统计量，而误差线可以表示 SD（标准差）、SEM（标准误）、95%CI（置信区间）、Range（极差）4 种统计量。

（2）直线连接的带误差线的散点图：点和误差线的含义同带误差线的散点图。

（3）直线连接的误差线图：与悬浮柱状图相比，不显示点，但连接形式和误差线与直线连接的散点图相同。

（4）带误差线的垂线图：与悬浮柱状图相比，不显示点，但点和误差线与垂直于 X 轴的直线相连。

（5）带误差线的面积图：与带误差线的散点图类似，但折线围成的面积有填充颜色。

所以，如果从图表形式来看，XY 表虽然以绘制散点图为主，但未必只能绘制散点图，如图 3-1-5（d）或（n）所示，可以绘制出柱状图或直方图；如图 3-1-5（e）或（o）所示，可以绘制出面积图。其他数据表类型和图形样式的对应关系也是如此，重点是理解数据表的本质要求。此外，如果以数据表的形式来看，并不是说 XY 表只能在如图 3-1-5 所示的 15 种图形样式中进行选择，只要数据格式允许，就可以对其他数据表下的图形进行绘制。比如，在多个时间点进行多次测量，如果需要表现各时间点的均值及误差，一般选择如图 3-1-5（l）所示的直线连接的带误差线的散点图。但如果把横坐标的时间点当作按时间分组来看，则选择纵列表（Column）下的柱状图也是合适的。

3.2　XY 表常见图形绘制

XY 表能够绘制大多数图形种类，很多图形种类都可以在 XY 表下找到解决方案。

3.2.1　散点图

在散点图中，每一个点都由 X 值和 Y 值共同决定，最终在二维空间中形成一个点。观察这些点的分布，以及构成点的 X、Y 坐标之间的关系，可以从散点图中获取相关信息。因此，散点图要么分类展示不同点之间的关系，如对聚类结果的展示，如图 3-2-1（a）所示；要么展示点 X、Y 坐标所蕴含的关系，如常说的相关分析和回归分析（曲线拟合），如图 3-2-1（b）所示。几乎不会出现单纯地罗列散点的情况。

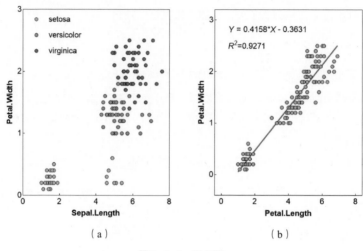

图 3-2-1　散点图

下面以某地男性（n=197）和女性（n=208）的身高和体重数据（数据来源：Highcharts 中文网）为例绘制散点图，如图 3-2-2 所示。

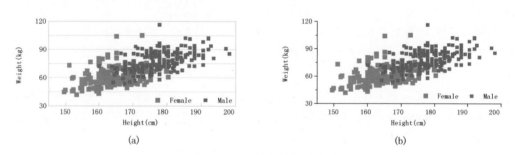

图 3-2-2　散点图绘制示例

Step1：数据录入

（1）打开 GraphPad Prism，进入欢迎界面，选择 XY 表，选中 Enter or import data into a new table 单选按钮，并选中 Numbers（数字）、Enter and plot a single Y value for each point（为每个点输入单个 Y 值）单选按钮，然后单击 Create 按钮，创建数据表，如图 3-2-3 所示。

（2）如图 3-2-4 所示，在 X 列输入身高值，Group A 和 Group B 列分别代表男性（Male）和女性（Female）体重，交错为两列输入原始数据，如果没有对应数据，则空着。然后，将数据表重命名为 Height&Weight。对数据进行命名是一个好习惯，便于文件管理。如果有必要则还可以在 Info 部分对项目信息进行描述，或者单击工具栏的 Sheet 选项组中的 📌▾图标，在各表单上添加悬浮笔记。笔记功能非常重要，GraphPad Prism 自带的一些练习数据集就添加了笔记进行说明。

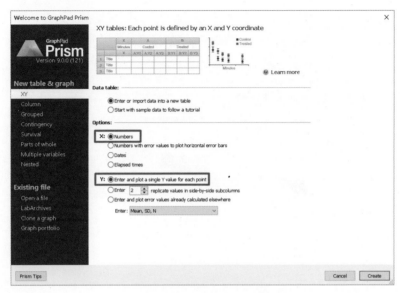

图 3-2-3　设置 XY 表选项

Table format: XY	X Height(cm)	Group A Male	Group B Female
◢ ✕	X	Y	Y
190 Title	180.3	88.6	
191 Title	175.9	77.7	
192 Title	182.9	85.0	
193 Title	188.0	94.3	
194 Title	188.0	87.3	
195 Title	188.0	85.9	
196 Title	179.1	89.1	
197 Title	177.8	84.1	
198 Title	167.5		59.0
199 Title	159.1		47.6
200 Title	170.9		54.2
201 Title	168.2		49.2
202 Title	175.0		82.5
203 Title	173.0		59.8

图 3-2-4　身高体重数据输入（局部）

Step2：数据分析

无。

Step3：图形生成和美化

（1）在左侧导航栏的 Graphs 部分单击同名图片文件，弹出 Change Graph Type 界面，选择散点图，如图 3-2-5 所示。

（2）将 X 轴标题改为 Height(cm)，Y 轴标题改为 Weight(kg)；删除图标题；按 Ctrl+A 组合键选择图形所有元件，将坐标轴标题、图例和刻度标签的字体改为 11pt、Arial、非加粗形式，如图 3-2-6 所示。

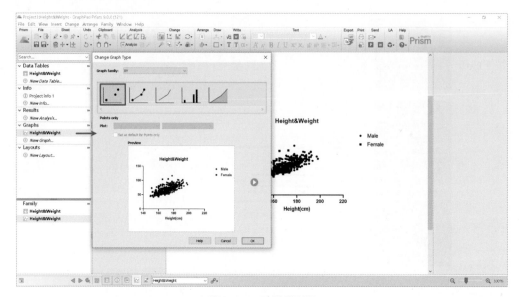

图 3-2-5　选择散点图

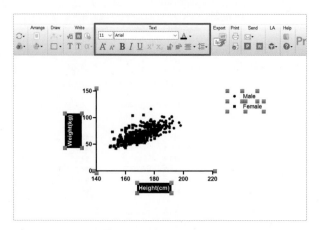

图 3-2-6　文字内容修改

　　这里需要注意的是，虽然按 Ctrl+A 组合键可以选择图形所有元件，但是在通过工具栏的 Text 选项组进行修改时，会对所有文本起作用，不会更改坐标轴的属性，与依次修改各个文字元件相比，这算是一种便捷的方法。

　　（3）如图 3-2-7 所示，在工具栏中单击 📊 图标或者双击图形绘制区，进入 Format Graph（图形格式）界面的 Appearance（外观）选项卡中：①在 Data set（数据集）下拉列表中选择 Height&Weight：A：Male 选项；②勾选 Show symbol（显示符号）复选框，并单击其下 Color（颜色）属性选项后的下拉按钮，进入取色面板；③单击取色面板底部的 More color & transparency（更多颜色&透明度）按钮；④在弹出的 Choose Color 界面中选择一个深绿色；⑤在该界面的右下角将 Transparency（透明度）调整为 50%；⑥单击 Add to Custom Colors 按钮，将刚刚定义好的半透明颜色添加到界面左下角的 Custom（自定义）中；⑦选中该自定义颜色，单击 OK 按钮即可选中该设定颜色。

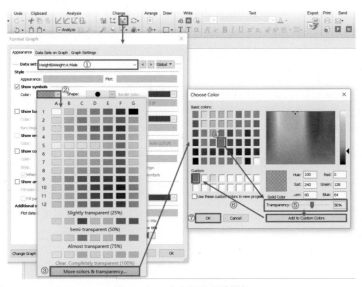

图 3-2-7　自定义半透明颜色

这是在 GraphPad Prism 8 中自定义颜色的方法。自定义的颜色可以在该项目中被记录，以供多次调用。也可以勾选 Custom 下方的 Use these custom colors in new project 复选框，在新项目中使用自定义颜色。由于目前版本没有拾色器功能，自定义颜色还比较烦琐。如果使用未标注 RGB 值的配色卡，则需要在其他软件中获取 RGB 值，如 Photoshop。如果需要将自定义的颜色设置为颜色模板，使其在其他项目中也可以快速调用，则请参阅 9.3 节相关内容。

在上一步单击 OK 按钮之后，回到 Format Graph（图形格式）界面的 Appearance（外观）选项卡中，将 Shape（形状）改为实心圆（●）、Size（大小）改为 3 号，图 3-2-8（a）所示；使用同样的操作修改表示女性的数据集 B 的符号颜色为半透明橙色、形状为旋转实心矩形（◆）、4 号，如图 3-2-8（b）所示。

这里需要注意的是，不同数据系列符号的 Size（大小）一般要求相同，但是有些大小相同的符号在实际外观上存在差距，比如，这里的旋转矩形大小其实指的是四周切线围成的正方形▱为 4 号，正方形内部的旋转矩形◆其实比较小，这时可以根据实际可视化情况设置不同大小。

（4）在工具栏中单击 ⌐ 图标或者双击坐标轴进入 Format Axes（坐标轴格式）界面进行细致修改。将图形的宽度和高度设置为 9cm 和 4cm，将坐标轴的粗细设置为 1/2pt、颜色设置为黑色，如图 3-2-9（a）所示；将 X 轴范围设置为 145～200，刻度朝上（Up），将刻度长度设置为 Short，将主要刻度设置为 10，无次要刻度（⟦ ⟧），如图 3-2-9（b）所示；将左 Y 轴范围设置为 30～120，刻度朝右（Right），将刻度长度设置为 Short，将主要刻度设置为 30、次要刻度设置为 2 ▭（二等分主要刻度），如图 3-2-9（c）所示。这样即可获得如图 3-2-2（a）所示的效果。

如果需要进一步修改网格线样式，最终获得如图 3-2-2（b）所示的效果，具体操作如图 3-2-9（d）所示。将坐标轴的颜色改为半透明灰色、粗细改为 1/2pt，将坐标轴框样式（Frame style）设置为 Plain Frame，将主要网格线和次要网格线均设置为只展示 Y 轴向的线条，且属性都设置为 1/4pt、半透明灰色。

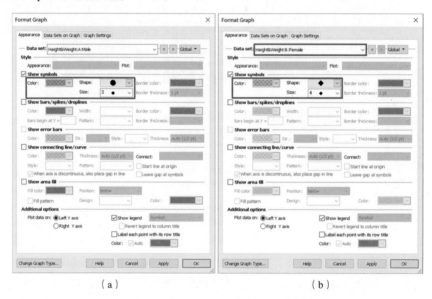

（a）　　　　　　　　　　　（b）

图 3-2-8　修改表示数据集的符号属性

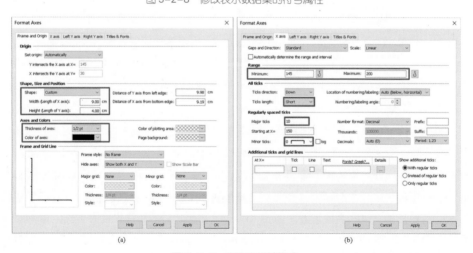

(a)　　　　　　　　　　　(b)

图 3-2-9　修改坐标轴格式

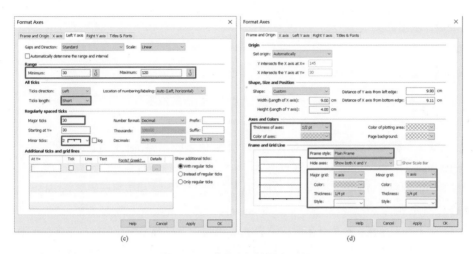

图 3-2-9　修改坐标轴格式（续）

3.2.2　象限散点图

所谓象限散点图，其实就是简单的散点图，只是各散点的 X 值和 Y 值正负不一，刚好落在 4 个象限里；或者说利用 4 个象限可以对散点所代表的对象进行区分，比如，采用流式细胞术产生的散点图就有这样的功能。

Step1：数据录入

（1）打开 GraphPad Prism，进入欢迎界面，选择 XY 表，选中 Enter or import data into a new table 单选按钮，并选中 Numbers（数字）、Enter and plot a single Y value for each point（为每个点输入单个 Y 值）单选按钮，然后单击 Create 按钮，创建数据表。

（2）如图 3-2-10（a）所示，在数据表里输入 X、Y 两列数据，并将数据表重命名为"象限散点图"。

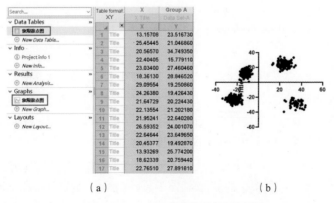

（a）　　　　　　　　　　　（b）

图 3-2-10　输入数据并重命名数据表

Step2：数据分析

无。

Step3：图形生成和美化

（1）单击导航栏 Graphs 部分的同名图片文件"象限散点图"，即可获得所需散点图，如图 3-2-10（b）所示。

（2）在工具栏中单击 ![icon] 图标或者双击图形绘制区，进入 Format Graph（图形格式）界面的 Appearance（外观）选项卡中。在该选项卡中勾选 Show symbols（显示符号）复选框，并单击其下 Color（颜色）属性选项后的下拉按钮，进入取色面板。该面板显示的是 GraphPad Prism 自带的 12 种不同明暗深浅的基本色（Basic colors）及 3 种透明度（25%、50%、75%）下的 7 种颜色。除了个别颜色，这些颜色都不同于 PowerPoint 等软件中默认的鲜艳正色，而是有一定偏离，总体而言都比较耐看，适合直接用于学术图表的绘制。这里选择 75% 透明度中的一种红色，如图 3-2-11 所示，单击 OK 按钮。

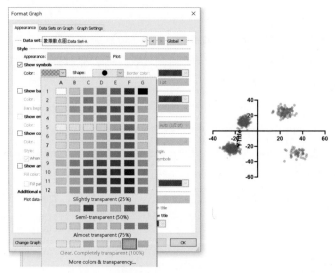

图 3-2-11　散点颜色修改

（3）在工具栏中单击 ![icon] 图标或者双击坐标轴上的刻度数字，进入 Format Axes（坐标轴格式）界面，在 Frame and Origin（坐标轴框和原点）选项卡中将坐标轴的粗细改为 1/2pt，将坐标轴的颜色改为黑色，将坐标轴框样式（Frame style）设置为 Plain Frame，如图 3-2-12 所示。然后单击 Apply 按钮，实时观察图形修改后的变化。

这里有一个小技巧，在对图形进行连续美化修饰时，可以将修改界面拖动到不遮挡图形的一边。在修改相关选项之后，单击 Apply 按钮而不是 OK 按钮，就可以实时观察图形的变化，连续对图形进行修改，提高工作效率。

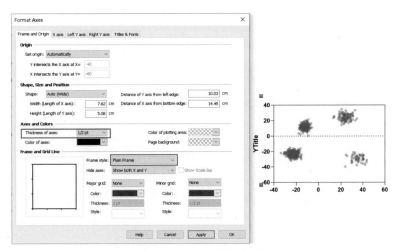

图 3-2-12　图形边框修改

切换到 X axis（X 轴）选项卡，通过 Additional ticks and grid lines（辅助刻度和辅助网格线）选项组添加一条竖直网格线，设置 X 值为 0，勾选 Line 复选框，单击 Apply 按钮，就可以获得一个四象限散点图，如图 3-2-13 所示。

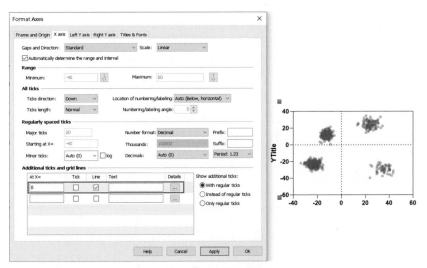

图 3-2-13　坐标轴修改

这是最简单的散点图形式和绘制方法。如果需要实现如图 3-2-14 所示的效果，还需要在两个方面进行处理：一个是数据筛选，将每个象限或符合自己需求的数据筛选出来，在输入 XY 表数据时，X 值的形式不变，但是 Y 值应错开输入并单独成一列，作为一组；另一个是对图形外观和坐标轴格式进行精细修饰，可借鉴其他优秀图片的配色。一些具体的修改方式会在后续内容中介绍。

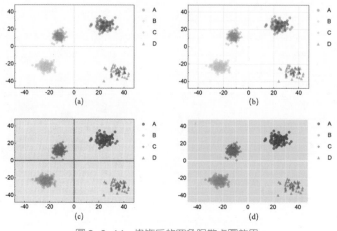

图 3-2-14　修饰后的四象限散点图效果

3.2.3　火山图

火山图（Volcano plot）通常用于 RNA 表达谱和芯片数据分析，用来展示所有基因中的差异基因，如图 3-2-15 所示。由于画出来的形状像火山喷发，故而得名火山图，其本质是一个散点图。图 3-2-15（b）和图 3-2-15（c）是对图形中的点进行半透明处理或添加边框后的效果，图 3-2-15（d）～图 3-2-15（f）是对图 3-2-15（a）～图 3-2-15（c）添加仿 ggplot2 的背景颜色和网格线后的效果。

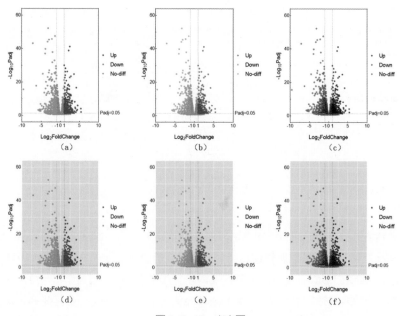

图 3-2-15　火山图

火山图的横坐标为 $\log_2$FoldChange，即差异倍数的对数值；纵坐标为-$\log_{10}$Padj，即校正后的 P 值的对数值。如果我们需要绘制火山图，最基本的数据就是这两列，但 RNA 转录组数据或芯片数据给出的往往是 Padj（见图 3-2-16），可以在 Excel 中计算出-$\log_{10}$Padj，也可以在 GraphPad Prism 中进行数据变换，这里展示在 GraphPad Prism 中进行数据变换。

	A	B	C
1	ID	Log₂ FoldChang	Padj
2	ZFPM2	-3.18	5.72E-53
3	EBF1	-1.39	3.02E-48
4	UBLCP1	-2.2	1.94E-46
5	DDX60	-2.95	4.73E-46
6	NCDN	-3.31	8.59E-45
7	PPP6R3	-7.14	7.36E-44
8	COL5A2	2.5	7.20E-42
9	PCNX4	-3.86	1.66E-40
10	CTBP1	2.23	1.46E-39
11	RNF14	-2.03	1.34E-38
12	GPSM2	-3.94	9.70E-38
13	RAB18	-1.53	1.14E-33
14	ZNF445	-2.11	1.66E-32
15	MIR4785	1.01	1.00E-30
16	USP20	-1.16	3.14E-30
17	WDR45	1.35	6.03E-29
18	FAM117A	-1.13	8.95E-29
19	FAM109A	-2.9	9.58E-28

图 3-2-16　火山图原始数据

由于火山图展示的点特别多，一般不会在点上面展示点的名称或数据标签，所以第一列名称并不是必需的，但是如果有第一列名称，则第一列与第二列和第三列的对应关系会更清晰。

火山图中的数据可以分为三类：无显著差异的点、显著上调的点和显著下调的点。只有把基因表达的这 3 类数据单独"拎"出来成组并用不同颜色进行标记，才能在最后的火山图里面进行很好的展示。显著上调的点和显著下调的点统称为差异基因，一般是指 P 值小于 0.05，差异倍数大于（或等于）2（$\log_2$FoldChange=1），这是人为规定的一个标准。如果筛选到的差异基因比较多，则可以把这个标准规定得严格一点。

Step1：数据录入

（1）在 Excel 里面筛选代表有显著差异的基因、显著上调的基因和显著下调的基因这 3 类数据。

选中第一行，并单击"数据"→"筛选"按钮，调出筛选标志，然后单击 Padj 列（图 3-2-17 中的 C 列）的下拉按钮，选择"数字筛选"→"小于"命令，输入 0.05，如图 3-2-17 所示。

然后单击 $\log_2$FoldChange 列（图 3-2-17 中的 B 列）的下拉按钮，选择"数字筛选"→"大于（或大于或等于）"命令，输入 1，表示在 Padj 小于 0.05 的同时，$\log_2$FoldChange 大于 1，即差异倍数大于 2，是显著上调的基因，并在 mark 列（图 3-2-17 中的 D 列）中填入 Up，如图 3-2-18 所示。

使用同样的操作，把显著下调的基因（Padj<0.05，$\log_2$FoldChange<-1）筛选出来，在 mark 列填入 Down，剩下的就是无显著差异的基因了，可以用空白筛选出来，如图 3-2-19 所示。

（2）使用 GraphPad Prism 绘图。打开 GraphPad Prism，进入欢迎界面，选择 XY 表，选中 Enter or import data into a new table 单选按钮，并选中 Numbers（数字）、Enter and plot a single Y value for each point（为每个点输入单个 Y 值）单选按钮，然后单击 Create 按钮，创建数据表。

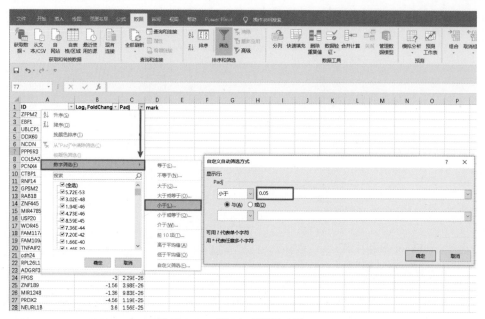

图 3-2-17　将 Padj 设置为小于 0.05

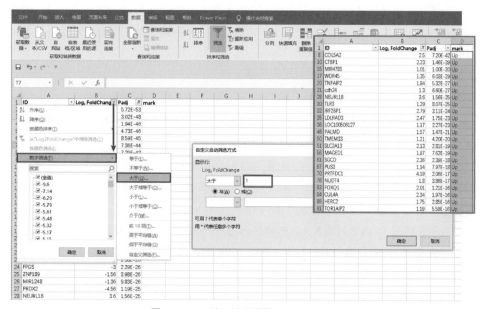

图 3-2-18　筛选并标记显著上调的基因

图 3-2-19　筛选获得的 3 类基因

（3）从 Excel 表格中复制 3 类基因数据并粘贴到数据表中，由于本例数据很多，截图会看不到数据排列全貌，因此图 3-2-20 只是把 Up、Down 和 No-diff 三类基因数据的前面几个放在一起展示：横坐标的 log_2FoldChange 放在 X 列，对应的 Y 值（Padj）在不同的 Y 列错开填入。

Table format: XY	X Log_2FoldChange	Group A Up	Group B Down	Group C No-diff
	X	Y	Y	Y
1 Title	2.50	7.20e-042		
2 Title	2.23	1.46e-039		
3 Title	1.01	1.00e-030		
4 Title	-3.18		5.72e-053	
5 Title	-1.39		3.02e-048	
6 Title	-2.20		1.94e-046	
7 Title	0.96			5.50e-022
8 Title	1.00			6.08e-022
9 Title	-0.87			4.25e-019
10 Title	-0.92			5.21e-019

图 3-2-20　三类基因数据在 XY 表中的排列

（4）进行数据变换。单击工具栏中的 ⊟Analyze 图标，在 Transform，Normalize 下选择 Transform 选项，在右侧勾选需要变换的 3 列数据 A：Up、B：Down、C：No-diff 的复选框，单击 OK 按钮；在随后弹出的 Parameters: Transform 界面中选中 Standard functions 单选按钮，并勾选 Transform Y values using Y=−1*Log（Y）复选框，单击 OK 按钮，如图 3-2-21 所示。

（5）在左侧导航栏的 Results 部分会显示新生成的数据表"Transform of 火山图"，以及 Graphs 部分会生成对应的图标，如图 3-2-22 所示。

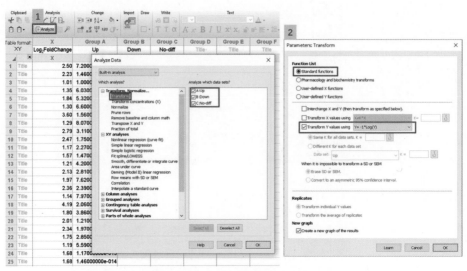

图 3-2-21 对 Y 列数据进行变换

	X	A	B	C
	Log₂FoldChange	Up	Down	No-diff
	X			
1	2.500	41.143		
2	2.230	38.836		
3	1.010	30.000		
4	1.350	28.220		
5	1.840	26.274		
6	1.300	26.180		
7	3.600	24.807		
8	1.290	24.093		
9	2.790	23.507		
10	2.470	22.757		
11	1.170	22.644		
12	1.570	20.833		
13	1.210	19.377		
14	2.130	18.551		
15	1.970	18.118		
16	2.360	17.622		
17	1.140	17.099		
18	4.190	16.686		
19	1.800	16.413		
20	2.010	15.917		
21	2.340	15.706		
22	1.750	15.545		
23	1.190	15.253		
24	1.680	14.932		
25	1.680	13.836		
26	1.240	13.354		
27	1.960	13.161		

图 3-2-22 新生成的数据表和对应的图标

Step2：数据分析

无。

Step3：图形生成和美化

（1）在左侧导航栏的 Graphs 部分单击 Transform of 火山图 图标，获得初始火山图，如图 3-2-23 所示。

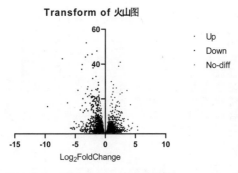

图 3-2-23　初始火山图

（2）在工具栏中单击 图标或者双击图形绘制区，进入 Format Graph（图形格式）界面的 Appearance（外观）选项卡中，选择数据集 A（上调基因），勾选 Show symbols（显示符号）复选框，并单击其下 Color（颜色）属性选项后的下拉按钮，进入取色面板，单击取色面板底部的 More colors & transparency 按钮，进入 Choose Color（取色器）界面，自定义需要使用的颜色，如图 3-2-24 所示。

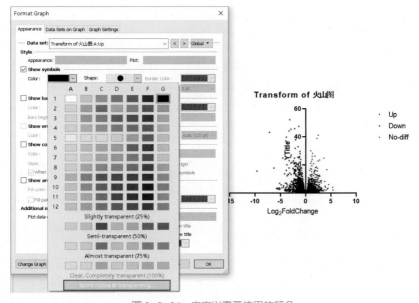

图 3-2-24　自定义需要使用的颜色

在 Choose Color（取色器）界面中输入 Red、Green、Blue 值以获得自定义颜色，然后单击 Add to Custom Colors 按钮，将刚刚定义好的颜色添加到左侧的自定义颜色区（Custom），以便后续使用，如图 3-2-25 所示。

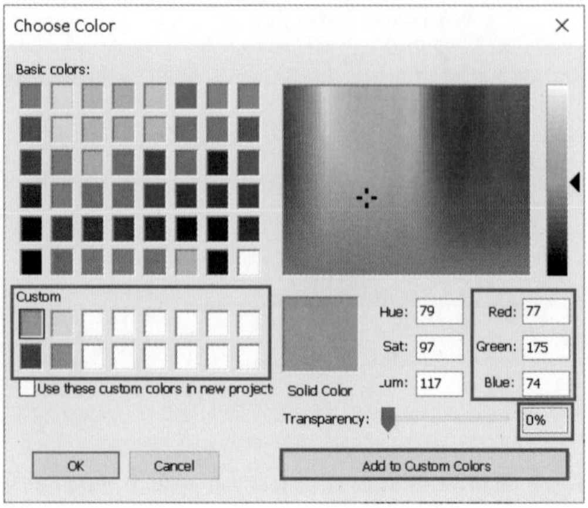

图 3-2-25　Choose Color（取色器）界面

　　本例中共准备了 4 种自定义颜色：绿色（77,175,74）、红色（228,26,28）、浅灰色（229,229,229）、深灰色（153,153,153）。这 4 种颜色是 R ggplot2 Set1 里面的经典配色，比较耐看，我们可以拿来使用。在完成自定义颜色之后，当每次设定颜色时，进入 Choose Color（取色器）界面，在自定义颜色区（Custom）单击要使用的颜色，然后单击 OK 按钮即可使用该颜色。

　　在完成 4 种颜色的自定义之后，回到 Appearance 选项卡中。在 Data set 下拉列表中选择需要修改的数据集，勾选 Show symbols 复选框，再次单击 Show symbols 下 Color 选项后的下拉按钮，进入取色面板，单击取色面板底部的 More colors & transparency 按钮，进入 Choose Color（取色器）界面，单击要使用的颜色，选中颜色之后还可以调节透明度 Transparency（此处保持 0% 不变），单击 OK 按钮，使用该颜色。

　　将显著上调的基因（A：Up）、显著下调的基因（B：Down）及无显著差异的基因（C：No-diff）指定为刚刚自定义的红色、绿色和深灰色，并将 3 类数据的形状（Shape）都改为黑色实心圆点，将大小（Size）改为 Auto（1），如图 3-2-26（a）所示。

　　然后在 Data Sets on Graph 选项卡中确定无显著差异的基因（C：No-diff）组位于底层，如果它没有位于底层，则通过单击右侧的按钮来排序，如图 3-2-26（b）所示。这是为了避免无显著差异基因的点遮挡显著上调基因和显著下调基因的点，如果把点设置为半透明，则可以不用进行此步骤。

　　（3）在工具栏中单击 图标或者双击坐标轴上的刻度数字，进入 Format Axes（坐标轴格式）界面，在 Frame and Origin（坐标轴框和原点）选项卡中将坐标轴的粗细改为 1/2pt、颜色改为黑色，将 Frame style（坐标轴框样式）设置为 Plain Frame，如图 3-2-27 所示。然后单击 Apply 按钮，实时观察图形修改后的变化。

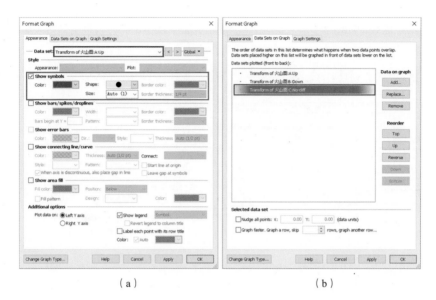

（a）　　　　　　　　　　　　　　　　　（b）

图 3-2-26　火山图绘图设置

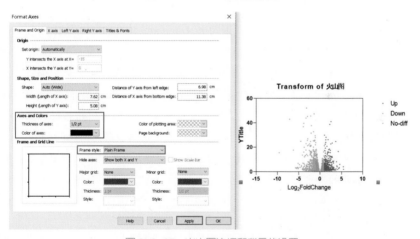

图 3-2-27　火山图边框和背景的设置

切换到 X axis（X 轴）选项卡，取消勾选 Automatically determine the range and interval（自动确定范围和间隔）复选框，以便自行编辑坐标轴显示范围和刻度之间的间隔。

将 Range（范围）选项组中的 Minimum（最小值）改为-10；将 All ticks（所有刻度）选项组中的 Ticks direction（刻度方向）改为 Up、Ticks length（刻度长度）改为 Very short；将 Minor ticks（次要刻度）改为 2 ⌐⌐（二等分主要刻度）；通过 Additional ticks and grid lines（辅助刻度和辅助网格线）选项组添加两条竖直网格线，将 X 值分别设置为-1 和 1，在相应的 Text 文本框中输入-1 和 1，如图 3-2-28（a）所示。然后在 Details（细节）中进行线条细节设置：勾选 Show Grid Line（显示网格线）复选框，将 Thickness（宽度）改为 1/4 pt，将 Style（样式）

改为细密的短虚线，如图 3-2-28（b）所示。单击 Apply 按钮，实时观察图形修改后的变化。

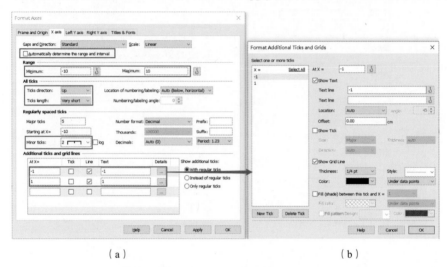

（a） （b）

图 3-2-28　火山图 X 轴的设置

切换到 Left Y axis（左 Y 轴）选项卡，取消勾选 Automatically determine the range and interval（自动确定范围和间隔）复选框，以便自行编辑坐标轴显示范围和刻度之间的间隔。将 Range（范围）选项组中的 Minimum（最小值）改为-4、Maximum（最大值）改为 64；将 All ticks（所有刻度）下的 Ticks direction（刻度方向）改为 Right、Ticks length（刻度长度）改为 Very short；将 Minor ticks（次要刻度）改为 2 ▢（二等分主要刻度）；通过 Additional ticks and grid lines（辅助刻度和辅助网格线）选项组添加一条竖直网格线，将 Y 值设置为 1.301（$-\log_{10}0.05=1.301$，这是为了标记变换后 Padj=0.05 所在的位置），Details（细节）设置同前，如图 3-2-29 所示。单击 Apply 按钮，实时观察图形修改后的变化。

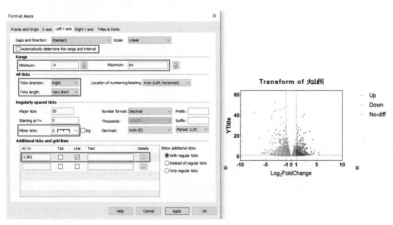

图 3-2-29　火山图左 Y 轴的设置

切换到 Title & Fonts 选项卡，将 X 轴标题距离 X 轴的距离改为 0.8cm，也可以修改图标题、Y 轴标题，以及坐标轴刻度数字/标签的字体、位置，然后单击 OK 按钮，如图 3-2-30 所示。

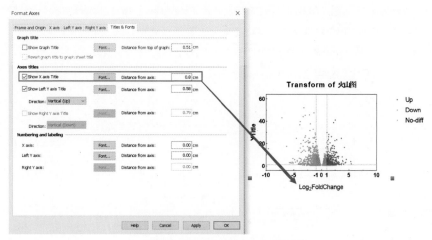

图 3-2-30　火山图 X 轴标题的设置

（4）把图标题删除，单击 Y 轴标题，将其改为-Log$_{10}$Padj；单击坐标轴，选择出现在坐标轴两端的方形锚点，将 Y 轴拉伸到 8.5cm 左右，将 X 轴缩短到 6cm 左右；在工具栏选择文本工具 T，在图形绘制区输入 Padj=0.05 并将其拖动到水平虚线右侧；框选图例，将其移动到图形右侧居中位置，如图 3-2-31 所示。

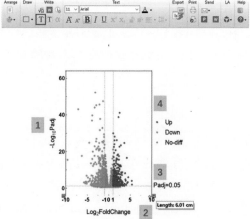

图 3-2-31　修饰图形

最后获得的图形效果如图 3-2-15（a）所示。也可以根据自己需求和审美，对图形元素进行调整。

下面介绍如何绘制仿 ggplot2 的背景颜色和网格线。如图 3-2-32（a）所示，将坐标轴颜色改为白色（和底色保持一致）或全透明色，目的是隐藏坐标轴但不隐藏刻度标签文字，在图形绘制区填充 ggplot2 的灰色（RGB（229,229,229））；在 X 轴和 Y 轴上都显示主要网格线和次要网格线，颜色为白色，主要网格线粗细为 1/2 pt，次要网格线粗细为 1/4pt，样式为直线。次要网格线的显示还需要通过在 X 轴和 Y 轴上设置次要刻度来配合：将 X 轴和 Y 轴次要刻度设置为 `2` ▭（二等分主要刻度），如图 3-2-32（b）所示。

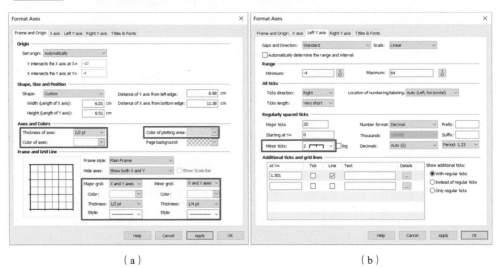

（a）   （b）

图 3-2-32 仿 ggplot2 的背景颜色和网格线

本节内容以火山图为例，详细介绍了在 GraphPad Prism 中绘制图表的流程和修改细节。其中设置自定义颜色、添加辅助网格线和仿 ggplot2 风格可以较好地扩充 GraphPad Prism 的实际应用范围。

3.2.4 克利夫兰点图、棒棒糖图

克利夫兰点图（Cleveland dot plot）常用来展示分类数据，且展示的分类数据没有时序要求，可以自行排序，如按照从大到小或者分组从大到小的顺序展示数据，如图 3-2-33 所示。根据数据可视化的要求，分类条目下最好采用网格形式，使网格线起到视觉引导作用，这种图的外观像是圆珠在坐标轴上滑动（将图形旋转 90°，使数据条目横向排列，可看得更清楚），也被称为滑珠散点图。

克利夫兰点图的数据一般采用横向排列的形式来表示，这样可以展示较多的分类条目和较长的分类名称。但是在 XY 表下面绘制的克利夫兰点图并不能横向排列，需要在行列分组表（Grouped）下面才能绘制。

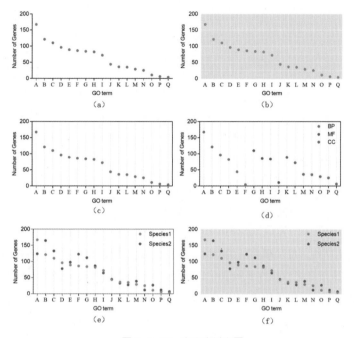

图 3-2-33　克利夫兰点图

对于克利夫兰点图，如果向坐标轴引垂线或直条矩形，则称为棒棒糖图（Lollipop Chart）。在 GraphPad Prism 中的做法是，在勾选 Show symbols（显示符号）复选框的同时勾选 Show bars/spikes/droplines 复选框（见图 3-2-34（a）），最终获得如图 3-2-35 所示的效果。

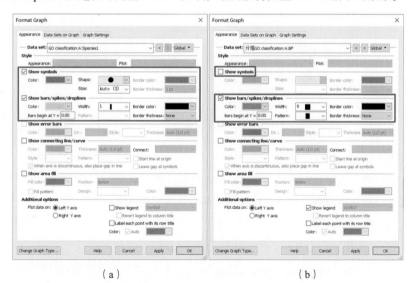

图 3-2-34　符号和垂引矩形的组合

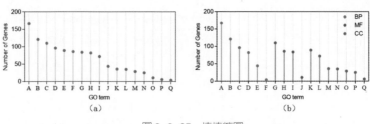

图 3-2-35　棒棒糖图

3.2.5　模拟直方图

对于克利夫兰点图，如果不勾选 Show symbols（显示符号）复选框，而只是向坐标轴引垂线或直条矩形，即只在 Appearance 选项卡中勾选 Show bars/spikes/droplines 复选框并设置其下面的选项（见图 3-2-34（b）），则外观为柱状图，如图 3-2-36（a）和图 3-2-36（b）所示；进一步调节直条矩形的宽度和横坐标的宽度，可以绘制直方图，如图 3-2-36（c）和图 3-2-36（d）所示。在 4.2.3 节还会介绍在纵列表（Column）下绘制直方图。严格来讲，这两处绘制的图形都不算是直方图，只是模拟直方图或者特殊情况下的直方图。

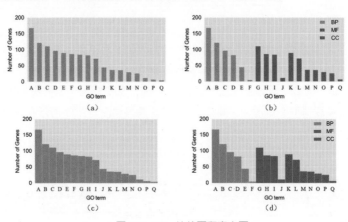

图 3-2-36　柱状图和直方图

在 XY 表下绘制直方图有一个特殊应用，就是绘制叠印直方图，如图 3-2-37 所示。这是对行列分组表（Grouped）叠印模式的一个补充，在行列分组表（Grouped）下的叠印模式可以设置叠印但是不能设置半透明色，而在 XY 表下的直方图可以。可以继续阅读下面的例子，也可以暂且不管，在读完行列分组表下叠印模式的相关内容后再回头来对比阅读。

Step1：数据录入

（1）打开 GraphPad Prism，进入欢迎界面，选择 XY 表，选中 Enter or import data into a new table 单选按钮，并选中 Numbers（数字）、Enter and plot a single Y value for each point（为每个点输入单个 Y 值）单选按钮，然后单击 Create 按钮，创建数据表。

（2）按照如图 3-2-38（a）所示的格式输入原始数据，即组频率数据。

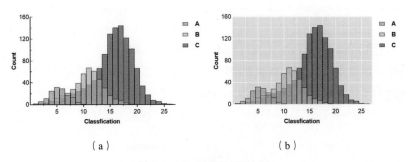

（a）　　　　　　　　　　　（b）

图 3-2-37　绘制叠印直方图

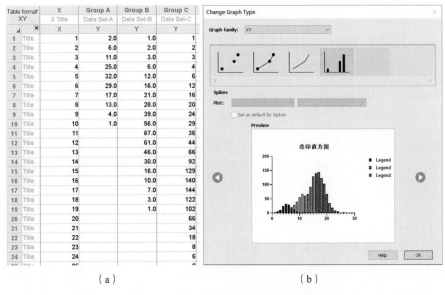

（a）　　　　　　　　　　　（b）

图 3-2-38　3 组频率数据输入和图形选择

Step2：数据分析

无。

Step3：图形生成和美化

（1）单击左侧导航栏的 Graphs 部分的同名图片文件，进入绘图引导界面。选择 XY 表对应的第 4 种图形：垂引柱状图（见图 3-2-38（b））。

（2）如图 3-2-39(a)所示，在工具栏中单击 图标或者双击图形绘制区，进入 Format Graph（图形格式）界面的 Appearance（外观）选项卡中，勾选 Show bars/spikes/droplines 复选框，并设置颜色为半透明色，可以加边框也可以不加边框，但直条矩形的宽度（Width）非常重要，需要与 X 轴的长度配合，使直条矩形之间没有间隙，这里选择 6 号大小。

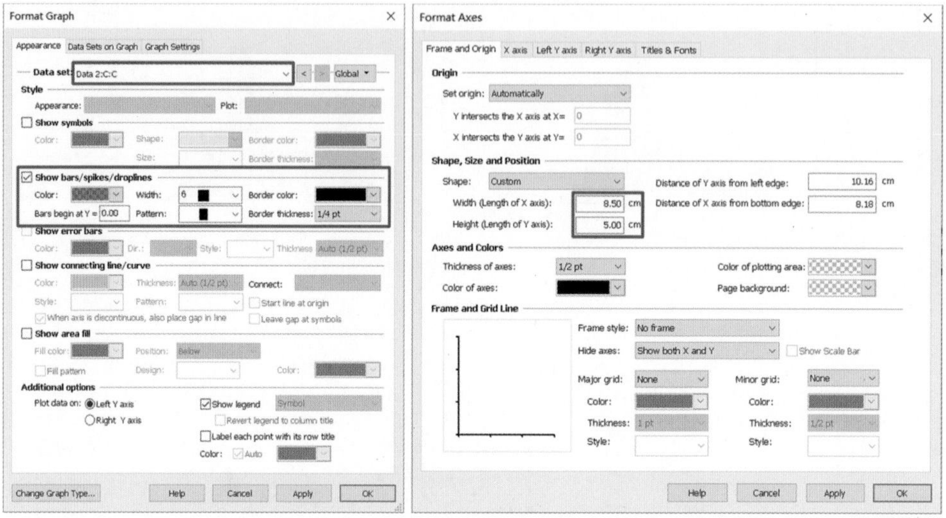

（a）　　　　　　　　　　　　　　　（b）

图 3-2-39　散点颜色修改和尺寸修改

（3）在工具栏中单击 图标或者双击坐标轴上的刻度数字，进入 Format Axes（坐标轴格式）界面，在 Frame and Origin（坐标轴框和原点）选项卡中将 Shape（形状）中的 Width（宽度）和 Height（高度）分别改为 8.50cm、5.00cm（见图 3-2-39（b））。这个宽度是为了配合直条矩形宽度为 6 号（见图 3-2-38（a））而设置的，在实际应用时需要多次调试，才能找到合适的大小。

此外，将坐标轴的粗细改为 1/2pt、颜色改为黑色；在 X axis（X 轴）选项卡中将 X 轴范围修改为 0～27，将主要刻度设置为 5、次要刻度设置为 （二等分主要刻度）；在 Y axis（Y 轴）选项卡中将 Y 轴范围修改为 0～160，将主要刻度设置为 40、次要刻度设置为 （二等分主要刻度）。图形灰色背景设置见火山图相关内容。

3.2.6　线条连接的散点图

在 3.2.1～3.2.4 节中介绍的散点图都是对 X 值没有时序要求，可以自行排序或者在组内按顺序展示分类数值的散点图。当 X 值具有时序规律时，Y 值往往需要显示出随时间的变化，此时单独用散点图就不合适了，可以采用直线连接的散点图。直线连接的散点图除了可以用来展示事件发展的趋势，还可以用来比较多个不同的数据系列，如某地一周内两条地铁线的客运量变化、两地的月平均气温变化，如图 3-2-40 所示。

下面以某地居民 1950 年—1970 年伤寒死亡率为例，绘制直线连接的散点图，如图 3-2-41 所示。

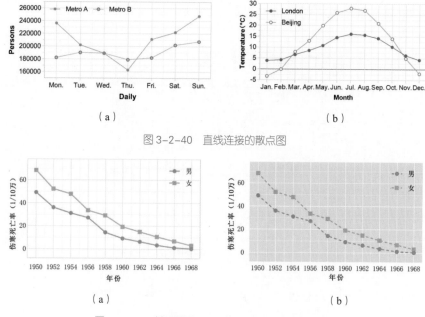

图 3-2-40　直线连接的散点图

图 3-2-41　某地居民 1950 年—1970 年伤寒死亡率

Step1：数据录入

（1）打开 GraphPad Prism，进入欢迎界面，选择 XY 表，选中 Enter or import data into a new table 单选按钮，并选中 Numbers（数字）、Enter and plot a single Y value for each point（为每个点输入单个 Y 值）单选按钮，然后单击 Create 按钮，创建数据表。

（2）按照图 3-2-42 所示的格式输入原始数据。

Table format: XY		X 年份	Group A 男	Group B 女
◢	☒	X	Y	Y
1	Title	1950	49.2	68.3
2	Title	1952	36.2	52.2
3	Title	1954	31.2	47.8
4	Title	1956	27.3	33.6
5	Title	1958	14.5	29.2
6	Title	1960	9.2	19.2
7	Title	1962	6.4	14.9
8	Title	1964	3.4	10.6
9	Title	1966	1.2	6.8
10	Title	1968	0.4	3.2

图 3-2-42　输入原始数据

Step2：数据分析

无。

Step3：图形生成和美化

（1）单击左侧导航栏的 Graphs 部分的同名图片文件，进入绘图引导界面。选择 XY 表对应的第二种图形：直线连接的散点图，如图 3-2-43 所示。

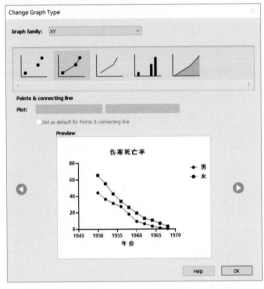

图 3-2-43　图形选择

（2）在工具栏中单击 图标或者双击图形绘制区，进入 Format Graph（图形格式）界面的 Appearance（外观）选项卡中，选择数据集 A，勾选 Show symbols 和 Show connecting line/curve 复选框，并对二者的颜色、符号/线条粗细进行设置；使用同样的操作对数据集 B 进行设置，如图 3-2-44（a）所示。

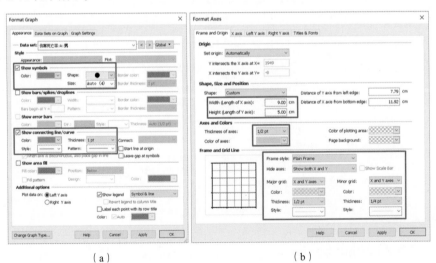

（a）　　　　　　　　　　　　　　（b）

图 3-2-44　散点颜色修改

（3）在工具栏中单击⬚图标或者双击坐标轴上的刻度数字，进入 Format Axes（坐标轴格式）界面，在 Frame and Origin（坐标轴框和原点）选项卡中将 Shape（形状）的宽度和高度分别改为 9cm、5cm，将坐标轴的粗细改为 1/2 pt、颜色改为灰色；在 Frame and Grid Line（坐标轴框和网格线）选项组中将 Frame style（坐标轴框样式）设置为 Plain Frame，设置主要刻度线的颜色为半透明灰色、粗细为 1/2pt，设置次要刻度线的颜色为半透明灰色、粗细为 1/4pt，如图 3-2-44（b）所示。这是比较经典的网格线设置方法，在本书中应用较多。

然后设置 X 轴和 Y 轴范围、主要刻度和次要刻度。如果前面设置了次要刻度线作为网格，则在 X 轴和 Y 轴上一定要设置次要刻度线，一般是 2 ▭▢（二等分主要刻度），否则不会显示次要网格线。

在 GraphPad Prism 中直接绘图只有直线连接的形式，如果需要像 Excel 那样使用平滑曲线连接散点，则需要进行样条线拟合（Fit spline）或非线性拟合。在使用样条线拟合时，只需要绘制一条平滑曲线，使图形看起来更有吸引力，或者将其用作标准曲线，不关心曲线拟合模型，也不需要寻找可以解释的最佳拟合值。

继续以上面的伤寒率数据为例。单击工具栏中的 ▭Analyze 图标，在弹出界面的 XY analyses 选项下面选择 Fit splin/LOWESS（简单线性回归）选项，单击 OK 按钮；在弹出的界面中选中 Cubic spline. Curve goes through every point 单选按钮，其他参数保持默认设置，单击 OK 按钮，如图 3-2-45 所示。

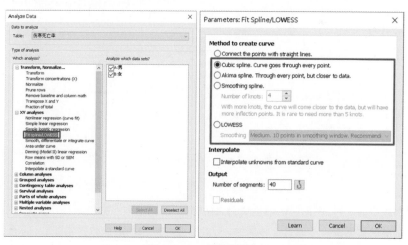

图 3-2-45　样条线拟合

除了 Cubic spline（三次样条线），下面的 Akima spline 也可以穿过每个点，且弯曲程度更高，有些人认为这种拟合效果更好看。而 Smoothing spline 可以通过指定 Number of knots（节点数）来确定平滑度，节点数越多，曲线的曲折越多，如图 3-2-46 所示，但节点数很少会超过 5 个，因为太多的节点数会覆盖大概的规律。

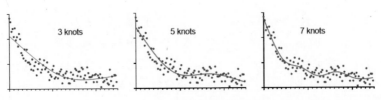

图 3-2-46 平滑样条线拟合和节点数的关系

（图源：官网文档）

LOWESS 曲线是另一种平滑曲线的拟合算法，与 Smoothing spline 曲线外观类似，但是只有粗略（Coarse）、中等（Medium）和精细（Fine）3 种平滑程度的曲线。如果数据点少于 20个，则一般不使用 LOWESS 曲线。

最终会在左侧导航栏部分生成拟合之后的数据表，可以据此绘制平滑曲线，同时会在原图形上自动添加样条线拟合数据集。如果没有添加样条线拟合数据集，则需要在 Data Sets on Graph 选项卡中单击 Add 按钮进行添加，如图 3-2-47 所示。

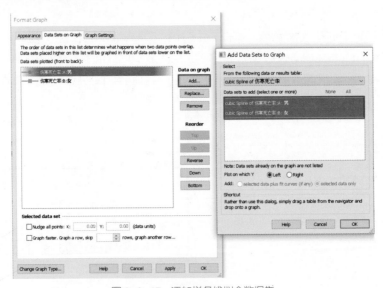

图 3-2-47 添加样条线拟合数据集

在样条线拟合之后,图形中的数据集分为两部分:原来的散点数据集和拟合之后的数据集。由于拟合之后的数据集只能设置连线属性,因此需要与原来的散点数据集配合,从而绘制各种效果。比如,针对原来的散点数据集,取消勾选 Show connecting line /curve（连线属性）复选框,而针对对应的拟合之后的数据集,勾选该属性复选框,如图 3-2-48 所示。

最终获得平滑曲线连接的散点图,如图 3-2-49 所示。

在使用直线连接的散点图时,首先,应能够清晰地区分数据线和坐标轴线,一般可以对坐标轴相关线条进行淡化处理,如设置为灰色,以便突出数据的展示;其次,不建议在同一个坐标系中绘制太多直线连接的散点图，否则会造成视觉混乱，如 4 条以上；最后，应避免刻意歪曲趋势，如将坐标轴跨度设置得极大，使直线连接的散点图被拉平，或者将坐标轴跨度设置得极窄，刻意夸大其波动。

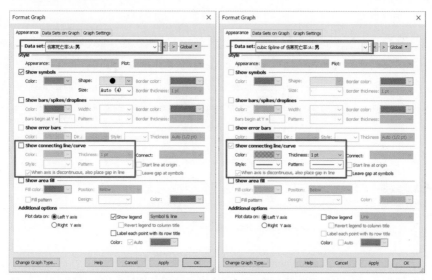

图 3-2-48 修改样条线拟合数据集连线属性

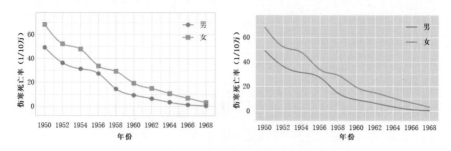

图 3-2-49 平滑曲线连接的散点图

下面以某次 MTT 实验数据为例，绘制直线连接的多次重复测量的多数据系列散点图。纵坐标为 MTT 在 562 nm 处的吸光度值，而横坐标是测量的间隔时间，每个点重复测量 3 次。

Step1：数据录入

（1）打开 GraphPad Prism，进入欢迎界面，选择 XY 表，选中 Enter or import data into a new table 单选按钮，并选中 Numbers（数字）、Enter _replicate values in side-by-side subcolumns（子列并列输入多个重复 Y 值）单选按钮，同时选择输入 3 个重复 Y 值，然后单击 Create 按钮，创建数据表。

（2）按照如图 3-2-50 所示的格式输入实验的原始数据。这里 MTT 实验假设是测定某诱导

剂的 3 种不同剂量（3%、6%、9%）对细胞生长的诱导作用，加上 Control 组，总共 4 组；从
0h 到 84h 每隔 12h 测量一次吸光度值，总共 8 个时间点；重复 3 次实验。在实际处理过程中，
如果 0h 的吸光度数据不太整齐，则可以对其进行归一化处理，即后面每个时刻的吸光度值与
0h 的吸光度值相除，再乘以 100%，得到一个相对值，再绘制曲线。

Table format: XY	X Time(h)	Group A Control			Group B 3%			Group C 6%			Group D 9%		
	X	A:Y1	A:Y2	A:Y3	B:Y1	B:Y2	B:Y3	C:Y1	C:Y2	C:Y3	D:Y1	D:Y2	D:Y3
1 Title	0	0.112	0.108	0.109	0.112	0.115	0.103	0.096	0.111	0.104	0.106	0.108	0.100
2 Title	12	0.112	0.107	0.139	0.137	0.102	0.148	0.168	0.128	0.152	0.202	0.172	0.213
3 Title	24	0.153	0.178	0.222	0.208	0.237	0.261	0.302	0.382	0.334	0.415	0.452	0.469
4 Title	36	0.305	0.331	0.298	0.442	0.496	0.424	0.556	0.626	0.561	0.742	0.813	0.755
5 Title	48	0.365	0.391	0.333	0.575	0.543	0.564	0.722	0.676	0.699	0.886	0.928	0.898
6 Title	60	0.408	0.422	0.386	0.595	0.627	0.566	0.752	0.788	0.751	0.912	0.991	0.960
7 Title	72	0.412	0.374	0.438	0.602	0.652	0.596	0.792	0.832	0.777	0.992	1.030	1.020
8 Title	84	0.468	0.428	0.412	0.712	0.676	0.645	0.812	0.842	0.886	1.010	1.030	1.080

图 3-2-50　输入实验的原始数据的格式

Step2：数据分析

无。

Step3：图形生成和美化

（1）单击左侧导航栏的 Graphs 部分的同名图片文件，进入绘图引导界面。选择 XY 表对
应的第二种图形（不要选择第四种，第四种会使得每次重复实验都画 3 条折线，总共生成 12
条线），设置 Plot（绘制形式）为 Mean±SD（SD 选项下还有其他形式，如 SEM、CV 等），如
图 3-2-51 所示，即可获得图 3-2-51 下半部分的预览图形。

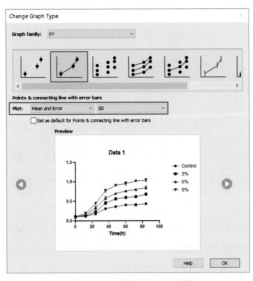

图 3-2-51　图形和点的选择

（2）在工具栏中单击图标或者双击坐标轴上的刻度数字，进入 Format Axes（坐标轴格

式）界面，在 Frame and Origin（坐标轴框和原点）选项卡中将 Shape（形状）的宽度和高度分别改为 9cm、5cm，将坐标轴的粗细改为 1pt、颜色改为黑色；在 X axis（X 轴）选项卡中将 X 轴范围改为 0～84、主要刻度改为 12，无次要刻度；在 Y axis（Y 轴）选项卡中将 Y 轴范围改为 0～1.2、主要刻度改为 0.2，无次要刻度，即可获得如图 3-2-52（a）所示的效果。

也可以按照前面火山图部分的操作步骤，在工具栏中单击 ▐▌ 图标或者双击图形绘制区，进入 Format Graph（图形格式）界面的 Appearance（外观）选项卡中，在该选项卡中设置各数据集的符号属性和连线属性，获得如图 3-2-52（b）～图 3-2-52（f）所示的效果，其中图 3-2-52（e）和图 3-2-52（f）展示了原始数据并采用了直线相连形式，被称为意大利面条图（Spaghetti plot）。

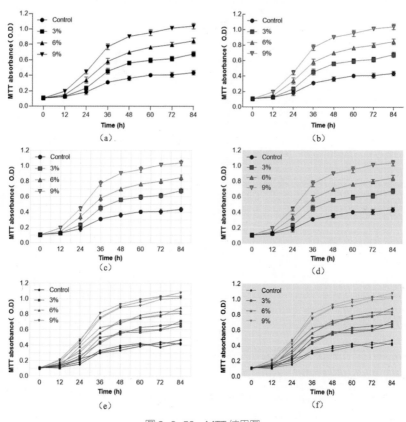

图 3-2-52　MTT 结果图

3.2.7　双 Y 轴图形

在 GraphPad Prism 中绘制双 Y 轴非常简单，只需要在 Format Graph（图形格式）界面的 Appearance 选项卡中将相应的数据集分配到另一条 Y 轴上即可。下面以 XY 表下双数据系列——1995 年—2020 年研发经费总量及其在财政预算中的占比为例，展示双 Y 轴图形的绘制。

数据是作者模拟的，不代表实际情况。

Step1：数据录入

（1）打开 GraphPad Prism，选择 XY 表，选中 Enter or import data into a new table 单选按钮，并选中 Numbers（数字）、Enter and plot a single Y value for each point（为每个点输入单个 Y 值）单选按钮，然后单击 Create 按钮，创建数据表。

按照如图 3-2-53 所示的格式输入数据，X 列为年份，Group A 列为研究经费（亿元），Group B 列为研究经费在财政预算中的占比，并将数据表重命名为"研发经费支出"。

Table format: XY	X	Group A	Group B
	Year	Research Grants	Percent of Budget
	X	Y	Y
1 Title	1995	122	0.52
2 Title	1996	134	0.54
3 Title	1997	220	0.50
4 Title	1998	250	0.59
5 Title	1999	320	0.61
6 Title	2000	410	0.63
7 Title	2001	530	0.72
8 Title	2002	660	0.75
9 Title	2003	810	0.88
10 Title	2004	1020	0.89
11 Title	2005	1220	0.93
12 Title	2006	1360	0.98
13 Title	2007	1720	0.96
14 Title	2008	2000	1.02
15 Title	2009	2400	1.17
16 Title	2010	3020	1.23
17 Title	2011	3900	1.32
18 Title	2012	4800	1.45
19 Title	2013	5900	1.50
20 Title	2014	8090	1.62
21 Title	2015	9800	1.73
22 Title	2016	12000	1.79
23 Title	2017	13500	1.86
24 Title	2018	15900	1.92
25 Title	2019	17900	2.02
26 Title	2020	20200	2.05

图 3-2-53 双数据系列格式

Step2：数据分析

无。

Step3：图形生成和美化

（1）在左侧导航栏的 Graphs 部分单击同名图片文件，弹出 Change Graph Type 绘图引导界面，选择散点图，如图 3-2-54 所示。

（2）按 Ctrl+A 组合键全选整个图形元件，在工具栏的 Text 部分将所有文字字体改为 10pt、Arial、非加粗形式。

（3）在工具栏中单击 图标或者双击图形绘制区，进入 Format Graph（图形格式）界面的 Appearance 选项卡中，在 Data set 下拉列表中选择 Percent of Budget 数据集，在底部的 Additional options 选项组中选中 Right Y axis 单选按钮，即可将该数据集以右 Y 轴进行绘制；

然后勾选 Show symbols 和 Show connecting line/curve 复选框，并设置二者的颜色、符号、线条粗细，如图 3-2-55（a）所示；使用同样的操作对 Research Grants 数据集进行设置，如图 3-2-55（b）所示。

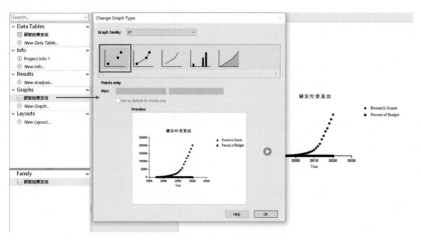

图 3-2-54　生成双数据系列散点图

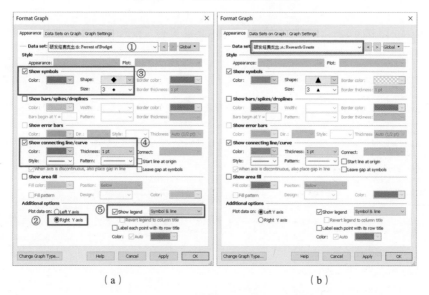

（a）　　　　　　　　　　　　　　　　（b）

图 3-2-55　双数据系列连线散点图设置

（4）在工具栏中单击图标或者双击坐标轴，进入 Format Axes 界面进行细致修改。

① 如图 3-2-56（a）所示，将图形的宽度和高度分别设置为 17.2 cm 和 8 cm，将坐标轴的粗细设置为 1/2pt、颜色设置为黑色，将 Frame style 设置为 Plain Frame。

② 如图 3-2-56（b）所示，将 X 轴范围设置为 1994.5~2020.5，这样设置是为了使首尾两

个数据不和 Y 轴相交；GraphPad Prism 默认的坐标轴刻度比较长，可将其改成 Short（也可以不改）；X 轴刻度标签旋转角度自动设置为 45°。

③ 如图 3-2-56（c）所示，将左 Y 轴范围设置为 0~22000；将主要刻度设置为 2000、次要刻度设置为 0（即不设置次要刻度）；将刻度标签前缀（Prefix）设置为"¥"、后缀（Suffix）设置为"亿"。

④ 如图 3-2-56（d）所示，将右 Y 轴范围设置为 0~2.2；将主要刻度设置为 0.2、次要刻度设置为 0（即不设置次要刻度）。

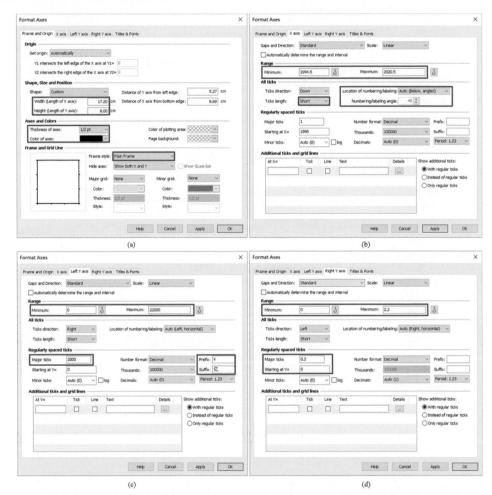

图 3-2-56　双数据系列连线散点图坐标轴修改

最后将图例移动到合适位置，将字体改为与其他坐标轴刻度标签字体相同，即可获得如图 3-2-57 所示的图形效果。

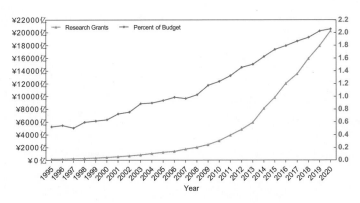

图 3-2-57　双数据系列连线散点图

如图 3-2-58（a）所示，将坐标轴的颜色改成透明色，隐藏原来的坐标轴；将 *Y* 轴的主要刻度线的粗细设置为 1/2pt、颜色设置为灰色；在左 *Y* 轴上添加辅助线 *Y*=0 和 *Y*=22000。在 GraphPad Prism 中，坐标轴两端的最小和最大刻度线位置是留给坐标轴的，即使不显示坐标轴也不会添加网格线，只能通过图 3-2-58（b）这种添加辅助线的方式来绘制两端的刻度线。最终将获得如图 3-2-59（a）所示的网格线效果。

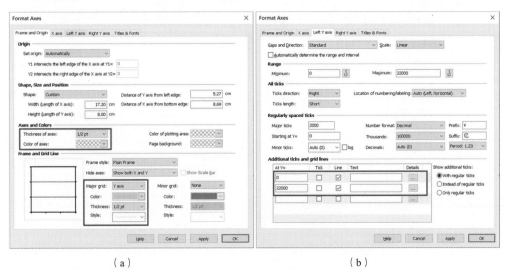

（a）　　　　　　　　　　　　　　　　　　（b）

图 3-2-58　双数据系列连线散点图网格线设置

如图 3-2-60 所示，在 Appearance 选项卡中，将蓝色的 Research Grants 数据集去除符号和连线，显示直条矩形，保持颜色不变，设置宽度为 9 号、图案为矩形、边缘无线条；而将橙色的 Percent of Budget 数据集去除符号和连线，保留连线，最终可获得如图 3-2-59（b）所示的效果。仿照前面火山图的方法，可以获得如图 3-2-59（c）和图 3-2-59（d）所示的仿 ggplot2 效果。

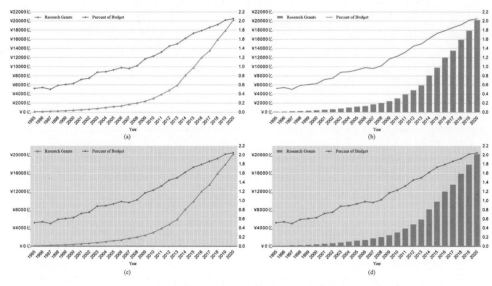

图 3-2-59　双数据系列连线散点图其他效果

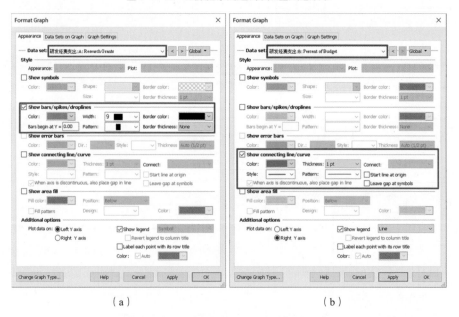

（a）　　　　　　　　　　　　　　　（b）

图 3-2-60　修改双数据系列连线散点图外观

3.2.8　折线图和曲线图

直线连接的散点图适合点不多的情况，如果点数特别多，会对图形展示造成干扰，则最好不再显示表示点的符号而只用直线连接，如 2020 年上半年人民币对美元的汇率变化（数据来源：英为财情网），如图 3-2-61 所示，这就是折线图。折线图非常适合显示在相等时间间隔下数据的变化趋势，尤其是在分类标签是文本且代表均匀分布的数值（如月、季度或年度数据）的情况下，GraphPad Prism 支持 XY 表中的横坐标为日期或时间。

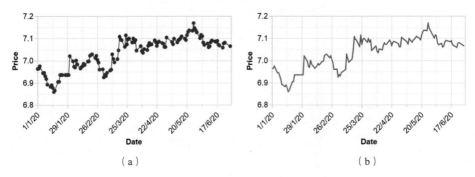

（a）
（b）

图 3-2-61　直线连接的散点图和折线图

在 Excel 中，直线连接的散点图和折线图的绘制是有区别的。如果 X 值和 Y 值都是连续型数值，尤其是当 X 值没有时序规律时，X 值和 Y 值共同决定点的空间位置，这就是散点图；而 X 值是文本标签（如月份、方位等），Y 值是数值，绘制的图形就是折线图，即最后折线形状完全由 Y 值来决定。所以，如果将两列数据放到 Excel 中，添加折线图时会将两列数据生成两条折线；只有添加散点图时才会生成所需要的点，然后设置直线连接。

而在 GraphPad Prism 中，直线连接的散点图和折线图在初始绘制上是没有区别的。如果 X 值为文本标签，则只需要在数据表中将行标题填上，在 Format Axes 界面的 X axis 选项卡中设置显示行标题（Row title）即可。有人将显示符号且有连线的图形称为直线连接的散点图，将不显示符号的只有连线的图形称为折线图，本书按照这个区分原则来进行讲述。

下面以 2020 年上半年人民币对美元的每日汇率变化为例绘制折线图（见图 3-2-61（b））。

Step1：数据录入

（1）打开 GraphPad Prism，进入欢迎界面，选择 XY 表，选中 Enter or import data into a new table 单选按钮，并选中 Dates（日期）、Enter and plot a single Y value for each point（为每个点输入单个 Y 值）单选按钮，然后单击 Create 按钮，创建数据表。

（2）按照如图 3-2-62（a）所示的格式输入数据。如果获得的原始数据格式不符合 GraphPad Prism 的要求，尤其是含有中文的日期，如 2020 年 1 月 1 日，则会在 X 列显示问号？，可以在 Excel 中通过设置单元格格式进行日期格式变换（见图 3-2-62（b）），常见的 2020/1/11 或 2020-01-11 两种格式都能被 GraphPad Prism 识别。

（a）　　　　　　　　　　　　　　　（b）

图 3-2-62　日期型数据格式和在 Excel 进行格式变换

Step2：数据分析

无。

Step3：图形生成和美化

（1）在左侧导航栏的 Graphs 部分单击同名图片文件，弹出 Change Graph Type 绘图引导界面，选择散点图。

（2）在工具栏中单击 📈 图标或双击图形绘制区，进入 Format Graph（图形格式）界面的 Appearance（外观）选项卡中，勾选 Show connecting line/curve（连线）复选框，并设置该连线的属性，如图 3-2-63 所示，单击 OK 按钮。

（3）在工具栏中单击 📐 图标或者双击坐标轴上的刻度数字，进入 Format Axes（坐标轴格式）界面，在 Frame and Origin（坐标轴框和原点）选项卡中将坐标轴的粗细改为 1/2 pt、颜色改为灰色，将 Frame style（坐标轴框样式）设置为 Plain Frame，将主要刻度线的颜色设置为半透明灰色、粗细设置为 1/2pt，将次要刻度线的颜色设置为半透明灰色、粗细设置为 1/4pt，如图 3-2-64（a）所示。

在 X axis 选项卡中，设置 X 轴显示范围为 1-Jan-2020~30-Jun-2020、主要刻度为 4 Weeks（周）、次要刻度为 2 ▭ ▾（二等分主要刻度）、日期格式为 11/1/14（日/月/年），如图 3-2-64（b）所示；在 Y axis 选项卡中也进行相关设置。最终图形背景是经典的网格形式。

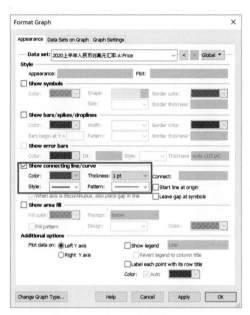

图 3-2-63　折线图连线属性设置

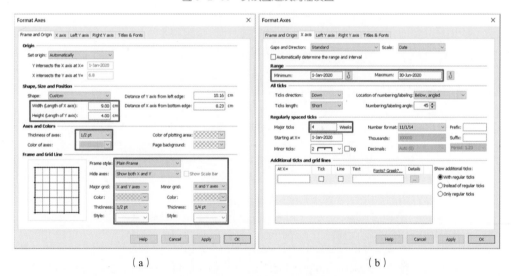

（a）　　　　　　　　　　　　　　　（b）

图 3-2-64　折线图坐标轴格式设置

　　这里的刻度跨度以 Weeks（周）为单位，是 GraphPad Prism 自动选择的。如果需要修改刻度跨度，则双击数据表中 X 列的 Date（日期）单元格，进入 Format Data Table（数据表格式修改）界面，从 Days、Weeks 和 Years 中选择合适的日期格式，如图 3-2-65 所示。目前版本的 GraphPad Prism 还不能以自然月进行刻度划分。

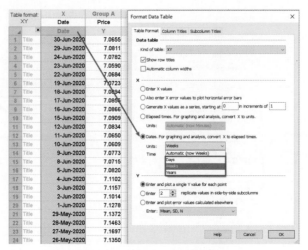

图 3-2-65   X 轴日期格式设置

当原始数据变化足够细微时，绘制的折线图也将变得足够平滑，这种折线图也被称为曲线图，如图 3-2-66 所示。此外，也可以对散点进行样条线拟合和非线性拟合，获得比较平滑的曲线图。

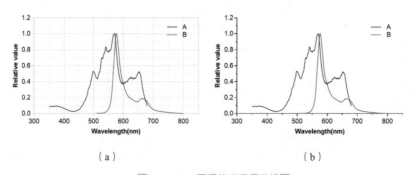

图 3-2-66   平滑的光密度曲线图

3.2.9   图形平移：瀑布图

这里所说的瀑布图（Waterfall plot）与在 Excel 中绘制的瀑布图（桥图）并不相同，它采用了折线图绘制的一种小技巧，即图形平移。在光谱图中经常会遇到多条光谱曲线重叠在一起，辨识效果差的情况。比如，GraphPad Prism 自带的数据集大概用于监测某物质在 1 ~ 12min 内、不同波长下的光密度变化，图形的纵坐标为光密度，横坐标上既有时间因素又有波长因素，很显然，二维坐标系已经很难容纳这 3 个变量了，如图 3-2-67（a）所示。GraphPad Prism 采用图形平移的方式，将不同时刻、不同波长下的光密度曲线错位排列在坐标系中，形成一种伪三维的效果，如图 3-2-67（b）所示。除 X、Y 轴之外，伪三维曲线图在不同曲线之间变相安排了时间变化这第三个维度。这是事实上的 Z 轴，但这个 Z 轴只能手动设置，有些烦琐。

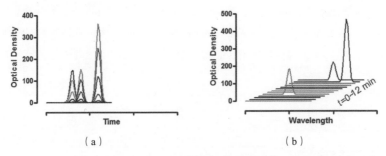

图 3-2-67　瀑布图与伪三维曲线图

（图源：官网文档）

　　下面以 3 种物质的 XRD 数据为例绘制瀑布图。图 3-2-68（a）所示为能够快速获得的常规折线图。由于几种物质的曲线相互重叠，可视化效果较差，如果对 Y 轴长度并不太关注，只是需要从宏观上比较各数据形态，则将 S2 和 S3 两条曲线在 Y 轴上平移且等距离错开，展示效果无疑会好得多，如图 3-2-68（b）所示。事实上，这种形式的 XRD、拉曼光谱、红外线等曲线也是学术期刊所允许的。

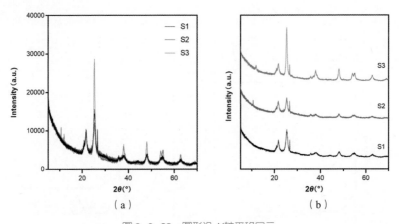

图 3-2-68　图形沿 Y 轴平移展示

　　其调整方法很简单，在图 3-2-68（a）的基础上，在工具栏中单击 图标或者双击图形绘制区，进入 Format Graph（图形格式）界面的 Data Sets on Graph 选项卡中，选择需要平移的数据集，在底部勾选 Nudge all points：X：0.00 Y：0.00 复选框，将 Y 值设置为所需要的数值，如图 3-2-69（a）所示。然后将这里的数据集 A、B、C 分别设置为 5000、25000、45000。实际大小可根据 Y 值的大小和图形分离效果进行多次尝试。

　　将图形沿 Y 轴进行平移，相当于为每个图形的 Y 值都添加了平移的数值，会造成 Y 轴范围扩大，原来的 Y 轴刻度指示就不准确了，此时一般不再显示 Y 轴的刻度（见图 3-2-68（b））。

除了单独沿着 X 轴或 Y 轴平移，也可以同时沿着 X 轴和 Y 轴平移，手动制造一个 Z 轴，变成伪三维图，即前面所说的瀑布图。图 3-2-70（a）是在图 3-2-68（b）的基础上，分别将数据集 A、B、C 沿着 X 轴平移 0、10 和 20。如果移动的范围不大，则勉强可以借用 X 轴和 Y 轴的刻度来指示大小，坐标轴一般采用 Offset 的形式与实际的坐标轴进行区分，如图 3-2-70（b）所示。

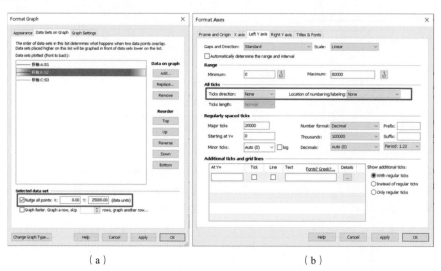

(a) (b)

图 3-2-69　数据集沿 Y 轴平移设置

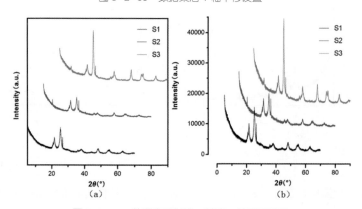

图 3-2-70　数据集同时沿 X 轴和 Y 轴平移设置

3.2.10　坐标轴平移和波动中心轴设置

与图形平移相关的另一种技巧是坐标轴平移。在绘图过程中，如果数据有正有负，则最终数据将围绕 $Y=0$ 这条横线波动，但 $Y=0$ 往往是 X 轴的位置，因此很容易和图形重叠。

以某地某年月平均温度为例录入数据，生成图形，并调整图形的长度和宽度，就能得到如图 3-2-71（a）所示的图形。此时，X 轴和 Y 轴默认在 0 点处相交，图形与坐标轴刻度标签重叠，影响了视觉表达效果，这时最好将横坐标平移到 Y 轴最小刻度处，如图 3-2-71（b）所示。

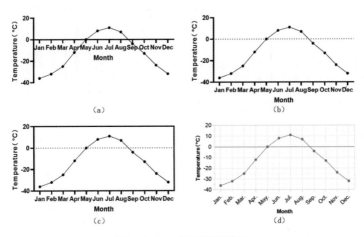

图 3-2-71　坐标轴平移效果

在工具栏中单击 图标或者双击坐标轴，进入 Format Axes（坐标轴格式）界面，将 Set origin 设置为 Lower left，如图 3-2-72（a）所示，意为将坐标原点设置为在坐标轴左下相交，则可以获得如图 3-2-71（b）所示的效果。此外，还可以在 Format Axes（坐标轴格式）界面将 Frame style（坐标轴框样式）设置为 Plain Frame，如图 3-2-72（b）所示，也会获得坐标轴平移的效果，如图 3-2-71（c）所示。在此基础上可以设置网格线以修饰图形外观，获得如图 3-2-71（d）所示的效果。

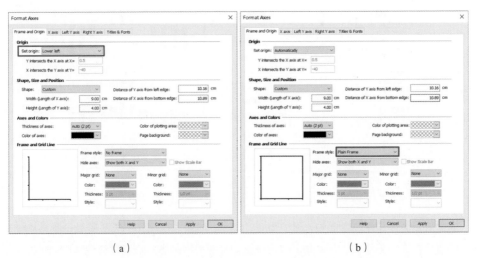

图 3-2-72　坐标轴平移的设置方法

但如果绘制的图形是 XY 表下的垂线图/柱状图/直方图，则使用同样的操作将获得如图 3-2-73 所示的效果：从 Y 值所在位置向 X 轴引垂线或直条矩形，而不再向 $Y=0$ 这条横线引垂线或直条矩形。

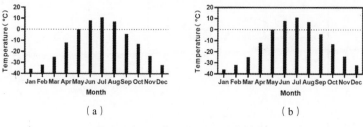

（ a ） （ b ）

图 3-2-73　垂线图的坐标轴平移效果

这是因为没有指定垂线或直条矩形引向的水平线是哪一条，所以默认引向了坐标轴。在 Format Graph（图形格式）界面的 Appearance（外观）选项卡中，勾选 Show bars/spikes/droplines 复选框，并设置其下面的 Bars begin at Y=0，如图 3-2-74（a）所示，即设置一条波动中心线，即可获得如图 3-2-74（b）所示的图形；设置网格线，即可获得如图 3-2-74（c）所示的图形；如果将数据分为正负两组（利用 Excel 的 IF 函数分组很方便），对正负条形图分别着色，还可以获得如图 3-2-74（d）所示的图形。

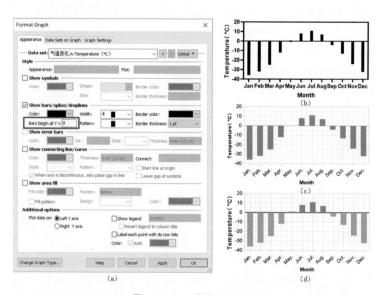

图 3-2-74　设置波动中心值

通常数据并不是围绕零轴波动的，如图 3-2-75 所示。比如，一天的股票价格是围绕前一天的收盘价格进行波动的，并以此来展示涨跌。这种围绕具体阈值波动的柱状图，同样可以根据上述设置波动中心值的方法来实现。如果要采用不同的颜色标注，则可以根据波动中心值分组（利用 Excel 的 IF 函数分组很方便）。

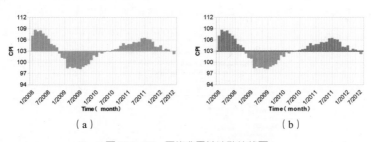

（a）　　　　　　　　　　　（b）

图 3-2-75　围绕非零轴波动柱状图

　　至此，我们多次提到了分组的概念，并以分组的形式对数据进行分割，如对应男性和女性的两条不同曲线（见图 3-2-41）、3 个叠印直方图（见图 3-2-37）。在 XY 表中的每一列可以代表一个数据组，通过对数据组的错开排列或并列排列可产生以数据组为单位的图形效果，然后可以在不同图形部分进行独立修改。图 3-2-75 围绕 Y=103 这条横线将数据分成两组，也可以说是按照 X 值进行了分组，而图 3-2-36 则按照 X 值将系列数据分成 BP、MF、CC 三组。分组的概念对一些复杂图形的外观设置非常重要。

3.2.11　非连续 X 值绘图

　　在 XY 表下可绘制的图形中，X 值通常表示时间的连续变化。但有时 X 值具有跳跃性，如股票的分时图，横坐标表示的时间范围是 9:30—11:30 和 13:00—15:00，其中有一段时间是跳跃的，如图 3-2-76（a）所示。若直接用 X 值作为时刻来绘图，则中间间隔开的时间很难处理，因为 11:31—12:59 没有数据，此时直接绘制会获得如图 3-2-76（b）所示的效果；如果对 X 轴进行截断处理（关于坐标轴截断见 4.2.2 节相关内容），则可以获得如图 3-2-76（c）所示的效果，但中间仍然不连续。

图 3-2-76　使用非连续 X 值直接绘图的效果

在 XY 表中有一种变通的方法，即将时刻作为行标题，将 X 轴用连续的序数表示，如图 3-2-77（a）所示，且在绘图时不显示 X 值而显示行标题，如图 3-2-77（b）所示。

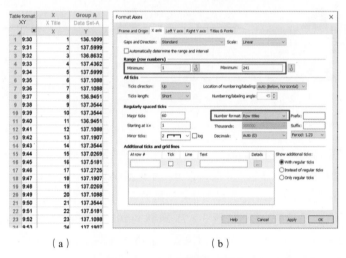

（a）　　　　　　　　　（b）

图 3-2-77　X轴显示行标题

修改网格线或背景色，将坐标轴刻度标签旋转 45°，可以获得如图 3-2-78 所示的效果。

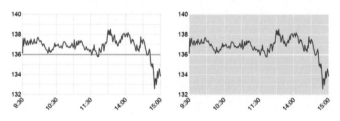

图 3-2-78　行标题显示效果

3.2.12　面积图

如果将折线图和 X 轴围成的区域填充颜色，即可形成所谓的面积图；如果将面积图的横坐标变化精简，使其不再平滑连续，即可形成直方图或柱状图，如图 3-2-79 所示。因此，面积图具有折线图和柱状图的优点：在连续数据里既能反映变化趋势，也能反映总量。相比于折线图，面积图填充了大面积的颜色，使得所要表现的数据更加显眼。

图 3-2-79 展示了 1960 年—2015 年世界上野生渔获物和水产养殖产量的变化关系（数据来源：ourworldindata 网），图 3-2-79（c）和图 3-2-79（d）的面积图比 3-2-79（a）和图 3-2-79（b）的折线图显眼，而且面积图除边缘线可以与折线图一样表示趋势变化之外，也可以从面积上大概看出：虽然近年来水产养殖产量超过了野生渔获物，但在历年累计量上，野生渔获物还是远远高于水产养殖产量。

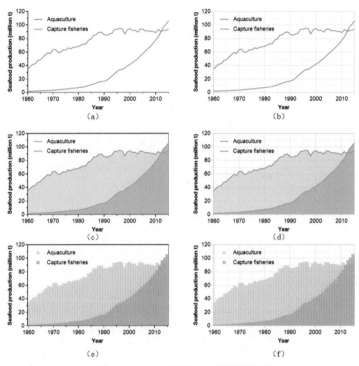

图 3-2-79 折线图、面积图和柱状图

　　由于面积图具有遮挡作用,因此需要将其填充颜色设置为半透明色;面积图里面的数据集不宜过多,一般为 3 组左右,否则容易相互干扰。GraphPad Prism 只能绘制简单的面积图,不能绘制堆积面积图,但可以在行列分组表(Grouped)下绘制堆积柱状图来稍做弥补。

　　在必要时,也可以对面积图的图形进行平移,如图 3-2-80 所示,操作方法见 3.2.9 节相关内容。

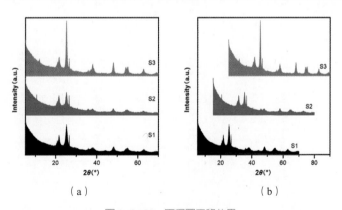

图 3-2-80 面积图平移效果

此外,有时对面积图或曲线图会有一种特殊要求,需要在两条曲线间填充颜色以形成面积

图，即曲线间填充面积图，如图 3-2-81 所示。如果数据没有交叉，则将其中较小的那组数据形成的面积图设置为背景色并置于顶层；如果数据有交叉，则需要利用分组独立设计，单独控制每段图形的颜色及图层顺序。

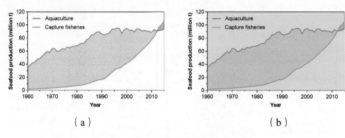

（a）　（b）

图 3-2-81　曲线间填充面积图

下面继续以 1960 年—2015 年世界上野生渔获物和水产养殖产量的变化关系为例，介绍如何绘制曲线间填充面积图。

Step1：数据录入

（1）打开 GraphPad Prism，进入欢迎界面，选择 XY 表，选中 Enter or import data into a new table 单选按钮，并选中 Numbers（数字）、Enter and plot a single Y value for each point（为每个点输入单个 *Y* 值）单选按钮，然后单击 Create 按钮，创建数据表。

（2）按照如图 3-2-82（a）所示的格式输入数据，主要思路是在数据交叉的地方进行分割并将数据交错成两组。图 3-2-82（b）所示为绘制正常折线图或面积图的数据结构，先找到野生渔获物开始小于水产养殖产量的点，再以该点为界，将数据进行分割、交错。由于分割处数据并不连续，因此分割出来的小组需要往回填写一个数据进行桥连，否则将会导致图形出现空格。

Table format: XY		X	Group A	Group B	Group C	Group D
		X Title	Aquaculture	Aquaculture	Capture fisheries	Capture fisheries
		X	Y	Y	Y	Y
33	Title	1992	86.42		21.21	
34	Title	1993	87.75		24.47	
35	Title	1994	93.36		27.80	
36	Title	1995	93.70		31.23	
37	Title	1996	95.16		33.79	
38	Title	1997	94.46		34.30	
39	Title	1998	86.87		36.46	
40	Title	1999	92.81		39.60	
41	Title	2000	94.76		41.72	
42	Title	2001	91.96		44.32	
43	Title	2002	92.31		47.38	
44	Title	2003	89.56		50.27	
45	Title	2004	94.18		54.57	
46	Title	2005	93.70		57.82	
47	Title	2006	91.24		61.59	
48	Title	2007	91.56		64.94	
49	Title	2008	90.69		68.80	
50	Title	2009	90.27		73.05	
51	Title	2010	88.86		78.02	
52	Title	2011	93.18		82.64	
53	Title	2012	90.51	90.51	90.02	90.02
54	Title	2013		91.75		97.11
55	Title	2014		92.36		101.08
56	Title	2015		93.74		106.00

（a）

Table format: XY		X	Group A		Group B
		X Title	Aquaculture		Capture fisheries
		X	Y		Y
33	Title	1992	86.42		21.21
34	Title	1993	87.75		24.47
35	Title	1994	93.36		27.80
36	Title	1995	93.70		31.23
37	Title	1996	95.16		33.79
38	Title	1997	94.46		34.30
39	Title	1998	86.87		36.46
40	Title	1999	92.81		39.60
41	Title	2000	94.76		41.72
42	Title	2001	91.96		44.32
43	Title	2002	92.31		47.38
44	Title	2003	89.56		50.27
45	Title	2004	94.18		54.57
46	Title	2005	93.70		57.82
47	Title	2006	91.24		61.59
48	Title	2007	91.56		64.94
49	Title	2008	90.69		68.80
50	Title	2009	90.27		73.05
51	Title	2010	88.86		78.02
52	Title	2011	93.18		82.64
53	Title	2012	90.51	>	90.02
54	Title	2013	91.75	<	97.11
55	Title	2014	92.36		101.08
56	Title	2015	93.74		106.00

（b）

图 3-2-82　数据输入及分割、交错

Step2：数据分析

无。

Step3：图形生成和美化

（1）在左侧导航栏的 Graphs 部分单击同名图片文件，弹出 Change Graph Type 绘图引导界面，选择面积图。

（2）在工具栏中单击 📊 图标或者双击图形绘制区，进入 Format Graph（图形格式）界面的 Data Sets on Graph 选项卡中，将数据集 C 排列到数据集 A 之上、数据集 B 排列到数据集 D 之上，如图 3-2-83（a）所示。回到 Appearance 选项卡中，对连线和线下区域填充颜色，如图 3-2-83（b）所示。

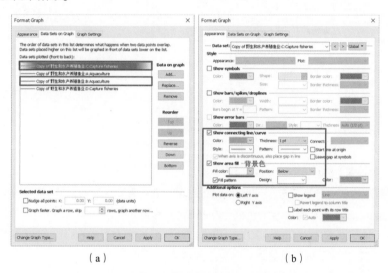

（a）　　　　　　　　　　　　　　　（b）

图 3-2-83　双数据系列连线散点图设置

如图 3-2-84 所示，将数据集 C 和 B 的线下区域填充颜色设置为背景色（这里为白色），以遮挡数据集 A 和 D 的部分区域；将数据集 A 和 D 的线下区域填充颜色分别设置为半透明橙色和半透明青绿色。线条颜色则与普通折线图保持一致：数据集 A 和 B 是从同一组拆分出来的，线条颜色一致，这里为橙色；数据集 C 和 D 是从同一组拆分出来的，线条颜色一致，这里为青绿色。

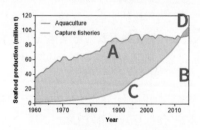

图 3-2-84　数据集控制区域颜色设置

然而，如果两条曲线有两个交叉点，则要分为 6 段。这 6 段可以单独调整也可以根据每段数据所在位置进行组合调整。

（3）在工具栏中单击 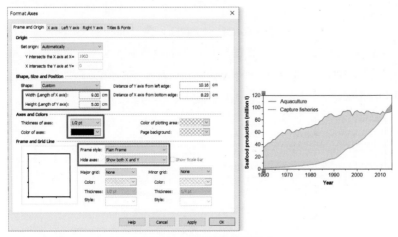 图标或者双击坐标轴，进入 Format Axes 界面进行细致修改，如图 3-2-85 所示。

图 3-2-85　修改坐标轴格式

具体参数设置如下：

① 将图形的宽度和高度分别设置为 9.00cm 和 5.00cm，将坐标轴的粗细设置为 1/2pt、颜色设置为黑色，设置坐标轴为显示边框（Plain Frame）。

② 将 X 轴范围设置为 1960～2015，将坐标轴刻度长度改为 Short（也可以不改）；将主要刻度设置为 10，将次要刻度设置为二等分主要刻度。

③ 将左 Y 轴范围设置为 0～120，将坐标轴刻度长度改为 Short（也可以不改）；将主要刻度设置为 20，将次要刻度设置为二等分主要刻度。

（4）按 Ctrl+A 组合键全选整个图形元件，在工具栏的 Text 选项组中，将所有文字字体改为 10pt、Arial、非加粗形式；然后输入坐标轴名，并加粗；最终将获得曲线间填充面积图。如果对图形绘制区设置了背景色，则相应的面积图也要改为背景色才能起到遮挡效果，而图 3-2-81（b）填充了 RGB（229，229，229）的灰色。在绘图过程中采用这种遮挡处理的方式时，坐标轴不能添加网格线，否则网格线也会被遮挡。如果用户愿意进行尝试，则可以利用工具栏中的 Draw 选项组插入直线，将直线设置为与网格线相同的属性，采用手动绘制网格线的方式把被遮挡的网格线补充完全，但这样做没有什么实际意义。

3.3　带统计分析的 XY 表图形绘制

XY analyses 下的统计分析方法很丰富，如非线性回归分析，GraphPad Prism 可能是市面上最容易进行该分析的软件了。

3.3.1　相关分析

前文已经介绍过，散点图除了能展示点的分类情况，还能反映各点的 X 坐标和 Y 坐标之间的关系，如果 X 坐标和 Y 坐标各代表一组随机变量，则可以通过散点图的形式来展示这两组数据的相关性。需要注意的是，相关分析与后面的回归分析不一样，回归分析侧重于研究随机变量之间的依赖关系，以便用一个变量去预测另一个变量；相关分析侧重于发现随机变量之间的相关特性，变量之间为平等关系。具体的异同请参阅相关统计学资料。由于相关分析在理论上适用于两个变量都服从正态分布的情形，因此如果变量不服从正态分布，则应该通过变量变换，使之近似正态化后再计算其相关系数。如果变量不能被正态化，或者针对有序数据，则应该使用非参检验计算 Spearman 或 Kendall 相关系数。

这里以两个基因在不同样本中的表达量为例来分析这两个基因是否具有相关性。

Step1：数据录入

（1）打开 GraphPad Prism，进入欢迎界面，选择 XY 表，选中 Enter or import data into a new table 单选按钮，并选中 Numbers（数字）、Enter and plot a single Y value for each point（为每个点输入单个 Y 值）单选按钮，然后单击 Create 按钮，创建数据表。

（2）如图 3-3-1 所示，输入两个基因 PARM1 和 IFI27 在各个样本中的表达量数据，并将 PARM1 基因的表达量在 Group B 所对应的 Y 列复制一份，用于进行正态性检验，检验通过之后再删除这一列。

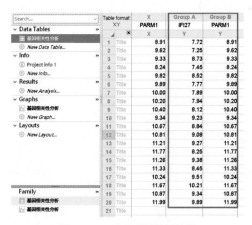

图 3-3-1　输入相关分析数据

Step2：数据分析

（1）选择导航栏 Results 部分的 New Analysis 选项，进入 Create New Analysis（新建分析）界面，选择 Column analyses→Normality and Lognormality Tests 选项，默认勾选 A:1FI27 和 B:PARM1 复选框，并单击 OK 按钮，如图 3-3-2（a）所示。

（2）在新出现的 Parameters：Normality and Lognormality Tests 界面中，保持所有选项的默认设置，即采用 4 种方法进行正态性检验，单击 OK 按钮，如图 3-3-2（b）所示。

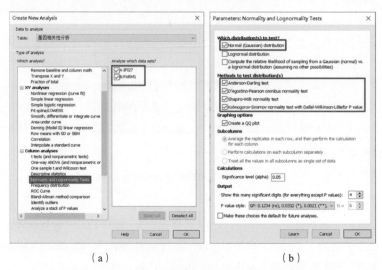

（a）　　　　　　　　　　（b）

图 3-3-2　数据正态性检验

（3）如图 3-3-3 所示，采用这 4 种方法对数据进行的正态性检验都通过了。如果这 4 种方法的正态性检验结果不同，则官方最为推荐使用 D'Agostino-Pearson 法，最不推荐使用 Kolmogorov-Smirnov 法。如果例数在 2000 以内，则 Shapiro-Wilk 法的效率最高，一般建议将其作为首选方法。

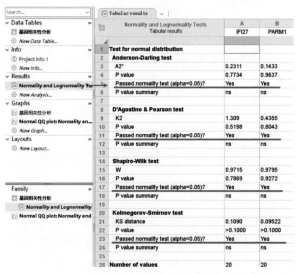

图 3-3-3　数据正态性检验结果

（4）回到数据表中，删除 Group B 列数据。选择导航栏 Results 部分的 New Analysis 选项，进入 Create New Analysis（新建分析）界面，选择 XY analyses→Correlation 选项（见图 3-3-4（a）），在新出现的 Parameters：Correlation 界面中（见图 3-3-4（b）），保持所有选项的默认设置，即采用 Pearson 相关系数（前面通过了正态性检验）来计算 X 列和每一个 Y 列的相关性，单击 OK 按钮。

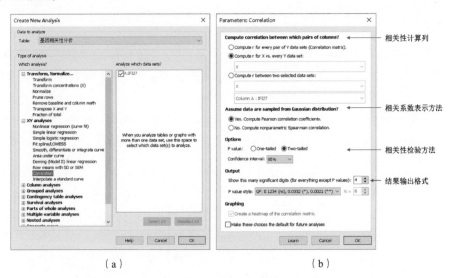

（a）　　　　　　　　　　　（b）

图 3-3-4　相关分析

（5）在获得的相关分析结果中可以看到，Pearson 相关系数 $r = 0.6034$，具有较高的相关性，$P = 0.0029$，表示极显著，如图 3-3-5（a）所示。对产生的散点进行简单修饰，然后将这两个重要参数标注到散点图上，如图 3-3-5（b）所示。

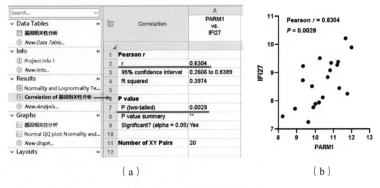

（a）　　　　　　　　　　　（b）

图 3-3-5　相关分析结果

Step3：图形生成和美化（略）

3.3.2 简单线性回归

通过计算得出实验数据点的 X 坐标和 Y 坐标所反映的规律，即回归分析。实验中最常用到的简单线性回归是求标准曲线，比如，在使用 BCA 法求未知蛋白浓度时，需要先用蛋白标准品进行梯度稀释，并得出标准蛋白浓度和吸光度之间的关系，再根据这个关系获取未知样品的浓度，这就是所谓的标准曲线法。

Step1：数据录入

（1）打开 GraphPad Prism，进入欢迎界面，选择 XY 表，选中 Enter or import data into a new table 单选按钮，并选中 Numbers（数字）、Enter and plot a single Y value for each point（为每个点输入单个 Y 值）单选按钮，然后单击 Create 按钮，创建数据表。

（2）在数据表中输入数据，如图 3-3-6（a）所示，并将数据表命名为"BCA 标准曲线"。此时单击左侧导航栏的 Graphs 部分的同名图片文件，可以获得对应散点图，如图 3-3-6（b）所示。这里暂时不单击该文件，先进行下一步的数据分析。

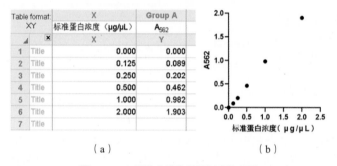

（a）　　　　　　　　　　（b）

图 3-3-6　标准曲线数据和对应散点图

Step2：数据分析

（1）单击工具栏中的 □Analyze 图标，在弹出的 Analyze Data 界面中选择 XY analyses→Simple linear regression（简单线性回归）选项，单击 OK 按钮，快捷方式是单击工具栏中 Analysis 选项组中的第一个图标 ；在弹出的参数设置界面中保持所有选项的默认设置，单击 OK 按钮，如图 3-3-7 所示。

除了默认设置，图 3-3-7（b）中还有一些常用设置比较实用。

Interpolate（插值）：是指根据标准曲线及未知样品的测量值（Y 值）自动计算对应的 X 值。这里是指如果未知蛋白样品在 562nm 下测得了一个吸光度值，则在数据录入时直接在 A_{562} 这一列输入该吸光度值，在图 3-3-7（b）中勾选 Interpolate（插值）下面的复选框，即可直接计算出标准曲线对应的 X 值（即未知样品蛋白浓度），不需要在获得回归方程之后再手动计算。

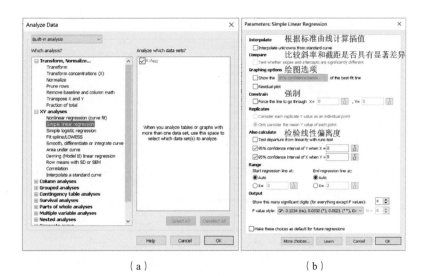

（a）　　　　　　　　　　　（b）

图 3-3-7　简单线性回归参数设置

Compare（比较）：当具有多条曲线的数据时，可以比较各曲线的斜率和截距是否具有显著差异，即可以评估在不同条件（如不同反应时间）下测得的 Y 值所形成的标准曲线是否相同。

Graphing options（绘图选项）：可以选择是否绘制置信区间和残差图，一般进行简单线性回归时都不勾选。

Constrain（强制）：根据已有经验强制规定是否通过某个点，如原点。

Test departure from linearity with runs test（检验线性偏离度）：检验标准曲线的点是否偏离线性。简单线性回归一般对进行回归的数据有相关经验或预设，确定会实现线性回归，所以这个选项一般不用。但对于不确定是否线性回归的数据，可以勾选该复选框进行线性偏离度检验。

Range（范围）：可以对指定范围进行简单线性回归分析，一般默认为自动，即回归全部范围。

（2）在左侧导航栏的 Results 部分会多出一个分析结果 Simple linear regression of BC，单击进入该结果，可以读取标准曲线的方程式、拟合优度 R^2，以及进行斜率非零检验。简单线性拟合结果如图 3-3-8 所示。

Step3：图形生成和美化

（1）在左侧导航栏的 Graphs 部分单击同名图片文件或底部状态栏对应的绘图图标 📈 ，进入绘图引导界面，选择 XY 表对应的散点图，如图 3-3-9 所示。由于之前的数据分析已经获得简单线性拟合结果，因此预览区域会自动显示拟合后的直线。

图 3-3-8　简单线性拟合结果

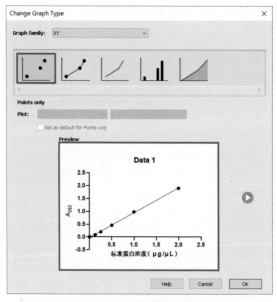

图 3-3-9　选择散点图

（2）在工具栏中单击 图标或者双击坐标轴，进入 Format Axes 界面进行细致修改，如图 3-3-10 所示。

具体参数设置如下：

① 将图形的宽度和高度设置为预设 Wide（宽 7.62cm×高 5.02cm），将坐标轴的粗细设置为 1/2pt、颜色设置为黑色，设置坐标轴为显示边框（Plain Frame）。

② 将 X 轴范围设置为 0～2.1，将坐标轴刻度方向改为 Up、长度改为 Very short（也可以

不改）；将主要刻度设置为 0.5，将次要刻度设置为二等分主要刻度。

③ 将左 Y 轴范围设置为 0~2，将坐标轴刻度方向改为 Right、长度改为 Very short（也可以不改）；将主要刻度设置为 0.5，将次要刻度设置为二等分主要刻度。

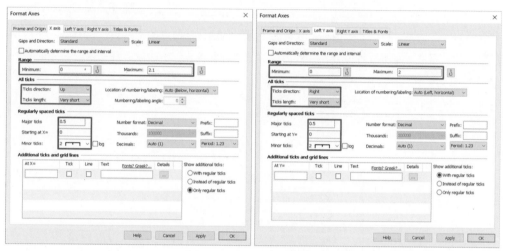

图 3-3-10　Format Axes 界面

（3）在工具栏中单击 📊 图标或者双击图形绘制区，进入 Format Graph（图形格式）界面进行图形设置；将标准曲线的方程式和拟合优度 R^2 复制粘贴到标准曲线上，并调整格式，即可获得所需的简单线性拟合标准曲线，如图 3-3-11 所示。

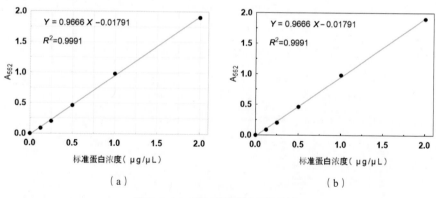

图 3-3-11　简单线性拟合标准曲线

这种简单的标准曲线在 Excel 中就能快速完成，一般不会应用于科研论文中，而在实际工作中遇到的情况比这个要复杂得多。

以鸢尾花（Iris）数据集为例绘制比较复杂的线性回归图。鸢尾花数据集是数据挖掘中常用的一个数据集，共包含 150 种鸢尾花的信息，每 50 种取自 3 个鸢尾花种之一。3 个鸢尾花种包括山鸢尾（Iris setosa）、北美鸢尾（Iris virginica）和变色鸢尾（Iris versicolor）。每种花的特征采用下面的 5 种属性描述——萼片长度（Sepal.Length）、萼片宽度（Sepal.Width）、花瓣长度（Petal.Length）、花瓣宽度（Petal.Width）、类（Species），其中，Petal.Length 与 Petal.Width 有很强的线性关系，在 XY 表中输入数据后，可以快速获得两者的散点图，如图 3-3-12 所示。然后对散点图进行简单线性拟合，并对图形进行修饰和美化，很快就能获得两者之间的关系，如图 3-3-13 所示。

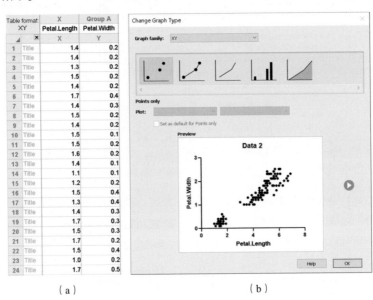

图 3-3-12　鸢尾花花瓣长度和宽度的散点图绘制

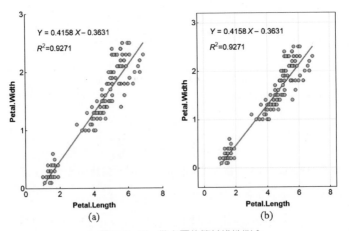

图 3-3-13　散点图的简单线性拟合

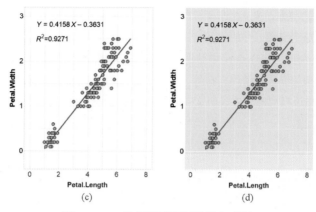

图 3-3-13　散点图的简单线性拟合（续）

3.3.3　非线性回归

非线性回归（Nonlinear regression）内置的模型有 17 种，涵盖了生命科学领域的常用模型，如生长曲线模型、量效关系模型、酶的抑制动力学模型、指数模型等，如图 3-3-14（a）所示。每一种模型又根据适用情形进行了细分，比如，Enzyme kinetics - Inhibition（酶的抑制动力学模型）又分为 Competitive inhibition（竞争性抑制）、Noncompetitive inhibition（非竞争性抑制）、Uncompetitive inhibition（反竞争性抑制）、Mixed model inhibition（混合模型抑制）、Substrate inhibition（底物抑制）等，如图 3-3-14（b）所示，最终导致模型数量特别多，而且每一种模型的适用条件、可以调节的选项也种类繁多，造成学习和使用的难度急剧上升。

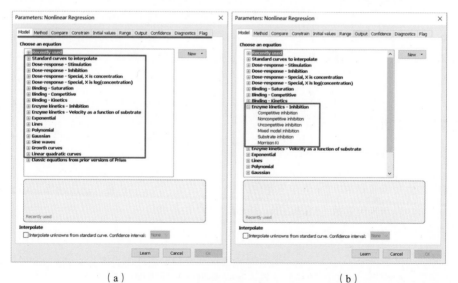

（a）　　　　　　　　　　　　　　　（b）

图 3-3-14　非线性回归内置的模型

　　由于如此繁多的模型，涉及生态学、药理学、生物动力学等多个学科，难以全部掌握，一般需要根据自己的研究背景，仔细查阅官方说明文档，分析官方的范例数据，自行了解。每一种模型在使用之前都可以在 Details 中获得模型的一些文字说明，包括使用目的、初始值、强制值、数据要求、模型参数及使用前提等，如图 3-3-15 所示。此外，可以单击 Learn about this equation 按钮，获得该模型的官方说明文档。这些都是选择模型的重要参考。

图 3-3-15　模型的文字说明

　　下面以米氏方程（Michaelis-Menten equation）的拟合为例，介绍非线性回归的使用过程。在酶促反应中，当底物浓度[S]较低时，反应速率 v 相对于底物浓度[S]是一级反应（First order reaction）；而当底物浓度[S]处于中间范围时，反应速率 v 相对于底物浓度[S]是混合级反应（Mixed order reaction）；当底物浓度[S]增加时，反应由一级反应向零级反应（Zero order reaction）过渡。

　　米氏方程（Michaelis-Menten equation）是表示单底物酶促反应过程中反应速率 v 与底物浓度[S]关系的速度方程。

$$v = \frac{V_{\max}[S]}{K_{\mathrm{m}} + [S]}$$

　　其中，[S]表示底物浓度，v 表示不同[S]下的反应速率，$V_{\max}$ 表示最大反应速率（Maximum velocity），K_{m} 表示米氏常数（Michaelis constant）。

　　在实际研究过程中，酶促反应速率 v 一般在规定的反应条件下，用单位时间内底物的消耗量和产物的生成量来表示；反应速率取其初速率，即底物的消耗量很小（一般在 5% 以内）时的反应速率。根据现有底物浓度和酶活性数据对其进行米氏方程拟合。

Step1：数据录入

（1）打开 GraphPad Prism，进入欢迎界面，选择 XY 表，选中 Enter or import data into a new table 单选按钮，并选中 Numbers（数字）、Enter _replicate values in side-by-side subcolumns（子列并列输入多个重复 Y 值）单选按钮，同时输入 3 个重复 Y 值，然后单击 Create 按钮，创建数据表。

（2）按照如图 3-3-16 所示的格式输入原始数据。

Table format:	X	Group A		
XY	[Substrate]	Enzyme activity		
	X	A:Y1	A:Y2	A:Y3
1 Title	1	90	160	105
2 Title	3	125	260	335
3 Title	5	365	495	555
4 Title	10	735	895	815
5 Title	15	965	1160	1080
6 Title	20	1185	1360	1265
7 Title	25	1255	1465	1370
8 Title	30	1390	1555	1490
9 Title	35	1445	1725	1535
10 Title				
11 Title				
12 Title				
13 Title				
14 Title				

图 3-3-16 输入原始数据

Step2：数据分析

（1）单击工具栏中的 Analyze 图标，在弹出的 Analyze Data 界面中选择 XY analyses→Nonlinear regression (curve fit)选项，快捷方式是单击工具栏中 Analysis 选项组的第二个图标；然后选择 Model→Enzyme kinetics - Velocity as a function of substrate→Michaelis-Menten 选项。如果读者想要通过某一底物浓度计算酶活性，可以勾选 Interpolate（插值）下面的复选框，如图 3-3-17（a）所示；由于数据通过多次测量，因此需要在 Diagnostics 选项卡中勾选 Replicates test 复选框，如图 3-3-17（b）所示。

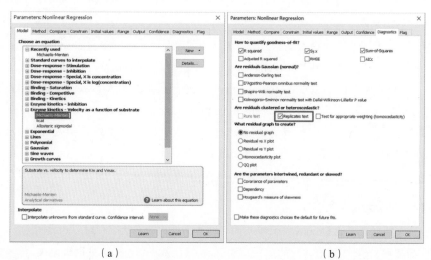

（a） （b）

图 3-3-17 米氏方程的选择

（2）在左侧导航栏的 Results 部分的同名表单中，首先是多次测量结果 Michaelis-Menten 方差，然后是米氏方程的 K_m 和 V_{max} 值，以及 Goodness of Fit（拟合优度）结果，如图 3-3-18 所示。

Table of results

	Nonlin fit Table of results	A Enzymeactivity
1	**Michaelis-Menten**	
2	**Best-fit values**	
3	Vmax	2577 ②
4	Km	21.92
5	**95% CI (profile likelihood)**	
6	Vmax	2254 to 3032
7	Km	16.52 to 29.85
8	**Goodness of Fit**	
9	Degrees of Freedom	25
10	R squared	0.9739
11	Sum of Squares	191336
12	Sy.x	87.48
13	**Replicates test for lack of fit**	①
14	SD replicates	96.72
15	SD lack of fit	57.24
16	Discrepancy (F)	0.3502
17	P value	0.9192
18	Evidence of inadequate model?	No
19	**Constraints**	
20	Km	Km > 0
21		
22	**Number of points**	
23	# of X values	27
24	# Y values analyzed	27

图 3-3-18　获得的 V_{max} 和 K_m 值

这里选择的是经典的米氏方程模型（Michaelis-Menten），此外还有 kcat（转换数）形式和 Allosteric sigmoidal（别构 S 形曲线），需要根据实际情况进行选择和比较。如果酶具有协同亚基，酶的反应速度随底物浓度变化的曲线将呈 S 形，选择的模型一般是 Allosteric sigmoidal（别构 S 形曲线）。在对数据背景不清楚的情况下，可以比较 Michaelis-Menten 和 Allosteric sigmoidal 以判断哪种模型更适合实验数据。

如果上面数据没有通过多次测量，则首先按照前面所述步骤选择 Michaelis-Menten 选项，然后在 Compare 选项卡中选中 For each data set，which of two equations（models）fits best? 单选按钮，并在下面的 Choose the second equation 列表框中选择 Allosteric sigmoidal 选项，如图 3-3-19（a）所示，最后比较 Michaelis-Menten 和 Allosteric sigmoidal 以判断哪种模型更适合实验数据。获得的结果首先展示的就是两种模型中哪一种更适合实验数据，这里是 Michaelis- Menten 更适合实验数据，如图 3-3-19（b）所示。

其他选项卡中的各选项，如无特殊要求，基本都保持默认设置。

Step3：图形生成和美化

（1）在左侧导航栏的 Graphs 部分单击同名图片文件或底部状态栏对应的绘图图标，进入绘图引导界面，选择 XY 表对应的第三个图形，将原始数据以点的形式展现出来，如图 3-3-20 所示。

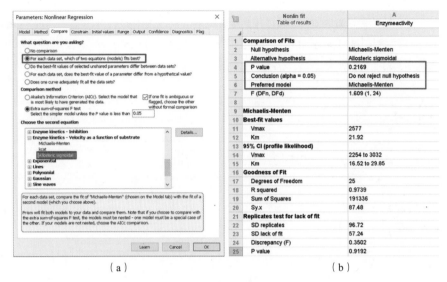

（a）　　　　　　　　　　　　　　　（b）

图 3-3-19　不同模型的比较

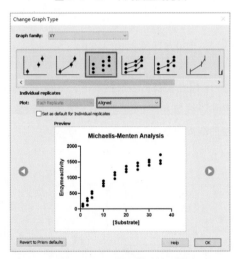

图 3-3-20　图形样式的选择

（2）在工具栏中单击 图标或者双击坐标轴，进入 Format Axes 界面进行细致修改。

具体参数设置如下：

① 将图形的宽度和高度设置为预设 Wide（宽 7.62cm×高 5.02cm），将坐标轴的粗细设置为 1/2pt、颜色设置为黑色。

② 将 X 轴范围设置为 $0 \sim 35$，将坐标轴刻度方向改为 Up、长度改为 Very short（也可以不改）；将主要刻度设置为 5，无次要刻度，添加辅助线 $X=21.92$（即 K_m），并显示刻度，如图 3-3-21（a）所示。

③ 将左 Y 轴范围设置为 0～2800，将坐标轴刻度方向改为 Right、长度改为 Very short（也可以不改）；将主要刻度设置为 500，无次要刻度，添加辅助线 Y=2577（即 V_{max}），并显示 Line 为虚线，如图 3-3-21（b）所示。

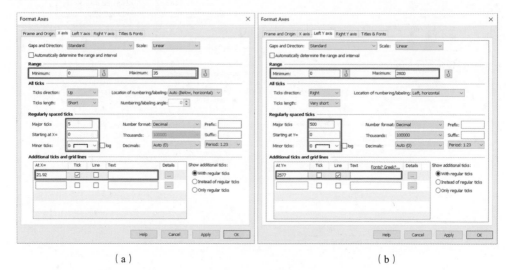

（a） （b）

图 3-3-21 坐标轴设置

（3）在工具栏中单击 图标或者双击图形绘制区，进入 Format Graph（图形格式）界面进行图形设置，如符号颜色和连线颜色等，也可以在坐标轴中设置网格线，最后将 V_{max} 和 K_m 标注到图上。米氏方程拟合曲线如图 3-3-22 所示。

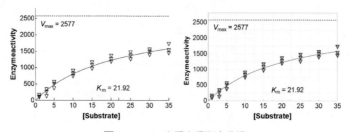

图 3-3-22 米氏方程拟合曲线

下面以软件内置数据为例，拟合对照组和抑制剂组的药物剂量效应曲线。

Step1：数据录入

（1）打开 GraphPad Prism，进入欢迎界面，选择 XY 表，选中 Start with sample data to follow a tutorial 单选按钮，然后选择 Dose-response, X is log(dose)数据集，下面的 Dose-response, X is dose 数据集与之几乎相同，只是这里的 X 值没有取对数。然后单击 Create 按钮，创建数据表。

（2）获得如图 3-3-23（a）所示的数据结构，可见 No Inhibitor 和 Inhibitor 两组原始数据中有成行数据缺失（可能未检测或丢失）或个别数据缺失的现象。为了演示方便，这里将右下角的 365 修改为 165，人为制造一个离群值（Outlier），如图 3-3-23（b）所示。

Table format XY	X log[Agonist], M	Group A No inhibitor			Group B Inhibitor		
	X	A:Y1	A:Y2	A:Y3	B:Y1	B:Y2	B:Y3
1 Title	-10.00	0	3	2	3	5	4
2 Title	-8.00	11	33	25			
3 Title	-7.50	125	141	160	11	25	28
4 Title	-7.00	190	218	196	52	55	61
5 Title	-6.50	258	289	345	80	77	44
6 Title	-6.00	322	353	328	171	195	246
7 Title	-5.50	354	359	369	289	230	243
8 Title	-5.00	348	298	372	272	333	310
9 Title	-4.50				359	306	297
10 Title	-4.00	412	378	399	352	320	365
11 Title	-3.50				389	338	

(a)

Table format XY	X log[Agonist], M	Group A No inhibitor			Group B Inhibitor		
	X	A:Y1	A:Y2	A:Y3	B:Y1	B:Y2	B:Y3
1 Title	-10.00	0	3	2	3	5	4
2 Title	-8.00	11	33	25			
3 Title	-7.50	125	141	160	11	25	28
4 Title	-7.00	190	218	196	52	55	61
5 Title	-6.50	258	289	345	80	77	44
6 Title	-6.00	322	353	328	171	195	246
7 Title	-5.50	354	359	369	289	230	243
8 Title	-5.00	348	298	372	272	333	310
9 Title	-4.50				359	306	297
10 Title	-4.00	412	378	399	352	320	165
11 Title	-3.50				389	338	

(b)

图 3-3-23　原始数据结构和修改后的数据结构

Step2：数据分析

（1）单击工具栏中的 Analyze 图标，在弹出的 Analyze Data 界面中选择 XY analyses→Nonlinear regression（curve fit）（非线性回归（曲线拟合））选项，单击 OK 按钮，快捷方式是单击工具栏中 Analysis 选项组的第二个图标 。

（2）在弹出的参数设置界面的 Model 选项卡中选择 Dose-response - Stimulation→log[Agonist]vs.response--Variable slope（four parameters）选项，如图 3-3-24（a）所示；在 Method 选项卡中选中 Detect and eliminate outliers 单选按钮，设置 Q=1%，勾选 Create a table of clean data（with outliers removed）复选框，如图 3-3-24（b）所示；还可以在 Diagnostics 选项卡中勾选残差图中的 QQ 图，观察离群值；最后单击 OK 按钮。

（3）获得的结果为 EC50 等参数值和拟合优度 R^2 值，以及对离群值的报告，如图 3-3-25 所示。

Step3：图形生成和美化

（1）在左侧导航栏的 Graphs 部分单击同名图片文件或底部状态栏对应的绘图图标 ，在绘图引导界面选择显示原始数据的散点图；从预览图中可以看到，离群值以红色点标识，如图 3-3-26 所示。由于这里的图形数据直接来源于数据表中的原始数据，因此需要回到数据表中将 165 这个数据删除。

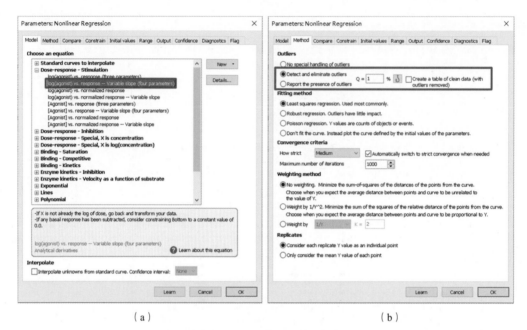

（a） （b）

图 3-3-24 数据分析参数设置

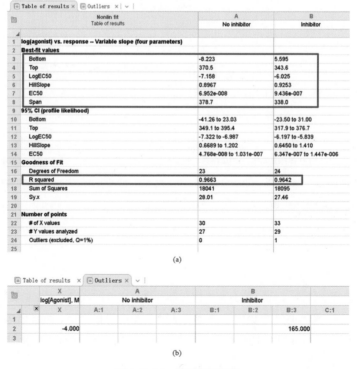

图 3-3-25 数据分析结果

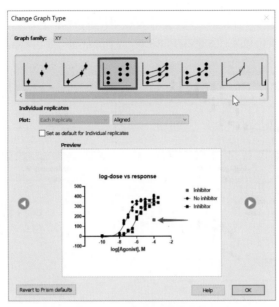

图 3-3-26　图形样式的选择

（2）对坐标轴格式进行修饰：在 Frame and Origin 选项卡中，选择 Set origin 下拉列表中的 Lower left 选项和 Frame style 下拉列表中的 Offset X& Y axes 选项，如图 3-3-27（a）所示，这样可以获得 X、Y 轴在零点处分离的样式；切换到 X axis 选项卡中，把 Range 设置为-10～-3、Major ticks 设置为 1，如图 3-3-27（b）所示；Y 轴保持默认。删除图标题，移动图例位置，最终获得如图 3-3-28（a）所示的效果。

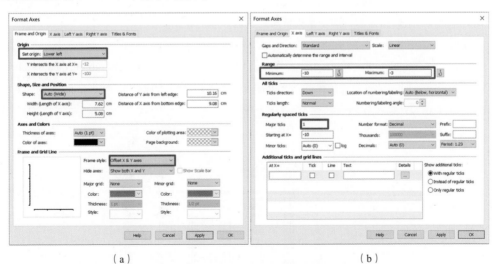

（a）　　　　　　　　　　　　　　　　　　　（b）

图 3-3-27　坐标轴参数设置

（3）按照前文相关内容介绍的方法，选择符合期刊风格或审美意识的图表和配色，对图形进行修饰，可以获得其他效果，如图 3-3-28（b）~ 图 3-3-28（d）所示。

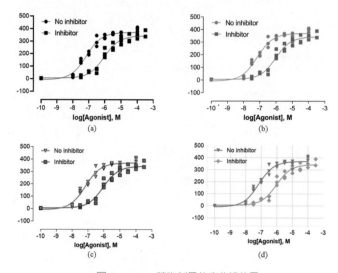

图 3-3-28　药物剂量效应曲线效果

3.3.4　带置信条带的散点图

在可靠性检验与寿命检验等许多实际问题中，经常需要估计出一个连续随机变量的分布函数。但是，只给出分布函数的估计结果是不够的，还要给出一种度量来衡量被估计出来的分布函数的精确性。一种比较好的方法是构造一个具有高置信水平的置信条带，下面以 GraphPad Prism 自带的一组数据为例，演示带置信条带的散点图的绘制。

Step1：数据录入

（1）打开 GraphPad Prism，进入欢迎界面，选择 XY 表，选中 Start with sample data to follow a tutorial 单选按钮，然后选择自带的 Nonlinear regression-one phase exponential decay 数据集，单击 Create 按钮，创建数据表。

（2）获得如图 3-3-29 所示的数据结构。

Table format: XY	X Minutes	Group A Control			Group B Treated		
	X	A:Y1	A:Y2	A:Y3	B:Y1	B:Y2	B:Y3
1 Title	1	8887	7366	9612	6532	7905	7907
2 Title	2	8329		8850	5352	5841	6277
3 Title	3	7907	8810	8669	5177	4082	3157
4 Title	4	7413	8481	6489	3608		4226
5 Title	5	7081	7178	5716	2559	3697	2816
6 Title	6	6249	6492		1671	3053	2891
7 Title	8	5442	6172	6409	2264	1658	1879
8 Title	10	4020	3758	4138	1905	1302	1406
9 Title	14	4559	3146	2547	2994	1338	739
10 Title	20	3033	1587	2754	1444		760
11 Title	25	2105	1707	2152	281	484	765
12 Title	30	1005	2156	1185	1103	1517	833
13 Title	50	820	1513	1591	1918	1128	1293

图 3-3-29　数据结构

Step2：数据分析

（1）单击工具栏中的 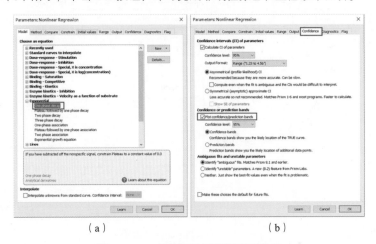 Analyze 图标，在弹出的 Analyze Data 界面中选择 XY analyses→Nonlinear regression (curve fit)（非线性回归（曲线拟合））选项，单击 OK 按钮，快捷方式是单击工具栏中 Analysis 选项组的第二个图标 ✎。

（2）在弹出的参数设置界面的 Model 选项卡中选择 Exponential→One phase decay 选项，如图 3-3-30（a）所示；在 Confidence 选项卡中勾选 Plot confidence/prediction bands 复选框，如图 3-3-30（b）所示；单击 OK 按钮，即可完成非线性拟合和置信条带分析。

（a）　　　　　　　　　　　　　（b）

图 3-3-30　非线性拟合和置信条带分析

（3）在图形中进行简单设置，即可获得初始的图形，如图 3-3-31（a）所示，可以直接用于展示；也可以在配色和坐标轴方面进行修饰，如图 3-3-31（b）～图 3-3-31（d）所示。

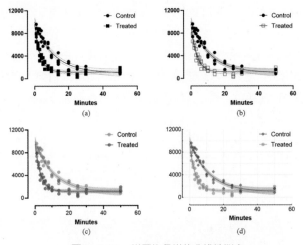

图 3-3-31　带置信条带的非线性拟合

这里简要说明如何对置信条带进行修饰。双击图形绘制区，进入 Format Graph 界面的 Appearance 选项卡中，可以对置信条带外观进行设置。在 Data set 下拉列表中选择需要进行修饰的置信条带（这里选择 Nonlin fit of only control:Curve:A:Control），可以进行 3 个方面的设置：Error bars 是指置信条带两侧的边缘线；Connecting line 是指拟合的曲线；Area fill 是可以填充颜色的区域（选择 Within error bands 选项），如图 3-3-32 所示。

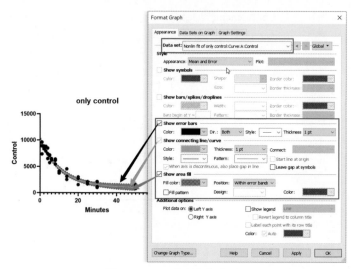

图 3-3-32　置信条带的设置

为了保持学术图表的画面简洁、美观，以及内容的关联性，不宜设置过多的颜色种类，可以使用同一种颜色的不同透明度（或相近的颜色）来表示同一类数据，即单色系的配色。在本例中，置信条带的颜色透明度可以低一点。在图 3-3-31（c）中，数据标签（原点或矩形）和拟合曲线的颜色透明度为 50%、置信条带两侧的边缘线和填充色的颜色透明度为 75%；在图 3-3-31（d）中，橙色数据标签的颜色透明度为 25%，置信条带两侧的边缘线和填充色的颜色透明度为 75%；紫色数据标签的颜色透明度为 50%（系统自带的 50% 透明度的紫色），置信条带两侧的边缘线和填充色是另一种较淡的紫色（RGB（184,135,195）），其透明度为 60%。可见，不同的颜色需要的透明度不同，只需根据实际显示效果进行设置即可。

第 4 章

纵列表（Column）及其图形绘制

纵列表（Column）只有一个分组变量，数据表中的每一列代表一个组别，且在行向量上没有分组，这是纵列表的本质特征。在纵列表中，每组可以有多个相互间独立或非独立的数据，可以展示每组数据的分布情况和统计量，对应的图形适用于简单分组的数据，最常见的是单数据系列散点图、柱状图、箱线图和小提琴图。

4.1 纵列表及其输入界面

在 GraphPad Prism 中，从纵列表开始，后面 7 种数据表的输入界面会越来越简单。

4.1.1 纵列表输入界面

打开 GraphPad Prism，在软件欢迎界面（引导界面）中选择纵列表（Column），即可显示纵列表输入界面，如图 4-1-1 所示。如果不小心关闭了引导界面，则在工作区双击即可再次将其打开。

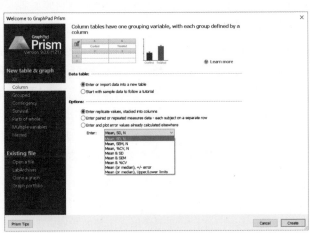

图 4-1-1　纵列表输入界面

GraphPad Prism 的所有 Data table（数据表）选项组中都只有两个选项。

（1）Enter or import data into a new table：在新数据表中输入或导入数据。

（2）Start with sample data to follow a tutorial：使用软件自带的示例数据跟着教程练习。

但是 Options（选项）选项组各不相同，纵列表的 Options 选项组中有 3 种输入形式，分别对应不同的场景，如图 4-1-2 所示。

(a) 重复值叠成一列

(b) 行标题作为配对或多次测量对象的标签

(c)行标题作为配对或多次测量对象的标签，在其他地方算出统计量

图 4-1-2　纵列表的 3 种输入形式

（1）Enter replicate values, stacked into columns（输入重复测量值，堆栈到每一列）：把实验对象随机分组，并对每个实验对象测量一次，把每组内的实验数据输入一列中，且列内的数据可以无序排列，常见的非配对分组实验就选择这种形式。比如，将某个条件下的高血压病人随机分成两组，一组病人用于对照，另一组病人服用降压药，各自测量血压。这个过程只关心两组病人的血压数据，并不关心数据来源的个体。

（2）Enter paired or repeated measures data-each subject on a separate row（输入配对或多次测量值，每行表示一个实验对象）：对一个实验对象进行多次测量后，每一行的行标题作为实验对象的标签，可以不填；列内的数据不能随机排列，必须和标签对应，比如，某个体服药前后的血压测量值（配对实验）或者某个体服药后多个时间点的血压测量值（多次测量），每一列仍然是分组，但是行标题代表的个体数据不能错乱。这里需要注意的是，行标题只是个体区分标签，并不是分组变量；如果每一行也成了分组变量，则会变为下一章将讲述的行列分组表（Grouped）。

（3）Enter and plot error values already calculated elsewhere（输入已经在其他地方算出的统计量数值）：与输入形式（2）类似，但是可以表示个体在分组时的重复测量值。比如，某个体在服药前后测量血压时，输入形式（2）中只记录单次测量的数据，而在此输入形式中可以记录多次测量后的统计量。

与 XY 表下 Y 值的第三种输入形式一样，纵列表的第三种输入形式的统计量数值也包括 8 种形式。

4.1.2　纵列表统计分析方法

纵列表统计分析方法有以下 9 种。

（1）t tests (and nonparametric tests)：t 检验（和非参数检验）。

（2）One-way ANOVA (and nonparametric or mixed)：单因素方差分析（和非参数检验或混合检验）。

（3）One sample t and Wilcoxon test：单样本 t 检验和 Wilcoxon 检验。

（4）Descriptive statistics：描述性统计。

（5）Normality and Lognormality Tests：正态性和对数正态性检验。

（6）Frequency distribution：频数分布。

（7）ROC Curve：ROC 曲线。

（8）Bland-Altman method comparison：Bland-Altman 一致性分析。

（9）Identify outliers：离群值识别。

（10）Analyze a stack of P values：P 值分析。

4.1.3　纵列表下可绘制图形

纵列表下可绘制的图形样式有 3 组 18 种，如图 4-1-3 所示，但每组中的一半图形是另一半图形的坐标轴互换形式，所以真正的图形样式有 3 组共 9 种。

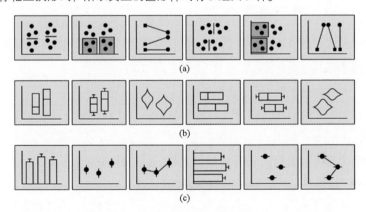

图 4-1-3　纵列表下可绘制的图形样式

1. Individual values（值）

如图 4-1-3（a）所示，这一组 6 种图形侧重于数据展示，将原始数据以点的形式展示出来；

而后面 3 种图形是前面 3 种图形的坐标轴互换形式，其他完全相同。因此，该组共有 3 种图形样式：散点图、带柱形的散点图、前后图。散点图和带柱形的散点图的统计量表现形式非常类似，都有平均数、几何平均数和中位数 3 组 12 种统计量组合，但散点图多了一种无统计量的纯散点图，如图 4-1-4 所示。而前后图适用于配对数据的展示，形式比较简单，只有 3 种表现形式：符号&线条（Symbol & lines）、纯线条（Lines only）和箭头（Arrows）。

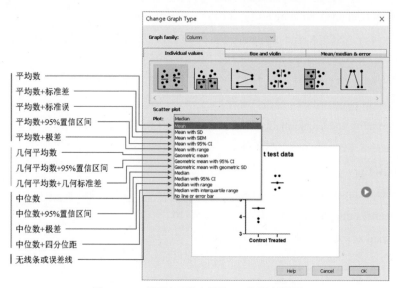

图 4-1-4　纵列表下散点图的 13 种统计量组合

2. Box and violin（箱线图和小提琴图）

如图 4-1-3（b）所示，这一组 6 种图形侧重于数据分布展示，将原始数据的分布或范围以矩形或小提琴的形式展示出来。同样，后面 3 种图形是前面 3 种图形的坐标轴互换形式。因此，该组共有 3 种图形样式：悬浮柱状图、箱线图和小提琴图。

这 3 种图形样式的统计量表现形式相差较大，悬浮柱状图的统计量有平均数画线、中位数画线和无线条 3 种，如图 4-1-5（a）所示；箱线图（Box and whiskers）的统计量表现形式则比较多样，如图 4-1-5（b）所示。为了介绍各统计量组合的含义，先说明箱线图。

箱线图又称盒须图、盒式图、盒状图或箱形图，是一种用来展示一组数据分布情况的统计图，因形状如箱子而得名，由美国著名统计学家约翰·图基（John Tukey）于 1977 年发明。

箱线图结构如图 4-1-6 所示，箱线图中间的箱体部分底边为下四分位数 Q1，顶边为上四分位数 Q3，中间的横线表示中位数，这是所有箱线图相同的地方。箱体两端伸出的像误差线一样的线条被称为"须"（Whisker）。为了描述方便，将这两条须称为上边缘和下边缘。

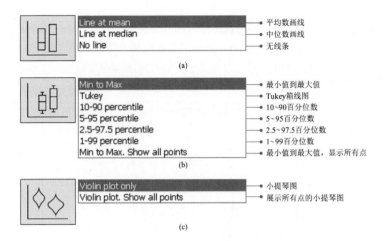

图 4-1-5　箱线图和小提琴图组的 12 种统计量

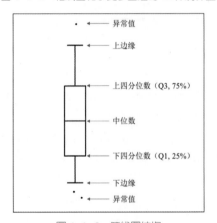

图 4-1-6　箱线图结构

在 John Tukey 发明的箱线图中，定义了一个上四分位数和下四分位数之间的差值，即四分位数差（Inter-quartile range，IQR，Q3-Q1），并以 Q3+1.5IQR 作为上边缘，如果数值大于上边缘，则用点标示出来作为异常值；以 Q1-1.5IQR 作为下边缘，如果数值小于下边缘，也用点标示出来作为异常值。至于为什么是 1.5 倍 IQR，这并没有统计学原因，只是 John Tukey 个人制定的，所以这种箱线图也被称为 Tukey 箱线图。这种箱线图最大的优点是不受异常值的影响，可以以一种相对稳定的方式描述数据的离散分布情况。

此外，可以把上边缘定义为最大值、下边缘定义为最小值，但这样就没有表示异常值的点了；也可以把上下边缘定义为不同的百分位数，如 10 ~ 90 百分位数，不在这个范围内的值就被定义为异常值。

小提琴图（Violin plot）用来展示数据的分布情况及概率密度，因外形类似小提琴而得名。这种图形结合了箱线图和密度图的特征，与箱线图类似，也有中位数、上下四分位数的展示。

比较复杂的小提琴图还可以通过须来展示置信区间；小提琴图的轮廓线用来展示数据的频率，轮廓线越宽表示数据频率越高，如图 4-1-7 所示。在数据量非常大，不方便一个一个地展示数据时，小提琴图特别适用，其表现形式比较简单，只有纯小提琴图和显示点的小提琴图两种，且不能显示置信区间；小提琴图从外观末端上来说有平滑小提琴图和截短小提琴图（Truncated violin plot）之分。此外，也可以调节小提琴图的轮廓线平滑度，一般使用平滑度默认的 Median 即可。

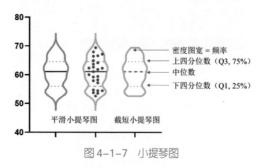

图 4-1-7　小提琴图

3. Mean/median & error（平均值/中位数和误差）

这一组 6 种图形侧重于展示每组数据的统计量，每种图形的统计量表现形式都有平均数、几何平均数和中位数 3 组 12 种统计量组合，如图 4-1-8 所示。同样，后面 3 种图形是前面 3 种图形的坐标轴互换形式。因此，该组共有 3 种图形：柱状图（Column bar）、统计量图（Column mean & error bars）、连线统计量图（Column mean & error bars & mean connected，也被称为误差线图）（见图 4-1-3（c））。

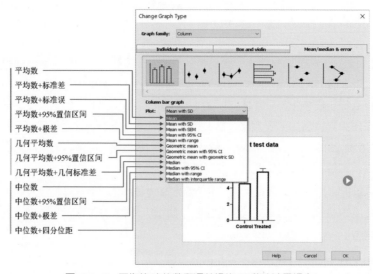

图 4-1-8　平均值/中位数和误差组的 12 种统计量组合

4.2　纵列表常见图形绘制

与 XY 表能够绘制的图形以散点图为主类似，纵列表能够绘制的图形以单数据系列柱状图为主。

4.2.1　简单柱状图/条形图

柱状图和条形图表达数据的形式相同，柱状图为纵向图形，而条形图为横向图形，可以认为它们是一种图形。但当维度分类较多，且维度字段名称较长时，应选择横向布局的条形图，方便展示较长的维度字段名称。

表 4-2-1 所示为某转录组数据的 COG 分类结果，如果直接绘制柱状图，则部分柱状图的名称（横坐标名称）过长。可采取的方法有两种，一种是使用代码表示横坐标名称，并以图例的形式表示原来的名称；另一种是使用条形图。

表 4-2-1　某转录组数据的 COG 分类结果

Code	Functional-Categories	Gene-Number
A	RNA processing and modification	224
B	Chromatin structure and dynamics	324
C	Energy production and conversion	352
D	Cell cycle control, cell division, chromosome partitioning	225
E	Amino acid transport and metabolism	137
F	Nucleotide transport and metabolism	524
G	Carbohydrate transport and metabolism	1654
H	Coenzyme transport and metabolism	378
I	Lipid transport and metabolism	123
J	Translation, ribosomal structure and biogenesis	1425
K	Transcription	2236
L	Replication, recombination and repair	988
M	Cell wall/membrane/envelope biogenesis	828
N	Cell motility	762
O	Posttranslational modification, protein turnover, chaperones	1127
P	Inorganic ion transport and metabolism	283
Q	Secondary metabolites biosynthesis, transport and catabolism	317
R	General function prediction only	6274
S	Function unknown	986
T	Signal transduction mechanisms	1321
U	Intracellular trafficking, secretion, and vesicular transport	876

续表

Code	Functional-Categories	Gene-Number
V	Defense mechanisms	524
W	Extracellular structures	319
Y	Nuclear structure	3
Z	Cytoskeleton	147

Step1：数据录入

打开 GraphPad Prism，进入欢迎界面，选择纵列表，选中 Enter or import data into a new table 单选按钮，并选中 Enter replicate values，stacked into columns（输入重复测量值，堆栈到每一列）单选按钮。

如果数据已经在 Word 或 Excel 中被整理成如表 4-2-1 所示的格式，则可以直接选择相应的数据，并在 GraphPad Prism 数据表中对应的位置右击，在弹出的快捷菜单中选择 Paste Transpose（转置粘贴）→Paste Data（粘贴数据）命令，如图 4-2-1 所示，这与 Excel 中的"选择性粘贴"→"转置"命令类似。

在转置粘贴之后，每列将代表一组数据，在图形中显示一个直条矩形，这将会造成数据表的列特别多，且每列特别宽，使整个数据表的可阅读性下降。因此，在绘制分类数目较多的柱状图或条形图时，更推荐使用行列分组表（Grouped）来绘制，这将在下一章讲述。

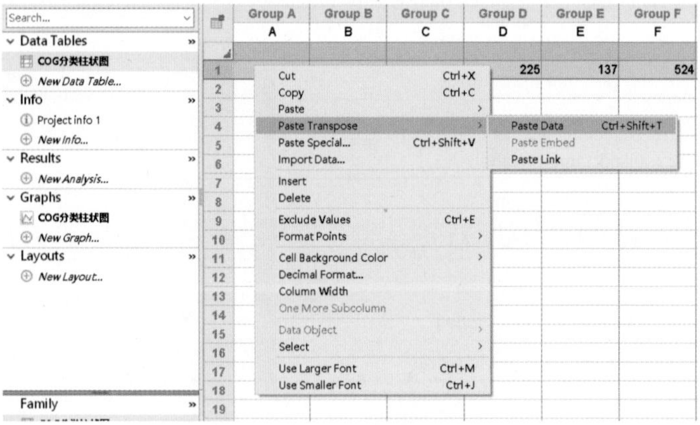

图 4-2-1 转置粘贴

Step2：数据分析

无。

Step3：图形生成和美化

（1）在左侧导航栏的 Graphs 部分单击同名图片文件，弹出 Change Graph Type 绘图引导界面，选择柱状图，如图 4-2-2 所示。

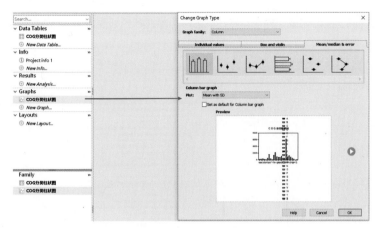

图 4-2-2　选择柱状图

（2）将 X 轴标题改为 COG classfication、Y 轴标题改为 Number of Genes；删除图标题和图例；将刻度标签字体改为 11 pt、Arial、非加粗形式；在工具栏的 Change 选项组中选择预设的图形颜色主题为 Viridis，如图 4-2-3 所示。

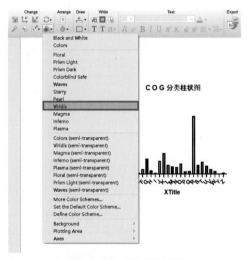

图 4-2-3　图形参数修改

（3）如图 4-2-4 所示，以文本框的形式添加 X 轴字母代码所表示的完整名称，将字体改为 11pt、Arial、非加粗形式，并设置 1.3 倍行距；分别选中 X 轴和 Y 轴，将坐标轴拉伸到合适的长度。

（4）在工具栏中单击 图标或者双击坐标轴，进入 Format Axes（坐标轴格式）界面进行细致修改。如图 4-2-5（a）~图 4-2-5（c）所示，依次将坐标轴的粗细改为 1pt，加平框；设置 X 轴为无刻度、X 轴刻度标签字体为垂直无旋转形式；设置 Y 轴刻度长度为 Short、范围为 0～7000、主要刻度为 1000，无次要刻度；在工具栏中单击 图标或者双击图形中的直条矩形，进入 Format Graph（图形格式）界面，将柱状图的边缘线条粗细改为 1pt，如图 4-2-5（d）所示。

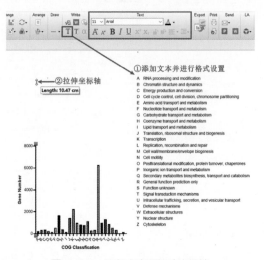

图 4-2-4　添加文本和拉伸坐标轴

(a)　　　　　　　　　　　　(b)

(c)　　　　　　　　　　　　(d)

图 4-2-5　柱状图坐标轴和图形参数修改

（5）调整图形和文本的位置和大小，最后获得如图 4-2-6 所示的 COG 分类柱状图效果。

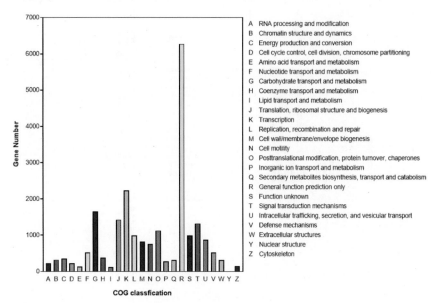

图 4-2-6　COG 分类柱状图效果

由于 GraphPad Prism 内嵌的主题颜色模板的颜色种类有限，图 4-2-6 中存在颜色被重复使用的现象。可以自行修改各柱状图的颜色，或者自定义主题颜色模板。

如果不以代码的形式为 X 轴分类命名，则将获得如图 4-2-7（a）所示的效果。旋转角度后，在阅读整个 X 轴上的条目名称时会比较困难，但如果不旋转则容纳不了较长的条目名称。如果将柱状图改为条形图，如图 4-2-7（b）所示，则不仅不需要以"代码+标注"的形式命名，整个图形的可读性还大大提高，这是由于常见纸张的页面版式横向长度较短、纵向长度较长，在纵向上可以容纳更多条目名称。

由于纵列表把每一列当成一组，从 COG 分类柱状图的绘制过程来看，如果分类条目较多，这种数据表结构将变得非常宽，不利于阅读。这种多分类的图形一般在 XY 表或行列分组表中绘制。

此外，在纵列表和行列分组表绘制的柱状图中，可以对柱状图添加数据标签。具体操作是在工具栏中单击 📊 图标或者双击图形绘制区，进入 Format Graph（图形格式）界面，会发现多了一个 Annotations 选项卡，如图 4-2-8 所示，可以将表示统计量（平均值、中位数等）或样本量的数据标签添加到 3 个位置：Above bar & Error bar（直条矩形或误差线之上）、Within bar-Top（直条矩形里-顶部）、Within bar - Bottom（直条矩形里-底部）。添加到不同位置的设置方式相同，包括数据标签的方向、格式、小数位数、千位格式、字体字号和数字颜色。

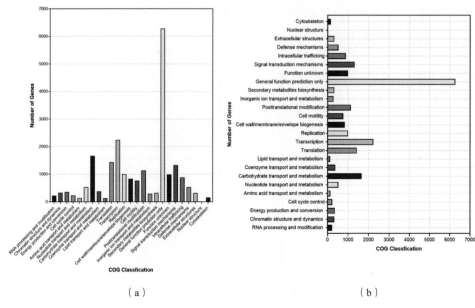

（a）   （b）

图 4-2-7　COG 分类柱状图和条形图

图 4-2-8　添加数据标签

　　在添加数据标签时需要注意，数据标签的大小不能超过所在位置给出的空间大小，否则不能完全显示。需要综合调整坐标轴高度、数据标签字号大小、数据标签小数位数，使得最终的数据标签显示完整，且图形布局合理，整体效果美观。

　　图 4-2-9（a）所示为未添加数据标签的图形，图 4-2-9（b）所示为在误差线上添加数据标签的图形，但是图中直条矩形 C 和 D 的误差线上并没有显示数据标签，这是因为直条矩形 C 和 D 的误差线上方的空间不足以完整显示数据标签。将 Y 轴长度适当拉伸，可以完整显示数据标签，如图 4-2-9（c）所示。

　　图 4-2-9（d）所示为向直条矩形里-顶部添加数据标签，直条矩形内部的空间不足，也不能完整显示数据标签。将数据标签的小数位数缩短（见图 4-2-9（e））或者将字体缩小（见图 4-2-9（f））都能完整显示数据标签。

　　图 4-2-9（g）所示为向直条矩形里-底部添加数据标签，直条矩形内部的空间不足，也不能完整显示数据标签。将数据标签的字体缩小（见图 4-2-9（h））或不显示小数位数（见图 4-2-9（i））都能完整显示数据标签。

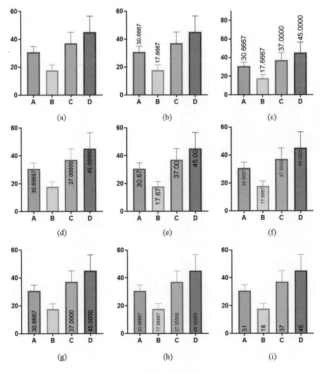

图 4-2-9　数据标签位置和大小设置

4.2.2　截断柱状图

　　如果展示的数据大小相差较大（见图 4-2-6），往往会出现某组数据"一枝独秀"的现象，导致 Y 轴范围跨度较大，一些较小的数据在图形上被压缩，使辨识度降低。这时最好对图形进行"截断"处理，在视觉上缩短 Y 轴的跨度，这样更方便展示较小的数据。此外对 Y 轴进行 Log 变换也是一种处理方式。

以图 4-2-6 为例，进入 Format Axes 界面，选择 Left Y axis 选项卡，在 Gaps and Direction（坐标截断和方向）下拉列表中选择 Two segments（---\\---）选项，将 Y 轴分为两段，可以分别设置这两段在原来图形中占的长度比例和起止数值大小。这里将底段 Bottom 的长度改为占比 80%、范围改为 0～2500，而将顶段 Top 的长度改为占比 20%、范围改为 5500～7000，如图 4-2-10 所示。这意味着 2500～5500 这段只有 R 柱形图才有的跨度被"截"了，使得 2500 以下的数据被扩展，展示效果更好。

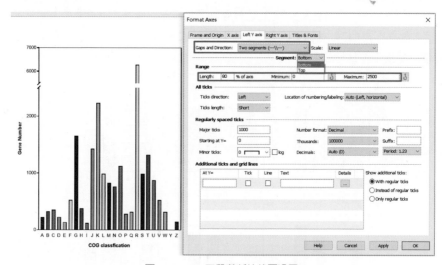

图 4-2-10 二段截断柱状图设置

截断的原则是从中间截断，但是不能将其他较低数据的顶端截去。所以，截断次数和起止范围的设置主要需要观察最大的几个数据，并根据它们来设置合理的范围。比如，图 4-2-6 中造成 Y 轴跨度大的原因是图中的 R 柱形图远远高于第二高的 K 柱形图，所以柱形图 K 到 R 之间可以截去一段。同样的道理，如果进行二次截断，即三段截断，柱形图 K 和 R 可以在柱形图 G 到 K 之间截去一段。

以图 4-2-6 为例，在原始图形中看好大致需要截去的区间，比如，二段截断图可以截去 R 柱形图的 2500～5500 这一段，则将 2500 作为底段 Bottom 的最大值，将 5500 作为顶段 Top 的最小值（见图 4-2-10）。

如果是三段截断图，则可以截去两段：2500～5500 和 1700～2100。所以，在 Gaps and Direction（坐标截断和方向）下拉列表中选择 Three segments（---\\---\\---）选项之后，将底段 Bottom 的长度改为占比 70%、范围改为 0～1700，将中段 Center 的长度改为占比 15%、范围改为 2100～2500，而将顶段 Top 的长度改为占比 15%、范围改为 5500～7000，如图 4-2-11 所示。但此时需要注意坐标轴的刻度变化，图 4-2-6 设置的主要刻度为 1000，没有次要刻度，现在获得的三段坐标轴的各段都会继承该设置，从而导致左 *Y* 轴上没有合适的刻度标签来指示大小。所以要对各段主要刻度进行修改，这里需要将底段 Bottom 和中段 Center 的主要刻度分别改为 500 和 300。需要注意的是，截断之后会造成坐标轴刻度不均匀，如果没有刻度标签，则将很难有效读取图形中的数据，反而不如不截断。

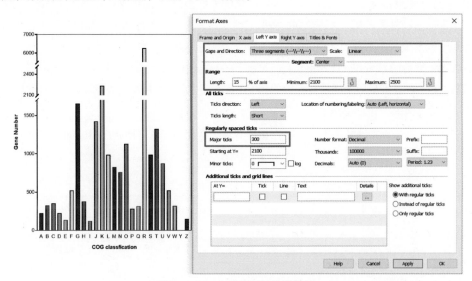

图 4-2-11　三段截断柱状图设置

截断柱状图实际上是对坐标轴跨度进行重新分配，与均匀分配相比，它会将个别大数据的大跨度用截断符号来表示，并将空出来的空间分配给大多数小数据，从而使较小的数据得到更多的展示空间，如图 4-2-12 所示。

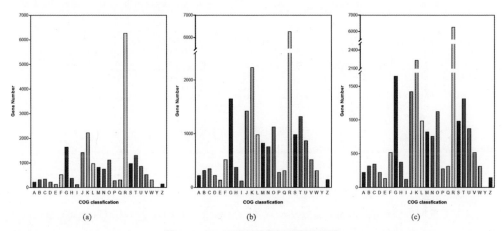

图 4-2-12　正常柱状图与截断柱状图

4.2.3 直方图

直方图（Histogram）用直条矩形面积表示各组频数，用各直条矩形面积总和表示频数的总和，主要用于表示连续变量频数分布情况。直方图在外观上和柱状图类似，但存在以下区别。①柱状图横轴上的数据是一个独立的数据或文本；而直方图横轴上的数据是连续的，表示一个范围。②柱状图用直条矩形的高度表示分组数量的大小，而直方图用直条矩形的面积表示频数，直条矩形的面积越大，表示这组数据的频数越大；只有当直条矩形的宽度都相等时，才可以用直条矩形的高度表示频数的大小，此时直方图也类似于柱状图，并且可以通过绘制柱状图来模拟直方图（目前的 GraphPad Prism 8.4.3 只能绘制此类直方图）。③在柱状图中，各数据之间是相对独立的，各直条矩形之间是有空隙的；而在直方图中，各直条矩形对应的是一个连续范围，所以相邻直条矩形之间不重叠、无空隙。

表 4-2-2 所示为某地某年 140 名高三男生身高计数频数表，可据此在 GraphPad Prism 中绘制直方图。

表 4-2-2　某地某年 140 名高三男生身高计数频数表

组段（cm）	频数	组段（cm）	频数	组段（cm）	频数	组段（cm）	频数	组段（cm）	频数
< 145	2	155~	11	165~	32	175~	17	185~	4
145~	6	160~	25	170~	29	180~	13	190~	1

Step1：数据录入

（1）打开 GraphPad Prism，进入欢迎界面，选择纵列表，选中 Enter or import data into a new table 单选按钮，并选中 Enter replicate values, stacked into columns（输入重复测量值，堆栈到每一列）单选按钮，然后单击 Create 按钮，创建数据表。

（2）按照如图 4-2-13 所示的格式转置输入数据，将数据表重命名为“直方图”。

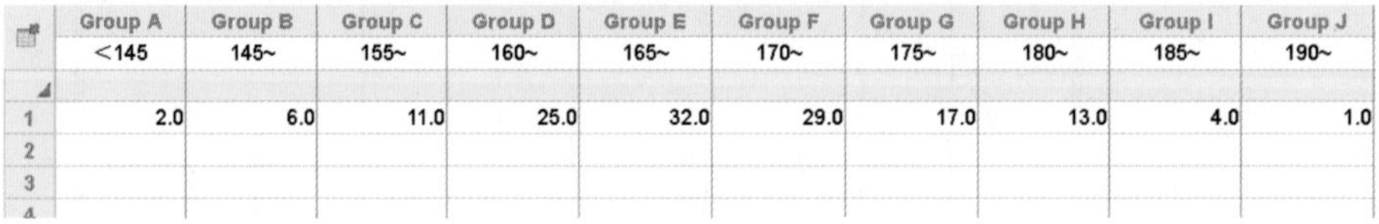

	Group A	Group B	Group C	Group D	Group E	Group F	Group G	Group H	Group I	Group J
	<145	145~	155~	160~	165~	170~	175~	180~	185~	190~
1	2.0	6.0	11.0	25.0	32.0	29.0	17.0	13.0	4.0	1.0
2										
3										

图 4-2-13　直方图数据输入格式

Step2：数据分析

无。

Step3：图形生成和美化

（1）在左侧导航栏的 Graphs 部分单击同名图片文件“直方图”，弹出 Change Graph Type 绘图引导界面，选择柱状图，如图 4-2-14 所示。

（2）把 *X* 轴标题改为"身高（cm）"、*Y* 轴标题改为"人数（个）"；删除图标题；将刻度标签字体改为 10 pt、Times New Roman、非加粗形式，如图 4-2-15 所示。

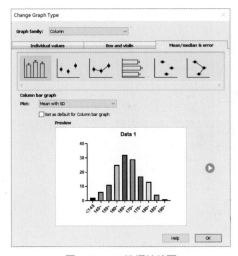

图 4-2-14　选择柱状图

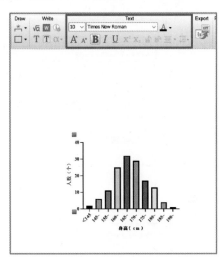

图 4-2-15　图形参数修改

（3）如图 4-2-16 所示，将直条矩形之间的间距改为 0%，至此直方图基本成型。

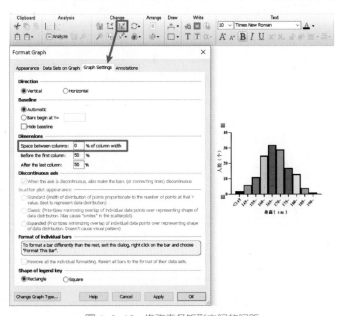

图 4-2-16　修改直条矩形之间的间距

（4）如图 4-2-17 所示，选择所有数据系列，将其填充颜色改为淡蓝色，将边缘线条的粗细改为 1/4pt、颜色改为黑色，此外，对坐标轴粗细、刻度等进行修改，可获得效果更好的直方图。这里之所以使用最小的线条粗细 1/4pt，是因为在 GraphPad Prism 中相邻的直条矩形的边缘线条是不能叠加的，尽可能细的边缘线条会使得相邻的直条矩形更加靠近。

图 4-2-17　修改直方图的外观

经过上面步骤获得的图形已经非常接近直方图了，但是在横坐标轴上的刻度标签处于直条矩形的正中，这点与直方图表示范围的要求不符合。可以在数据表中将分组名称（对应 X 轴上的刻度标签）删除，不显示刻度标签，然后通过添加文本的方式将刻度标签添加到合适位置，获得更精确的直方图效果，如图 4-2-18 所示。

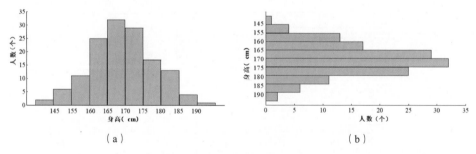

（a）　　　　　　　　　　　　　（b）

图 4-2-18　调整直方图刻度标签

对于纵列表下绘制的直方图，可以在工具栏中 Change 选项组的 ↻ 下拉菜单中选择 Rotate to Horizontal 命令，使其变成水平方向的条形图（见图 4-2-18（b）），这是 XY 表下绘制的直方图做不到的。此外，如果需要绘制多数据系列的叠印直方图，也可以在 XY 表下绘制，见 3.2.5 节相关内容。

4.2.4　手动分组分割

如果柱状图在 X 轴或 Y 轴上有分类的需求，则将这种现象称为柱状图的分组分割。相关的操作在 XY 表下图形分组绘制时已经有所提及。在纵列表中进行分组不是很方便，这是因为在 X 轴或 Y 轴引入了一个分组变量，与纵列表的结构相冲突。除了在 XY 表中绘制，还可以在行列分组表（Grouped）中进行分组分割。但如果只是简单的分类，则可以手动将不同的分类设置为不同的颜色和（或）使用辅助线条来进行区分。

批量修改数据集颜色的方法如图 4-2-19 所示，绘制好柱状图或条形图之后，在工具栏中单击 图标或者双击图形绘制区，进入 Format Graph（图形格式）界面的 Appearance 选项卡中，先单击 Global 后面的下拉按钮，选择 Select data sets 选项，在弹出的界面中批量选中需要修改的数据，确定之后回到 Appearance 选项卡中修改直条矩形的填色和轮廓，即可完成批量修改。批量修改是一种快速修改图形外观的实用技巧。

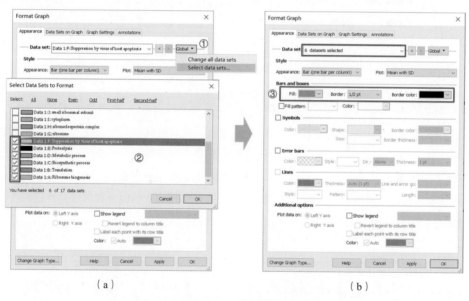

（a）　　　　　　　　　　　　　　（b）

图 4-2-19　批量修改数据集颜色的方法

在完成批量修改之后，单击 Global 可以从批量选中状态中退出，变成只选择批量选中状态中最上面的一个数据集，比如，图 4-2-19（a）中为 Data 1：F：Suppression by virus of host apoptosis 这一行。此时可以在 Appearance 选项卡中勾选 Show legend 复选框，以显示该组颜色的图例；或者在批量选中的数据中任意选择一组，勾选 Show legend 复选框，如图 4-2-20（a）所示。由于此时任意选择了一组数据的图例进行显示，因此最后还需要手动修改图例的文字内容才能符合要求。

除了采用颜色进行分组分割，还可以在图形中添加辅助线进行分组分割，如图 4-2-21 所示。在 Format Graph（图形格式）界面的 Data Sets on Graph 选项卡底部勾选 Separate this data set from the prior one with a horizontal line 复选框，表示在所选数据集之前以水平线进行分割，如图 4-2-20（b）所示。如果是垂直方向的柱状图，这里的分割线就是垂直线，可以对分割线进行线条粗细、颜色和样式等修改。最终的分割效果如图 4-2-21（c）所示。

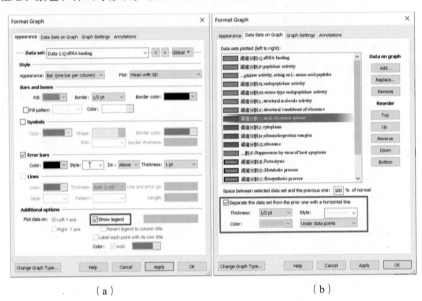

（a）　　　　　　　　　　　　　　　　（b）

图 4-2-20　显示分组图例和添加辅助线分割

除了使用 Format Graph（图形格式）界面自带的分割线进行分割，还可以通过工具栏中的 Draw 选项组自行绘制分组辅助线，这种手动绘制的分组辅助线的位置和属性更自由，可以获得如图 4-2-21（d）所示的效果。

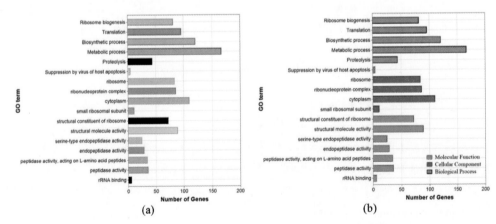

（a）　　　　　　　　　　　　　　　　（b）

图 4-2-21　采用颜色和添加辅助线进行分组分割的效果

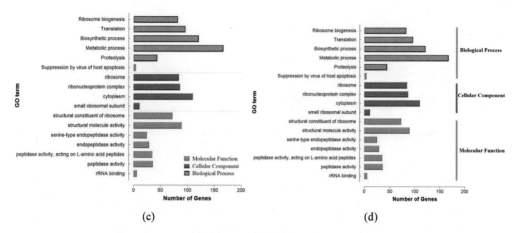

(c)　　　　　　　　　　　　　　　(d)

图 4-2-21　采用颜色和添加辅助线进行分组分割的效果（续）

采用颜色和添加辅助线进行分组分割比较适合数量不多的分类，如果分类数量繁多，则会造成工作量大大增加，因此建议在 XY 表或行列分组表下绘制相关内容。

4.2.5　悬浮条形图

悬浮条形图（Floating bars）是对条形图进行外观变换，通过悬浮的直条矩形展示最小值到最大值的范围，也可以展示平均值或中位数的一种图形。对于一些注重范围表达的数据，该图具有较好的展示作用，如展示某地每月的气温变化范围，如图 4-2-22 所示。

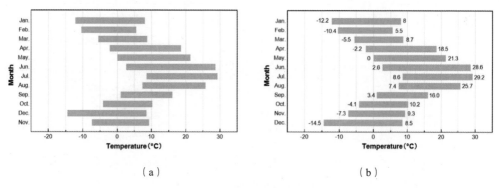

（a）　　　　　　　　　　　　　　　（b）

图 4-2-22　某地每月的气温变化范围

在纵列表中输入原始数据并绘制图形时，选择水平悬浮条形图，软件会自动找到最小值和最大值并绘制出表示范围的直条矩形。也可以先绘制其他纵列表下的图形，在工具栏中单击 图标或者双击图形绘制区，进入 Format Graph（图形格式）界面的 Appearance（外观）选项卡中，在 Style→Appearance 下拉列表中选择 Floating bars（min to max）选项，如图 4-2-23（a）所示，然后简单设置直条矩形的填色和边缘线条属性。

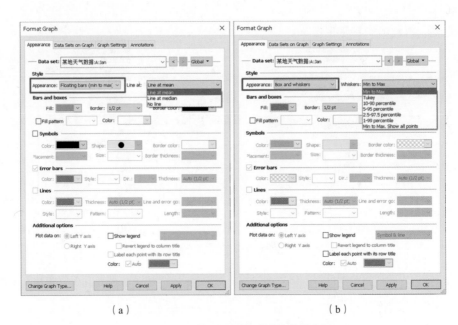

（a）　　　　　　　　　　　（b）

图4-2-23　悬浮条形图和悬浮箱线图设置

另一种能够展示范围的图形是箱线图。如图 4-2-23（b）所示，在 Style→Appearance 下拉列表中选择 Box and whiskers 选项，并在 Whiskers 下拉列表中选择 Min to Max 或 Min to Max.Show all points 选项，然后简单设置相关参数，就可以得到如图 4-2-24 所示的效果。

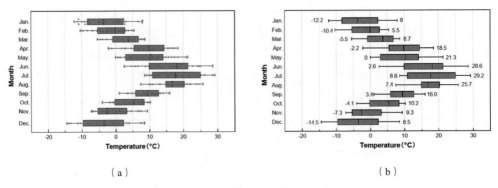

（a）　　　　　　　　　　　（b）

图4-2-24　用箱线图展示某地每月的气温变化范围

这里需要注意的是，上面所述的表示范围的图形存在最小值、最大值或四分位数，因此不止一个数值刻度，不能标注数据标签，即 Format Graph（图形格式）界面的 Annotation（注释）选项卡是不可用的。也就是说，目前的 GraphPad Prism 版本还不能同时给出两个或两个以上的数据标签。图 4-2-22 和图 4-2-24 中的数据标签都是以手动添加文本的形式标注的。

4.2.6　森林图

森林图（Forest plot）是一种以图形外观来命名的图形，也被称为比值图（Odds ratio plot）。它在平面直角坐标系中以一条垂直的无效线（横坐标刻度为 1 或 0）为中心，用平行于横轴的多条线段描述了每个被纳入研究的效应量和置信区间（Confidence Interval，CI），用一个菱形（或其他图形）描述了多个研究合并的效应量和置信区间。它非常简单和直观地描述了效应量（如 RR、OR、HR 或 WMD）大小及其 95%CI，是 Meta 分析和多因素回归分析中常用的结果表达形式。

表 4-2-3 所示的森林图数据来源于 JAMA，下面以 Network risk ratio (95% CrI)这一列数据为例来绘制森林图。

表 4-2-3　森林图数据

	No. of patients	No. of trials	Quality	Absolute risk difference (95% CrI)	Network risk ratio (95% CrI)
Compared with standard oxygen					
Face mask noninvasive ventilation	1725	14	Moderate	−0.06 (−0.15 to −0.01)	0.83 (0.68-0.99)
High-flow nasal oxygen	1279	3	Moderate	−0.04 (−0.15 to 0.04)	0.87 (0.62-1.15)
Helmet noninvasive ventilation	330	3	Low	−0.19 (−0.37 to −0.09)	0.40 (0.24-0.63)
Additional comparisons					
Face mask noninvasive ventilation vs high-flow nasal oxygen	216	1	Low	−0.02 (−0.14 to 0.07)	0.95 (0.69-1.37)
Helmet noninvasive ventilation vs face mask noninvasive ventilation	83	1	Low	−0.13 (−0.27 to −0.05)	0.48 (0.29-0.76)
Helmet noninvasive ventilation vs high-flow nasal oxygen	0	0	Low	−0.15 (−0.34 to −0.05)	0.46 (0.26-0.80)

Step1：数据录入

（1）打开 GraphPad Prism，进入欢迎界面，选择纵列表，选中 Enter or import data into a new table 和 Enter replicate values, stacked into columns（输入重复测量值，堆栈到每一列）单选按钮，然后单击 Create 按钮，创建数据表。

（2）按照如图 4-2-25 所示的格式输入数据。将表 4-2-3 中每一行的 Network risk ratio (95% CrI)当成一列来输入，每列包括 3 个数值，即效应值、95%CI 下限值和 95%CI 上限值，这 3 个数值的顺序可以错乱，软件会自动识别上下限和效应值（中位数）；列标题可以不写，因为它在后面会被删除，但为了指示清晰，此处可以先输入。

	Group A	Group B	Group C	Group D
	Face mask noninvasive ventilation	High-flow nasal oxygen	Helmet noninvasive ventilation	Face mask noninvasive ventilation vs high-flow nasal oxygen
1	效应值　0.83	0.87	0.40	0.95
2	95%CI下限值　0.68	0.62	0.24	0.69
3	95%CI上限值　0.99	1.15	0.63	1.37
4				

图 4-2-25　森林图数据输入格式

Step2：数据分析

无。

Step3：图形生成和美化

（1）在左侧导航栏的 Graphs 部分单击同名图片文件，弹出 Change Graph Type 绘图引导界面，选择 Mean/median & error（水平统计量）选项卡，选择森林图，如图 4-2-26 所示，绘图方式选择 Median with range（带极差的中位数），软件会自动从输入的 3 个数据中找到最小值、中位数和最大值，所以在输入时可以不用在意输入顺序。

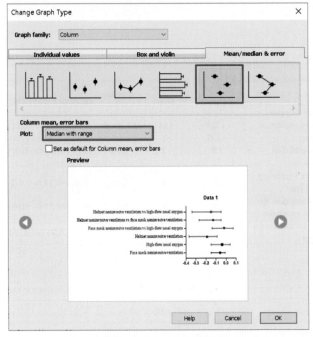

图 4-2-26　选择森林图

（2）获得的图形就是森林图。如图 4-2-27 所示，在工具栏的 Change 选项组中单击 图标的下拉按钮，在弹出的下拉菜单中选择 Reverse order of data sets（front-to-back or right-to-left）命令，将数据集代表的图形顺序颠倒一下，这是为了与表 4-2-3 的排列顺序相对应。

（3）在图形绘制区右击，在弹出的快捷菜单中选择 Insert Object→Excel Object 命令，会弹出 Object-Excel 界面，可在此输入森林图的数据，即可在图形中添加表格，如图 4-2-28 所示。务必在 Object-Excel 界面中调整好表格格式，因为该表格会被原样添加到 GraphPad Prism 的图形中，所以字体、字号（10 号左右，与 GraphPad Prism 图形字体大小一致即可）、换行、缩进、表格的边框线条等都要设置好，尤其是最后要在 Object-Excel 界面中将网格线删除，否则 Excel 的浅灰色网格线也会被添加到 GraphPad Prism 中。

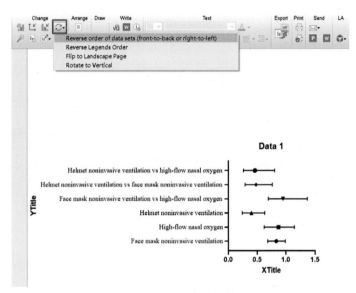

图 4-2-27　颠倒图形顺序

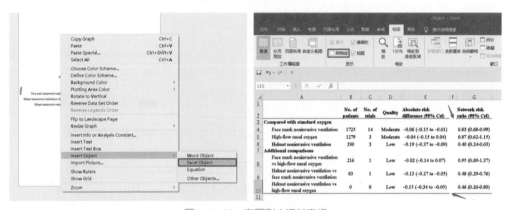

图 4-2-28　在图形中添加表格

（4）添加好表格之后，如图 4-2-29（a）所示，在工具栏中单击图标或者双击坐标轴，进入 Format Axes（坐标轴格式）界面的 Frame and Origin（坐标轴框和原点）选项卡中，将图形的 Y 轴隐藏起来（在 Hide axes 下拉列表中选择 Hide Y，Show X 选项），并将图形移动到绘图区的最右边，再将表格底边与森林图横坐标轴水平对齐，如图 4-2-29（b）所示。

（5）在工具栏中单击图标或者双击坐标轴，进入 Format Axes（坐标轴格式）界面的 Frame and Origin（坐标轴框和原点）选项卡中，修改图形高度，使图形的上下两行和数据表格的上下两行对齐，将坐标轴的粗细设置为 1/2pt、颜色设置为黑色，如图 4-2-30（a）所示；在工具栏中单击图标或者双击图形绘制区，进入 Format Graph（图形格式）界面的 Appearance 选项卡中，统一修改图形的符号（Symbols）和误差线，如图 4-2-30（b）所示。

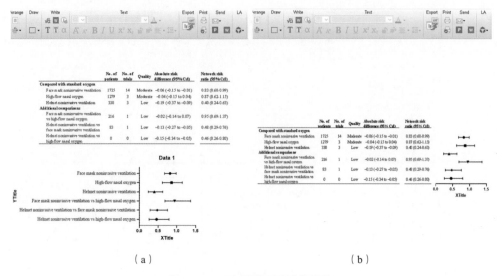

（a）

（b）

图 4-2-29　森林图与表格位置调整

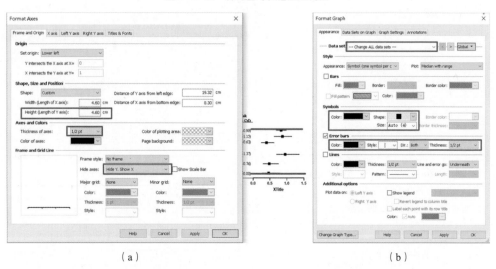

（a）

（b）

图 4-2-30　坐标轴设置和图形外观修改

（6）在工具栏中单击 ⏢ 图标或者双击图形绘制区，进入 Format Graph（图形格式）界面，切换到 Data Sets on Graph 选项卡，设置 A、B、C 三个数据集与前面数据集的宽度，即设置 Space between selected data set and the previous one:___% of normal，如图 4-2-31（a）所示。这是因为 A、B、C 三个数据集对应的表格数据只占一行，而数据集 D、E、F 则占了两行，且数据集 C 和 D 之间空了一行，所以森林图之间的间距是不相等的，需要在这里进行微调；还可能需要切换到 Graph Settings 选项卡以设置第一列之前和最后一列之后的间距，如图 4-2-31（b）所示。

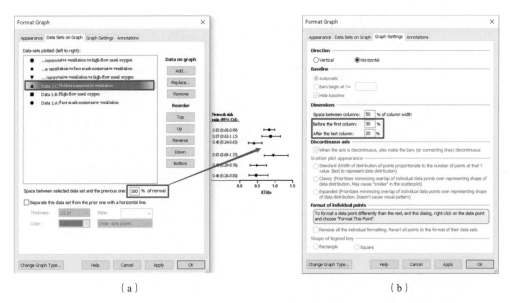

（a）　　　　　　　　　　　　　　　　　（b）

图 4-2-31　数据集间距设置

（7）采用辅助线的形式在 $X=1$ 处添加一条虚线、在虚线两侧添加文本框、添加 X 轴标题，获得如图 4-2-32（a）所示的效果；将 X 轴改为以 Log_{10} 的形式显示，获得如图 4-2-32（b）所示的效果；图 4-2-32（c）所示为文献原图。

修改 X 轴为以 Log_{10} 显示的方法如图 4-2-33 所示。在工具栏中单击 图标或者双击坐标轴，进入 Format Axes（坐标轴格式）界面的 X axis（ X 轴）选项卡中，将 Scale 改为 Log_{10}，将范围改为 0.1～2，将主要刻度设置为 1，将次要刻度设置为九等分主要刻度。在辅助刻度和辅助网格线里面，添加 $X=2$ 的刻度并设置 Text 为 2——如果不添加 X 轴，则最右边的刻度不会显示 2。

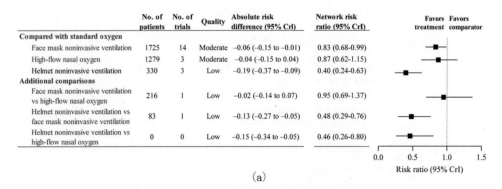

（a）

图 4-2-32　森林图和文献原图

	No. of patients	No. of trials	Quality	Absolute risk difference (95% CrI)	Network risk ratio (95% CrI)	
Compared with standard oxygen						Favors treatment / Favors comparator
Face mask noninvasive ventilation	1725	14	Moderate	–0.06 (–0.15 to –0.01)	0.83 (0.68-0.99)	
High-flow nasal oxygen	1279	3	Moderate	–0.04 (–0.15 to 0.04)	0.87 (0.62-1.15)	
Helmet noninvasive ventilation	330	3	Low	–0.19 (–0.37 to –0.09)	0.40 (0.24-0.63)	
Additional comparisons						
Face mask noninvasive ventilation vs high-flow nasal oxygen	216	1	Low	–0.02 (–0.14 to 0.07)	0.95 (0.69-1.37)	
Helmet noninvasive ventilation vs face mask noninvasive ventilation	83	1	Low	–0.13 (–0.27 to –0.05)	0.48 (0.29-0.76)	
Helmet noninvasive ventilation vs high-flow nasal oxygen	0	0	Low	–0.15 (–0.34 to –0.05)	0.46 (0.26-0.80)	

Risk ratio (95% CrI) 0.1 1 2

(b)

	No. of patients	No. of trials	Quality	Absolute risk difference (95% CrI)	Network risk ratio (95% CrI)	
Compared with standard oxygen						Favors treatment / Favors comparator
Face mask noninvasive ventilation	1725	14	Moderate	-0.06 (-0.15 to -0.01)	0.83 (0.68-0.99)	
High-flow nasal oxygen	1279	3	Moderate	-0.04 (-0.15 to 0.04)	0.87 (0.62-1.15)	
Helmet noninvasive ventilation	330	3	Low	-0.19 (-0.37 to -0.09)	0.40 (0.24-0.63)	
Additional comparisons						
Face mask noninvasive ventilation vs high-flow nasal oxygen	216	1	Low	-0.02 (-0.14 to 0.07)	0.95 (0.69-1.37)	
Helmet noninvasive ventilation vs face mask noninvasive ventilation	83	1	Low	-0.13 (-0.27 to -0.05)	0.48 (0.29-0.76)	
Helmet noninvasive ventilation vs high-flow nasal oxygen	0	0	Low	-0.15 (-0.34 to -0.05)	0.46 (0.26-0.80)	

Risk ratio (95% CrI) 0.1 1 2

(c)

图 4-2-32 森林图和文献原图（续）

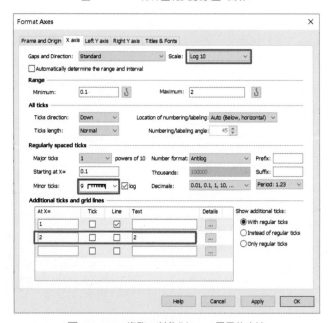

图 4-2-33 修改 X 轴为以 Log₁₀ 显示的方法

4.3　带统计分析的纵列表图形绘制

在纵列表下可以解决学术图表中最常见的样本参数和非参数差异比较问题。

4.3.1　单样本 *t* 检验

单样本 *t* 检验用于研究样本的均数与总体均数是否相等，可以使用 GraphPad Prism 进行快速统计分析，但一般不能绘制图形。在进行单样本 *t* 检验时，默认获得的样本平均数来自正态分布总体；GraphPad Prism 也提供非正态分布下的非参数检验，即使用中位数进行 Wilcoxon 秩和检验。

比如，通过大规模调查已知某地新生儿平均出生体重为 3.30kg，从该地难产儿中随机抽取 35 名新生儿作为研究样本，这些研究样本的平均出生体重为 3.42kg，标准差为 0.4kg，该地难产儿的出生体重与一般新生儿的体重有无差异？

Step1：数据录入

（1）打开 GraphPad Prism，进入欢迎界面，选择纵列表，选中 Enter or import data into a new table 单选按钮，由于已经知道了数量、平均数和标准差等统计量，因此选中 Enter and plot error values already calculated else where 单选按钮，然后单击 Create 按钮，创建数据表。

（2）输入平均值、标准差和数量，如图 4-3-1 所示。

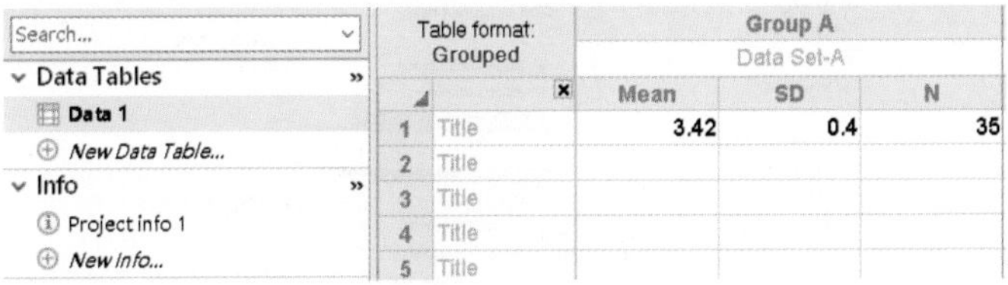

图 4-3-1　输入平均值、标准差和数量

Step2：数据分析

（1）在工具栏的 Analysis 选项组中单击 Analyze 图标，或者在左侧导航栏的 Results 部分选择 New Analysis 选项。如图 4-3-2 所示，在弹出的 Analyze Data 或 Create New Analysis 界面中选择 Column analyses→One sample t and Wilcoxon test 选项，单击 OK 按钮；在参数界面的 Experimental Design 选项卡中选中 One sample t test 单选按钮，然后输入期望值 3.3（总体平均值），单击 OK 按钮。

如果需要进行非参数检验，则在图 4-3-2（b）中选中 Wilcoxon signed-rank test（Wilcoxon 秩和检验）单选按钮，在下面的期望值中输入样本的中位数。此外，在 Experimental Design 选项卡旁边的 Options 选项卡中可以设置显著水平，默认为 0.05。

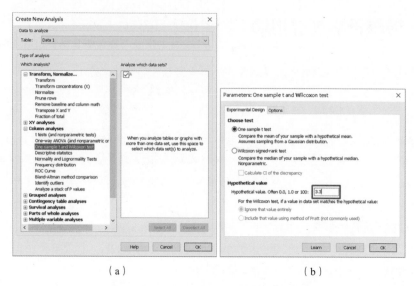

（a）　　　　　　　　　　　　　　　（b）

图 4-3-2　单样本 t 检验方法选择和参数设置

（2）如图 4-3-3 所示，结果表明该地难产儿的出生体重与一般新生儿体重并无差异。

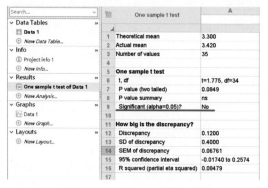

图 4-3-3　单样本 t 检验结果

Step3：图形生成和美化

无。

如果数据是还未经过统计分析的原始数据，则在输入数据时，选择第一种数据格式 Enter replicate values，stacked into columns（输入重复测量值，堆栈到每一列），后续步骤相同。

4.3.2　成组 t 检验——单数据系列柱状图

成组 t 检验，也被称为两独立样本资料的 t 检验，适用于完全随机设计的两样本均数的比较。完全随机设计是指将受试对象随机分配成两个处理组，使每一组随机接受一种处理，并分析和比较两组的处理效果。成组 *t* 检验除了要求数据独立，还要求两组数据所代表的整体服从正态分布且整体的方差相等，即方差齐性。如果不服从正态分布，则需要对数据进行变换或使用非参数检验；如果方差不齐，则需要对数据进行校正、变量转换或非参数检验。

为了解某一新降压药物的效果，将 32 名高血压患者随机等分到试验组和对照组，试验组采用新降压药物治疗，对照组采用标准药物治疗，测得治疗前后舒张压的差值（前-后），如表 4-3-1 所示。问：新降压药物和标准药物的疗效是否不同？

表 4-3-1　两种药物治疗前后舒张压的差值　　　　　　　　单位：mmHg

新药组	标准药	新药组	标准药	新药组	标准药	新药组	标准药	新药组	标准药	新药组	标准药	新药组	标准药	新药组	标准药
10	-2	7	7	18	5	19	-4	8	7	4	8	19	6	12	-3
8	13	13	12	12	3	22	14	6	7	14	9	8	2	14	4

Step1：数据录入

（1）打开 GraphPad Prism，进入欢迎界面，选择纵列表，选中 Enter or import data into a new table 和 Enter replicate values, stacked into columns（输入重复测量值，堆栈到每一列）单选按钮，然后单击 Create 按钮，创建数据表。

（2）如图 4-3-4 所示，输入原始数据，并将其重命名为"成组 *t* 检验"。

图 4-3-4　输入原始数据并重命名

Step2：数据分析

（1）正态性检验。在工具栏的 Analysis 选项组中单击 Analyze 图标或者在左侧导航栏的 Results 部分选择 New Analysis 选项。如图 4-3-5（a）所示，在弹出的 Analyze Data 或 Create New Analysis 界面中选择 Column analyses→Normality and Lognormality Tests 选项，默认勾选 A、B 两列数据，单击 OK 按钮。在新出现的 Parameters：Normality and Lognormality Tests 界面中，保持默认设置，即采用 4 种方法进行正态性检验，单击 OK 按钮，如图 4-3-5（b）所示。

如图 4-3-6 所示，4 种正态性检验方法的结果都表明数据服从正态分布。如果 4 种正态性检验结果不同,则官方最为推荐使用 D'Agostino-Pearson 法,最不推荐使用 Kolmogorov-Smirnov 法。

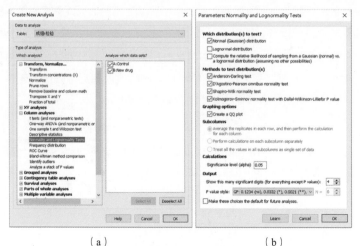

（a） （b）

图 4-3-5 正态性检验

Normality and Lognormality Tests Tabular results	A Control	B New drug
1 Test for normal distribution		
2 Anderson-Darling test		
3 A2*	0.2756	0.3359
4 P value	0.6097	0.4615
5 Passed normality test (alpha=0.05)?	Yes	Yes
6 P value summary	ns	ns
7		
8 D'Agostino & Pearson test		
9 K2	0.3958	1.117
10 P value	0.8204	0.5722
11 Passed normality test (alpha=0.05)?	Yes	Yes
12 P value summary	ns	ns
13		
14 Shapiro-Wilk test		
15 W	0.9558	0.9521
16 P value	0.5867	0.5234
17 Passed normality test (alpha=0.05)?	Yes	Yes
18 P value summary	ns	ns
19		
20 Kolmogorov-Smirnov test		
21 KS distance	0.1096	0.1572
22 P value	>0.1000	>0.1000
23 Passed normality test (alpha=0.05)?	Yes	Yes
24 P value summary	ns	ns
25		
26 Number of values	16	16

图 4-3-6 正态性检验结果

（2）在工具栏的 Analysis 选项组中单击 ⊞ Analyze 图标或者在左侧导航栏的 Results 部分选择 New Analysis 选项。如图 4-3-7（a）所示,在弹出的 Analyze Data 或 Create New Analysis 界面中,选择 Column analyses→t tests（and nonparametric tests）选项,默认勾选 A、B 两列数据,单击 OK 按钮;在参数界面的 Experimental Design 选项卡中保持全部选项的默认设置,单击 OK 按钮。

在图 4-3-7（b）中,由于正态性检验已经通过,所以选中 Yes, Use parametric test 单选按钮,此处不需要修改;图 4-3-7（b）底部的 t 检验方法默认选中 Unpaired t test. Assume both populations have the same SD 单选按钮,也就是说,默认为方差齐性,但具体是怎样的,还需要进一步查看分析结果。

　　Experimental Design 选项卡旁边的 Residuals（残差）选项卡是 GraphPad Prism 8.0 之后引进的功能，如图 4-3-7（c）所示，可以通过绘制残差相关图形来辅助判断是否为正态分布、方差齐性，以及是否需要校正，尤其在样本量比较大、方差分析不显著时通过残差图进行一定的主观性判断可能更为准确，但需要我们具有专业知识。软件默认不勾选任何内容。Options 选项卡一般不需要被修改，保持软件推荐的参数设置即可，但要查看 Report differences as 的设置是否符合一般理解规律，如这里选择 New drug-Control 选项，将试验组与对照组进行比较，如图 4-3-7（d）所示。GraphPad Prism 9 新增了估计图（Estimation Plot），可以将均值差的 95% 置信区间用图表示出来，也可以用来快速判断差异是否显著。

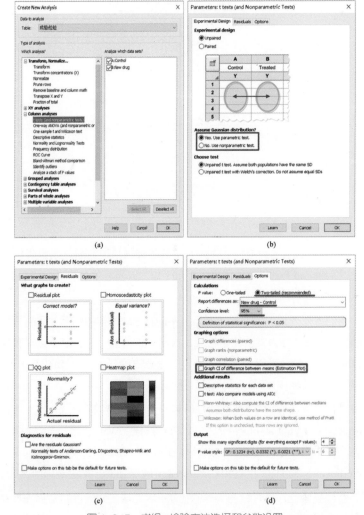

图 4-3-7　成组 t 检验方法选择和参数设置

如果上一步正态性检验未通过,则需要对数据进行转换或者选中No,Use nonparametric test（使用非参数检验）单选按钮，如图 4-3-8 所示。对于成组数据，非参数检验使用的方法是Mann-Whitney 检验法，结果与成组 t 检验类似，而如果使用 Mann-Whitney 检验法，由于这是秩和检验，因此后面的图形建议绘制中位数和四分位间距的箱线图。

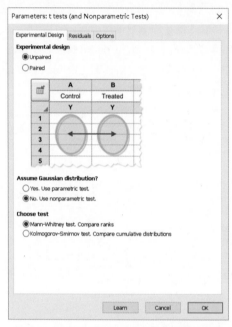

图 4-3-8　正态性检验未通过使用非参数检验

（3）如图 4-3-9 所示，首先查看图中①所示的方差齐性检验结果，结果表明方差差异不显著，即方差齐性。GraphPad Prism 默认采用 $P > 0.05$ 作为方差齐性的判断标准，如果严格一点，也可以采用 $P > 0.1$ 作为判断标准。

这里采用的判断方差齐性的方法是 F 检验（F-test），最常用的别名为联合假设检验（Joint hypotheses test），此外也被称为方差比率检验、方差齐性检验。F 检验由美国数学家兼统计学家 George W. Snedecor 命名，以纪念英国统计学家兼生物学家罗纳德·费雪（Ronald Aylmer Fisher），最初被称为方差比率（Variance ratio）检验。

如果方差齐性检验不通过，则需要重新进行第二步，并在图 4-3-7(b)中选中 Unpaired t test with Welch's correction. Do not assume equal SDs 单选按钮。Welch 校正法是当两总体样本方差不齐时，对两独立样本均数进行比较的方法，也被称为 Welch 法近似 t 检验，是一种 t' 检验。t' 检验还有 Scatterthwaite 法近似 t 检验和 Cochran & Cox 法近似 t 检验近似。

如果方差齐性检验通过，再查看图 4-3-9 中②所示区域，判断两组数据在成组 t 检验下是否具有显著差异。这里 $P = 0.0014 < 0.01$，差异极显著，可以用两颗星**表示该差异显著性。

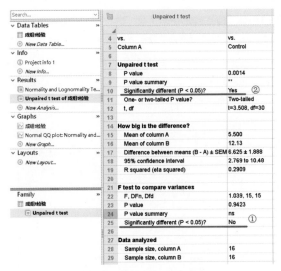

图 4-3-9　成组 t 检验结果

Step3：图形生成和美化

（1）在左侧导航栏的 Graphs 部分单击同名图片文件，弹出 Change Graph Type 绘图引导界面，默认绘制柱状图，当然也可以选择其他图形。

（2）把坐标轴标题和图标题删除，将所有字体都改为 10pt、Arial、非加粗形式，将坐标轴的粗细改为 1/2pt，在工具栏的 Change 选项组中选择预设的图形颜色主题为 Colorblind Safe，如图 4-3-10 所示。

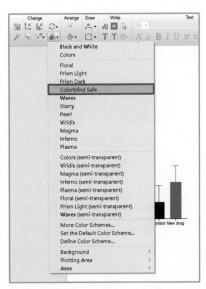

图 4-3-10　图形整体美化

（3）如图 4-3-11 所示，在工具栏的 Draw 选项组中找到带文本框的朝下的显著性标记连线，然后会出现一个铅笔图标，使用该铅笔图标直接在某个柱形图的误差线上面绘制出连线；该连线上有 3 个蓝色小方块（控制柄），可以控制线条各段的长度和位置；调整好长度和位置之后，双击该连线可以进入其格式设置界面，设置该连线的粗细、形状、填色等格式。这里只修改其粗细为 1/2pt，与坐标轴线条粗细保持一致。

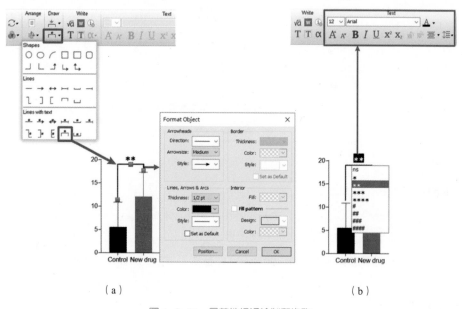

（a）　　　　　　　　　　　　　　　　　（b）

图 4-3-11　显著性标记绘制和修改

单击表示极显著差异的两颗星**，会出现下拉列表，可以在此修改符号形式；还可以通过工具栏的 Text 选项组进行字体、颜色、大小、加粗与否的修改。这里只修改其大小为 10pt，与坐标轴标签文字保持一致。

除了手动绘制显著性标记，GraphPad Prism 9 还新增了自动添加统计结果的功能。在进行对应的统计分析之后，单击 Draw 选项组中的图标，即可自动添加连线和显著性标志，在 t 检验和单因素方差分析中比较实用，尤其是在单因素方差分析中会很省事。

最终将获得如图 4-3-12（a）所示的效果。如果选择纵列表下的其他图形类型，并进行与上述步骤类似的修改与美化，将获得如图 4-3-12（b）~图 4-3-12（f）所示的效果等。如果在图 4-3-7（d）中勾选了 Graph CI of difference between means（Estimation Plot）复选框，则将获得如图 4-3-12（g）所示的效果。也就是说，除了常规的柱状图，还将多出来一个两样本均值差±95%置信区间的图示，即估计图。这个估计图除了表示均值差置信区间，还可以用来判断差异是否显著。如果上下误差线包含 0（右纵坐标）则表示差异不显著，否则表示差异显著。这里明显远离 0，所以可以判断其差异显著。在后面的配对 t 检验中也可以生成估计图。

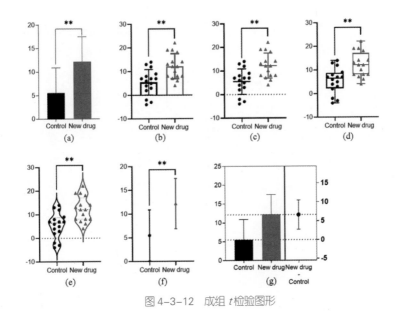

图 4-3-12　成组 t 检验图形

4.3.3　配对 t 检验

配对 t 检验是单样本 t 检验的特例。配对 t 检验采用配对设计方法观察以下几种情形：①配对的两个受试对象分别接受两种不同的处理；②同一受试对象接受两种不同的处理；③对同一受试对象处理前后的结果进行比较（即自身配对），如患病/服药前后某指标变化；④对同一对象的两个部位给予不同的处理，如同一个体癌组织和癌旁组织的某基因表达。在配对设计中，两组数据的个数相等，且一一对应，配对 t 检验适合绘制前后图（Before and After）。

比如，某遗传病区 12 名患者患病前后的血磷值如表 4-3-2 所示，该地区患者患病前后血磷值是否不同？

表 4-3-2　某遗传病区 12 名患者患病前后的血磷值　　　　　单位：mmol/L

患病前	患病后	患病前	患病后	患病前	患病后	患病前	患病后	患病前	患病后	患病前	患病后
0.62	0.89	0.73	1.47	1.28	1.45	1.49	1.64	1.18	2.03	1.34	2.18
0.81	1.32	0.63	1.62	1.12	1.43	0.92	1.54	0.96	1.37	1.24	1.69

Step1：数据录入

（1）打开 GraphPad Prism，进入欢迎界面，选择纵列表，选中 Enter paired or repeated measures data-each subject on a separate row（输入配对或多次测量值，每行表示一个实验对象）单选按钮，然后单击 Create 按钮，创建数据表。

（2）如图 4-3-13 所示，分两组输入原始数据并将两组数据分别命名为 Before 和 After，然后录入前后两组数据的差值 Diff（用于配对 t 检验的正态性检测），将数据表重命名为"配对 t

检验"。这里需要注意的是，在配对设计中，两组数据的个数相等，且一一对应，可以填入 Title 作为区分标签，这里没有填写。

Table format: Column		Group A	Group B	Group C
		Before	After	Diff
	×			
1	Title	0.62	0.89	0.27
2	Title	0.81	1.32	0.51
3	Title	0.73	1.47	0.74
4	Title	0.63	1.62	0.99
5	Title	1.28	1.45	0.17
6	Title	1.12	1.43	0.31
7	Title	1.49	1.64	0.15
8	Title	0.92	1.54	0.62
9	Title	1.18	2.03	0.85
10	Title	0.96	1.37	0.41
11	Title	1.34	2.18	0.84
12	Title	1.24	1.69	0.45
13	Title			

图 4-3-13　配对 t 检验数据输入

Step2：数据分析

（1）正态性检验。这里只检验差值的正态性，如图 4-3-14（a）所示，其余设置与 4.3.2 节所用正态性检验方法相同。如图 4-3-14（b）所示，4 种正态性检验方法的结果都表明数据服从正态分布。

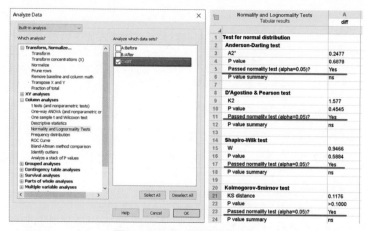

图 4-3-14　正态性检验及结果

（2）在工具栏的 Analysis 选项组中单击 Analyze 图标或者在左侧导航栏的 Results 部分选择 New Analysis 选项。如图 4-3-15（a）所示，在弹出的 Analyze Data 或 Create New Analysis 界面中选择 Column analyses→t tests（and nonparametric tests）选项，默认勾选 A、B 两列数据，单击 OK 按钮；在参数界面中的选项全部保持默认设置，单击 OK 按钮。

在图 4-3-15（b）中选中 Paired 单选按钮，由于中间的正态性检验已经通过，因此选中 Yes，Use parametric test 单选按钮，底部的 t 检验方法默认为 Paired t test（differences between paired values are consistent），也就是说，默认为配对数据之间差异连续，符合实际情况。

如果正态性检验未通过或者根据实际情况，需要采用非参数检验。对于配对数据，非参数检验使用的方法是 Wilcoxon 检验法，结果与配对 t 检验类似，而如果使用 Wilcoxon 检验，由于这是秩和检验，因此后面的图形建议绘制中位数和四分位间距的箱线图。

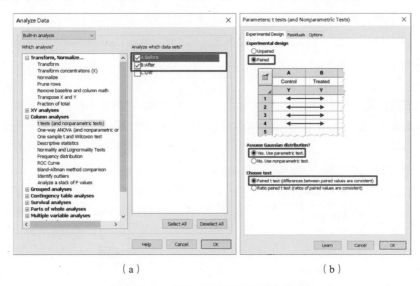

（a）　　　　　　　　　　　　　　（b）

图 4-3-15　配对 t 检验方法选择和参数设置

（3）如图 4-3-16 所示，首先查看图中①所示的配对 t 检验结果，$P < 0.05$，表明配对有效。GraphPad Prism 通过计算 Pearson 相关系数 r 和相应的 P 值来测试配对的有效性。如果 P 值较小，则两组数据之间具有显著相关性，使用配对测试是合理的；如果 P 值较大（如大于 0.05），则应质疑使用配对测试是否有意义。当然，在实际过程中，是否使用配对测试不应仅考虑 P 值，还应考虑实验设计和其他类似实验的结果。

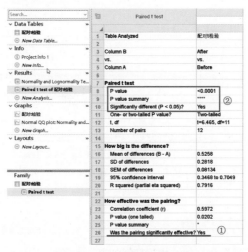

图 4-3-16　配对 t 检验结果

然后查看图 4-3-16 中②所示区域，$P < 0.0001$，表示差异非常显著，可以用四颗星****表示该差异显著性。

Step3：图形生成和美化

（1）在左侧导航栏的 Graphs 部分单击同名图片文件，弹出 Change Graph Type 绘图引导界面，选择前后图，如图 4-3-17 所示。

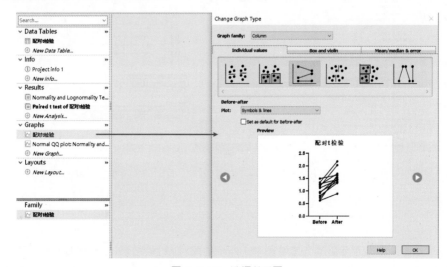

图 4-3-17　选择前后图

（2）把坐标轴标题和图标题删除，将所有字体都改为 11pt、Arial、非加粗形式，将坐标轴的粗细改为 1pt，将前后数据点分别改为绿色和洋红色，按照 5.3.2 节相关内容绘制显著标记连线，最终获得如图 4-3-18 所示的效果。

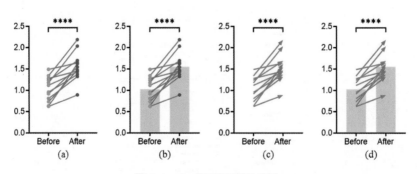

图 4-3-18　图形整体美化效果

4.3.4　普通单因素方差分析

t 检验针对的是两组计量资料的均数比较，如果是多于两组（$k > 2$）样本的均数比较，则 t

检验将不再适用，而方差分析（Analysis of Variance，ANOVA）是解决这个问题的重要分析方法。纵列表下能够进行的是各种单因素方差分析如表 4-3-3 所示。其中，普通单因素方差分析（Ordinary one-way ANOVA，也被称为完全随机设计的方差分析）的使用频率最高，是成组 t 检验的扩大化。因此，进行普通单因素方差分析的前提和 t 检验一样，也需要独立样本符合正态分布和方差齐性，否则将采用相关非参数检验或校正方差分析。

表 4-3-3　各种单因素方差分析

检 验 方 法	数据是否独立	是否方差齐性	检 验 形 式
普通单因素方差分析	是	是	参数检验
Brown-Forsythe & Welch 方差分析	是	否	参数检验
重复测量单因素方差分析	否	多元方差齐性	参数检验
Kruskal-Wallis 检验	是	—	非参数检验
Friedman 检验	否	—	非参数检验

下面以普通单因素方差分析为例讲解整个方差分析和绘图的过程。假设有 40 只患高脂血症的大鼠被随机分为 4 组，测试 3 种药物的降血脂能力，得到各组大鼠血清中甘油三酯（TG）浓度值，如表 4-3-4 所示。问：不同药物对大鼠是否具有显著降血脂的效果？

表 4-3-4　各组大鼠血清中甘油三酯浓度值　　　　　单位：mmol/L

对 照 组	药 物 1	药 物 2	药 物 3
1.75	1.23	1.56	1.12
1.68	1.54	1.67	1.35
1.92	1.36	1.82	0.96
1.82	1.78	1.59	1.31
1.86	1.34	1.72	1.21
1.71	1.78	1.66	1.16
1.83	1.22	1.73	1.51
1.97	1.39	1.32	1.39
1.56	1.29	1.79	0.97
1.59	1.66	1.85	1.09

Step1：数据录入

（1）打开 GraphPad Prism，进入欢迎界面，选择纵列表，选中 Enter or import data into a new table 和 Enter replicate values，stacked into columns（输入重复测量值，堆栈到每一列）单选按钮，然后单击 Create 按钮，创建数据表。

（2）如图 4-3-19 所示，分 4 组输入原始数据并对各组命名，将数据表重命名为"降脂新药测试"。

| | Group A | Group B | Group C | Group D |
	Control	New Drug1	New Drug2	New Drug3
1	1.75	1.23	1.56	1.12
2	1.68	1.54	1.67	1.35
3	1.92	1.36	1.82	0.96
4	1.82	1.78	1.59	1.31
5	1.86	1.34	1.72	1.21
6	1.71	1.78	1.66	1.16
7	1.83	1.22	1.73	1.51
8	1.97	1.39	1.32	1.39
9	1.56	1.29	1.79	0.97
10	1.59	1.66	1.85	1.09

图 4-3-19 单因素方差分析数据输入

Step2：数据分析

（1）正态性检验。与 4.3.2 节所用的正态性检验方法相同，4 种正态性检验方法的结果都表明数据服从正态分布。

（2）在工具栏的 Analysis 选项组中单击 Analyze 图标或者在左侧导航栏的 Results 部分选择 New Analysis 选项。如图 4-3-20（a）所示，在弹出的 Analyze Data 或 Create New Analysis 界面中选择 Column analyses→One-way ANOVA（and nonparametric or mixed）选项，默认勾选 A、B、C、D 四列数据，单击 OK 按钮；在参数界面中的选项全部保持默认设置，单击 OK 按钮。

如图 4-3-20(b)所示，在 Experimental Design（实验设计）选项卡中的顶部选中 No matching or pairing（非重复非配对数据）单选按钮，即独立数据。

中间的正态性检验已经通过，所以选中 Yes, Use ANOVA 单选按钮，即采用 ANOVA 检验。如果正态性检验未通过，则选择非参数检验，GraphPad Prism 在这种情况下使用的是 Kruskal-Walls 检验法，这也是一种秩和检验，思路和 Wilcoxon 秩和检验类似。Kruskal-Walls 检验结果查看和普通单因素方差分析类似，后面的图形则建议绘制中位数和四分位间距的箱线图。

底部的方差检验方法默认为 Yes, Use ordinary ANOVA test，也就是说，默认为方差齐性并使用普通方差分析；但事实如何，还需要进一步查看分析结果。

如图 4-3-20(c)所示，在 Multiple Comparisons(多重比较)选项卡中选中 Compare the mean of each column with the mean of a control column 单选按钮，与设定的组别进行比较，然后将 Control column 设置为 Column A：Control，则各组都将与 Control 组进行比较。

如图 4-3-20（d）所示，在 Options（选项）选项卡中，多重比较的方法选择 Dunnett 法，其他参数保持默认设置。

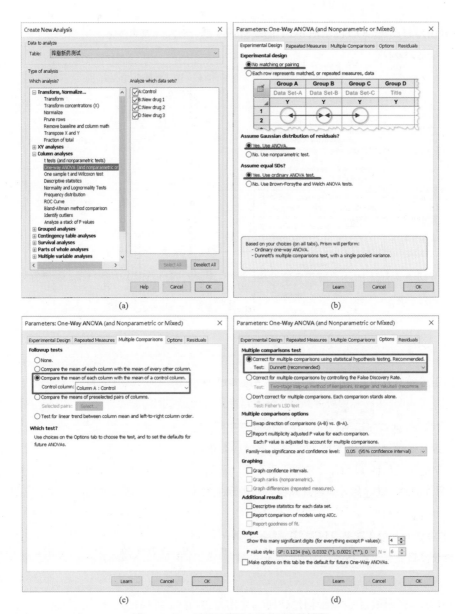

图 4-3-20　普通单因素方差分析参数设置

根据两两比较的形式不同，GraphPad Prism 分别提供了多种单因素方差分析多重比较方法，如表 4-3-5 所示。一般而言，对于任意组别的两两比较，当比较的组数大于或等于 4 组时，推荐使用 Turkey 法进行多重比较；当比较的组数小于或等于 3 组时，Turkey 法和 Bonferroni 法都可以使用；当试验组与对照组比较时，首选 Dunnett 法；当比较指定组别时，Bonferroni 法最为常用，也可以使用 Šídák 法。

表 4-3-5　GraphPad Prism 提供的单因素方差分析多重比较方法

多重比较形式	是否报告置信区间	多重比较方法
任意组别之间均数两两比较	是	Tukey 法（推荐）、Bonferroni 法、Šídák 法
	否	Holm-Šídák 法（首选）、Newman-Keuls 法（不推荐）、Dunn 法（非参数检验）
所有组别均数与对照组比较	是	Dunnett 法（推荐）、Bonferroni 法、Šídák 法
	否	Holm-Šídák 法、Dunn 法（非参数检验）
比较指定组别（最多 40 组）	是	Bonferroni 法（最常用）、Šídák 法（推荐）
	否	Holm-Šídák 法、Dunn 法（非参数检验）
线性趋势比较：各组平均值与组别顺序是否相关	否	检测线性趋势，仅在单因素方差分析下可用

（3）如图 4-3-21 所示，首先查看图中①所示的方差齐性检验，$P > 0.05$，表示方差差异不显著，也就是说，方差齐性检验通过。

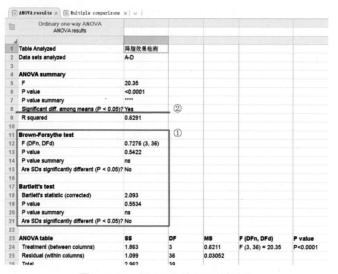

图 4-3-21　单因素方差分析检验结果

如果方差齐性检验未通过，则返回上一步，在如图 4-3-20（b）所示的 Experimental Design（实验设计）选项卡的底部选中 No, Use Brown-Forsythe and Welch ANOVA tests 单选按钮。这是两种方差分析方法，建议在大多数情况下使用 Welch 法检验的结果，因为它不仅效率更高，而且可以将 Alpha 保持在所需水平。在数据不对称的情况下可使用 Brown-Forsythe 法检验的结果。

GraphPad Prism 提供两种方差齐性的检验方法：Bartlett 法和 Brown-Forsythe 法。Bartlett 法在数据服从正态分布时效率很高，但对正态分布敏感，一旦偏离了正态分布，该方法的效果就不佳；如果偏离正态分布，则建议使用 Brown-Forsythe 法，Brown-Forsythe 法是 Levene 检验的改进版。判断是否偏离正态分布，除了查看正态性检验的 P 值，还可以通过绘制残差图进行判断。

然后查看 ANOVA summary，结果表明方差分析差异显著。然而，究竟哪些组不同，需要进一步对多个样本均数进行两两比较或多重比较。

如图 4-3-22 所示，Dunnett 法检验结果表明：Control 组和 New Drug1 在 0.0010 水平差异显著（***）；Control 组和 New Drug2 差异不显著（ns），Control 组和 New Drug3 在 0.0001 水平差异显著（****）。

Ordinary one-way ANOVA Multiple comparisons								
1 Number of families	1							
2 Number of comparisons per family	3							
3 Alpha	0.05							
4								
5 Sidak's multiple comparisons test	Mean Diff.	95.00% CI of diff.	Significant?	Summary	Adjusted P Value	A-?		
6 Control vs. New Drug1	0.3100	0.1144 to 0.5056	Yes	***	0.0010	B	New Drug1	
7 Control vs. New Drug2	0.09800	-0.09763 to 0.2936	No	ns	0.5214	C	New Drug2	
8 Control vs. New Drug3	0.5620	0.3664 to 0.7576	Yes	****	<0.0001	D	New Drug3	
9								
10 Test details	Mean 1	Mean 2	Mean Diff.	SE of diff.	n1	n2	t	DF
11 Control vs. New Drug1	1.769	1.459	0.3100	0.07813	10	10	3.968	36
12 Control vs. New Drug2	1.769	1.671	0.09800	0.07813	10	10	1.254	36
13 Control vs. New Drug3	1.769	1.207	0.5620	0.07813	10	10	7.193	36

图 4-3-22　单因素方差分析多重比较结果

Step3：图形生成和美化

（1）在左侧导航栏的 Graphs 部分单击同名图片文件，弹出 Change Graph Type 绘图引导界面，选择柱状图，如图 4-3-23 所示。

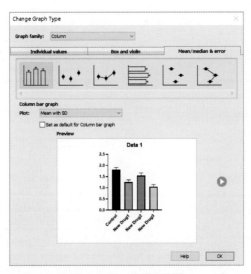

图 4-3-23　选择柱状图

（2）把 X 轴标题和图标题删除，将所有字体都改为 10pt、Arial、非加粗形式，将坐标轴的粗细改为 1pt，设置颜色主题为 Waves，按照 4.3.2 节相关内容绘制显著标记，根据实际情况调整坐标轴长度，最终获得如图 4-3-24 所示的效果。

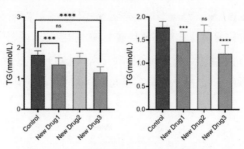

图 4-3-24 单因素方差分析柱状图效果

通过分析和绘图可知，相比于对照组，新药 2 降低血清中 TG 浓度值的效果不显著，新药 1 和新药 3 则非常显著。

如果现在要问的是，哪一种新药效果最好？或者说新药 1 和新药 3 哪种效果更好？差异是否显著？回答这些问题需要在 Multiple Comparisons（多重比较）选项卡中不再选择只与对照组比较，而是选择两两比较，或者指定试验组进行比较。

如图 4-3-25 所示，在试验一开始就想知道 3 种新药的效果对比，那么在 Multiple Comparisons（多重比较）选项卡中可以选中 Compare the mean of each column with the mean of every other column 单选按钮，意思是任意两组之间都进行比较。在对应的 Options（选项）选项卡中，推荐选择 Turkey 法进行多重比较，当比较组数小于或等于 3 组时，也可以选择 Bonferroni 法。

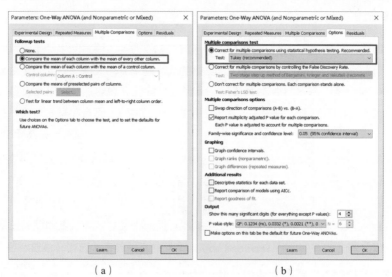

(a)　　　　　　　　　　　　(b)

图 4-3-25 任意组别多重比较

　　任意组别多重比较的方差分析结果与前面的结果类似，但多重比较包含的信息会更多，将各组之间的比较结果都展现了出来，如图 4-3-26 所示。

	Tukey's multiple comparisons test	Mean Diff.	95.00% CI of diff.	Significant?	Summary	Adjusted P Value	
5	Tukey's multiple comparisons test	Mean Diff.	95.00% CI of diff.	Significant?	Summary	Adjusted P Value	
6	Control vs. New Drug1	0.3126	0.1068 to 0.5183	Yes	**	0.0013	A-B
7	Control vs. New Drug2	0.09800	-0.1078 to 0.3038	No	ns	0.5797	A-C
8	Control vs. New Drug3	0.5620	0.3562 to 0.7678	Yes	****	<0.0001	A-D
9	New Drug1 vs. New Drug2	-0.2146	-0.4203 to -0.008771	Yes	*	0.0383	B-C
10	New Drug1 vs. New Drug3	0.2494	0.04367 to 0.4552	Yes	*	0.0123	B-D
11	New Drug2 vs. New Drug3	0.4640	0.2582 to 0.6698	Yes	****	<0.0001	C-D
13	Test details	Mean 1	Mean 2	Mean Diff.	SE of diff.	n1	n2	q	DF
14	Control vs. New Drug1	1.769	1.456	0.3126	0.07641	10	10	5.785	36
15	Control vs. New Drug2	1.769	1.671	0.09800	0.07641	10	10	1.814	36
16	Control vs. New Drug3	1.769	1.207	0.5620	0.07641	10	10	10.40	36
17	New Drug1 vs. New Drug2	1.456	1.671	-0.2146	0.07641	10	10	3.971	36
18	New Drug1 vs. New Drug3	1.456	1.207	0.2494	0.07641	10	10	4.617	36
19	New Drug2 vs. New Drug3	1.671	1.207	0.4640	0.07641	10	10	8.588	36

图 4-3-26　方差分析两两比较结果

　　如果对新药降低 TG 浓度值的效果有把握，只是不知道哪种效果更好，或者只想评价新药 1 和新药 3 之间的降低 TG 浓度值的效果，则可以在 Multiple Comparisons（多重比较）选项卡中选中 Compare the mean of preselect pairs of columns 单选按钮，即选择指定组别进行多重比较，单击 Select 按钮之后可以指定哪些组别进行比较；而在 Options（选项）选项卡中，推荐使用 Šídák 法进行多重比较，如图 4-3-27 所示。

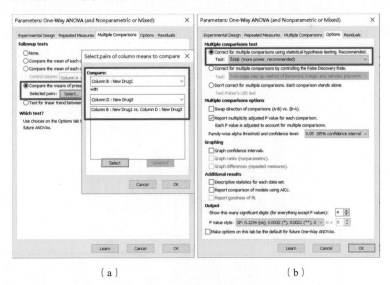

（a）　　　　　　　　　　　　　　　（b）

图 4-3-27　指定组别多重比较

　　指定组别多重比较的方差分析结果与前面的结果类似，但多重比较只显示指定组别的结果，如图 4-3-28 所示。

	Ordinary one-way ANOVA Multiple comparisons							
1	Number of families	1						
2	Number of comparisons per family	1						
3	Alpha	0.05						
4								
5	Sidak's multiple comparisons test	Mean Diff.	95.00% CI of diff.	Significant?	Summary	Adjusted P Value		
6	New Drug1 vs. New Drug3	0.2520	0.09355 to 0.4104	Yes	**	0.0027	B-D	
7								
8	Test details	Mean 1	Mean 2	Mean Diff.	SE of diff.	n1	n2	t	DF
9	New Drug1 vs. New Drug3	1.459	1.207	0.2520	0.07813	10	10	3.226	36
10								

图 4-3-28　指定组别多重比较的结果

　　任意组别和指定组别多重比较的结果在绘图标注时不太一样。任意组别多重比较在组数较少时，可以利用"连线+标注"的方式标注组间差异，如果涉及的组数较多时，还可以使用字母标注比较结果：①先将平均数由大到小排列，在最大平均值（在图形中则是找到第一高的柱子）上标注字母 a，此处是 Control；②向下寻找各平均数（图形中则是第二高、第三高……的柱子），比较和第一高的柱子的差异是否显著，如果差异不显著则都标注为字母 a，直到遇到与其差异显著的平均数，将其标注为字母 b，终止向下比较过程，此处是在 New Drug2 上标注字母 a，而在 New Drug1 上标注字母 b；③以标注字母 b 的平均数为标准，依次与它上方的各个平均数进行比较，将差异不显著的都标注为字母 b，直至显著为止，此处是 New Drug1 与 New Drug2 差异显著，则终止向上比较过程；然后依次与它下面各个未标注字母的平均数进行比较，方法同②，此处是在 New Drug3 上标注字母 c；④重复③的过程，直至把所有平均数都标注完成。

　　由于不同组别之间的显著水平不同，这种整体的字母标注只能以所有组别中最高的显著水平（$P=0.05$）来表示。如图 4-3-29（a）所示，字母相同表示差异不显著，而字母不相同则表示差异显著（$P = 0.05$）。

　　由于指定组别多重比较的组别数不多，因此采用"连线+标注"的形式即可，如图 4-3-29（b）所示。

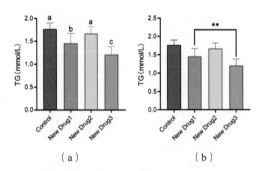

（a）　　　　　　　　　（b）

图 4-3-29　任意组别和指定组别多重比较的柱状图

4.3.5　随机区组设计单因素方差分析

　　随机区组设计（Randomized block design）又被称为配伍设计，其做法是先将受试对象按照条件相同或相近组成 m 个区组（或者称为配伍块），且每个区组中有 k 个受试对象，再将其随机地分配到 k 个处理组中。相比于完全随机设计，随机区组设计可以进行局部控制，将区组因素导致的变异分离出来，减少了随机误差，提高了试验效率。随机区组设计的方差分析属于无重复数据的两因素方差分析，但是区组因素并不是令人感兴趣的试验因素，且区组因素与试验因素之间不存在交互作用，因此放在 One-way ANOVA 里面进行分析。

比如，要测试 3 种饲料对小鼠体重增加的影响，可根据窝别准备 10 组小鼠，且每组 4 只小鼠均来自同一窝，然后将 4 只小鼠随机分配到对照组和 3 个饲料组进行饲喂。

Step1：数据录入

（1）打开 GraphPad Prism，进入欢迎界面，选择纵列表，选中 Enter paired or repeated measures data-each subject on a separate row（输入配对或多次测量值，每行表示一个实验对象）单选按钮，然后单击 Create 按钮，创建数据表。

（2）如图 4-3-30 所示，分 4 组输入原始数据并对各组命名，将数据表重命名为"随机区组设计"。

Table format: Column	Group A Control	Group B Feed1	Group C Feed2	Group D Feed3
	x			
1	1	35	32	52	55
2	2	41	33	51	56
3	3	32	29	45	45
4	4	32	29	44	38
5	5	37	31	41	43
6	6	36	29	39	44
7	7	39	27	48	52
8	8	32	29	33	34
9	9	33	28	48	43
10	10	34	31	42	45

图 4-3-30　随机区组设计单因素方差分析数据输入

Step2：数据分析

（1）正态性检验。与 4.3.2 节所用正态性检验方法相同。

如图 4-3-31 所示，前面 3 种正态性检验方法的结果都表明数据服从正态分布，而 Feed1 这一组 Kolmogorov-Smirnov 检验未通过，但正态性检验一般不参考 K-S 法的结果。

（2）在工具栏的 Analysis 选项组中单击 Analyze 图标或者在左侧导航栏的 Results 部分选择 New Analysis 选项。如图 4-3-32（a）所示，在弹出的 Analyze Data 或 Create New Analysis 界面中选择 Column analyses→One-way ANOVA（and nonparametric or mixed）选项，默认勾选 A、B、C、D 四列数据，单击 OK 按钮；在参数界面中的选项全部保持默认设置，单击 OK 按钮。

如图 4-3-32（b）所示，在 Experimental Design（实验设计）选项卡中的顶部选中 Each row represents matched, or repeated measures, data 单选按钮，即每行为配伍数据或重复测量数据。

中间的正态性检验已经通过，所以选中 Yes, Use ANOVA 单选按钮。如果正态性检验未通过，则使用非参数检验。GraphPad Prism 在这种情况下使用的是 Friedman 检验法。Friedman 检验法可以比较 3 组或更多配伍数据或重复测量数据。

Normality and Lognormality Tests Tabular results	A Control	B Feed1	C Feed2	D Feed3
1 **Test for normal distribution**				
2 **Anderson-Darling test**				
3 A2*	0.3807	0.4188	0.1807	0.3695
4 P value	0.3292	0.2617	0.8867	0.3520
5 Passed normality test (alpha=0.05)?	Yes	Yes	Yes	Yes
6 P value summary	ns	ns	ns	ns
7				
8 **D'Agostino & Pearson test**				
9 K2	1.336	0.4693	0.7548	0.1095
10 P value	0.5128	0.7909	0.6856	0.9467
11 Passed normality test (alpha=0.05)?	Yes	Yes	Yes	Yes
12 P value summary	ns	ns	ns	ns
13				
14 **Shapiro-Wilk test**				
15 W	0.9003	0.9339	0.9644	0.9347
16 P value	0.2209	0.4874	0.8349	0.4957
17 Passed normality test (alpha=0.05)?	Yes	Yes	Yes	Yes
18 P value summary	ns	ns	ns	ns
19				
20 **Kolmogorov-Smirnov test**				
21 KS distance	0.1620	0.2653	0.1378	0.2283
22 P value	>0.1000	0.0445	>0.1000	>0.1000
23 Passed normality test (alpha=0.05)?	Yes	No	Yes	Yes
24 P value summary	ns	*	ns	ns
25				
26 **Number of values**	10	10	10	10

图 4-3-31　随机区组设计单因素方差分析正态性检验结果

底部的球性（Sphericity）假设检验默认选择非球性选项 No, Use the Geisser-Greenhouse correction. Recommended，在随机区组设计中，每一行明确代表一个配伍（Matching）区组，选择球性选项 Yes，no correction。

如图 4-3-32（c）所示，在 Repeated Measures（重复测量）选项卡中，GraphPad Prism 进行重复测量数据分析有两种方法：一种是重复测量方差分析（Repeated measures ANOVA），基于一般线性模型（General linear model，GLM），这种方法不能有缺失值（Missing values），如果有则不能进行处理和计算，需要把缺失值所在区组都删除；另一种是混合效应模型（Mixed-effects model），这个模型别称很多，常见的有多水平模型（Multilevel model）、分层线性模型（Hierarchical linear model）、随机效应模型（Random effect model）等，这种方法可以处理缺失值，适用范围比重复测量方差分析更广。GraphPad Prism 默认根据是否有缺失值来判断使用重复测量方差分析还是使用混合效应模型，不需要修改。选项卡底部是对于随机效应为 0 或负数时的两种处理方式：一种是从模型中删除该对象并重新拟合，另一种是照常分析。GraphPad Prism 建议先删除再拟合。

此外，在 Multiple Comparisons（多重比较）选项卡中选中 Compare the mean of each column with the mean of every other column 单选按钮，即在任意两组之间都进行多重比较；在对应的

Options（选项）选项卡中推荐选择 Turkey 法，并勾选 Swap direction of comparisons（A–B）vs.（B–A）复选框，即调换比较方向，如图 4-3-32（d）所示，这里是根据数据变化来选择的。如果在后续结果中不符合格式要求，则可以再次分析，或者修改分析选项。

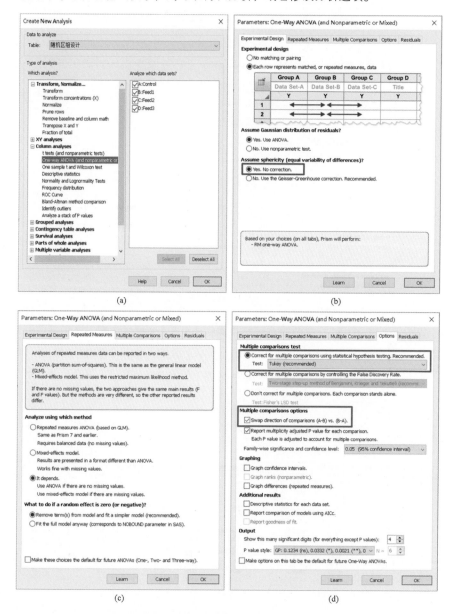

图 4-3-32　随机区组设计单因素方差分析设置

（3）如图 4-3-33 所示，首先查看图中①所示的配伍显著性检验，$P = 0.0009 < 0.05$，表明

配伍显著；然后查看图中②所示的方差分析结果，结果表明在球性假设下方差分析差异显著（$P < 0.0001$）。

ANOVA results × | Multiple comparisons ×

	RM one-way ANOVA ANOVA results					
1	Table Analyzed	随机区组设计				
2						
3	**Repeated measures ANOVA summary**					
4	Assume sphericity?	Yes ②				
5	F	44.86				
6	P value	<0.0001				
7	P value summary	****				
8	Statistically significant (P < 0.05)?	Yes				
9	R squared	0.8329				
10						
11	**Was the matching effective?**					
12	F	4.673 ①				
13	P value	0.0009				
14	P value summary	***				
15	Is there significant matching (P < 0.05)?	Yes				
16	R squared	0.2065				
17						
18	**ANOVA table**	SS	DF	MS	F (DFn, DFd)	P value
19	Treatment (between columns)	1698	3	565.9	F (3, 27) = 44.86	P<0.0001
20	Individual (between rows)	530.5	9	58.95	F (9, 27) = 4.673	P=0.0009
21	Residual (random)	340.6	27	12.61		
22	Total	2569	39			
23						
24	**Data summary**					
25	Number of treatments (columns)	4				
26	Number of subjects (rows)	10				

图 4-3-33 随机区组设计方差分析结果

（4）如图 4-3-34 所示，任意两组比较结果类似于 4.3.4 节相关内容。这里需要注意的是，左侧 Feed1 vs. Control 等的比较方向和均数、95%CI 值的正负符合表达习惯，可以通过在图 4-3-32（d）中勾选 Swap direction of comparisons（A–B）vs.（B–A）复选框来进行调整。

ANOVA results × | Multiple comparisons ×

	RM one-way ANOVA Multiple comparisons								
1	Number of families	1							
2	Number of comparisons per family	6							
3	Alpha	0.05							
4									
5	**Tukey's multiple comparisons test**	Mean Diff.	95.00% CI of diff.	Significant?	Summary	Adjusted P Value			
6	Feed1 vs. Control	-5.300	-9.647 to -0.9534	Yes	*	0.0125	B-A		
7	Feed2 vs. Control	9.200	4.853 to 13.55	Yes	****	<0.0001	C-A		
8	Feed3 vs. Control	10.40	6.053 to 14.75	Yes	****	<0.0001	D-A		
9	Feed2 vs. Feed1	14.50	10.15 to 18.85	Yes	****	<0.0001	C-B		
10	Feed3 vs. Feed1	15.70	11.35 to 20.05	Yes	****	<0.0001	D-B		
11	Feed3 vs. Feed2	1.200	-3.147 to 5.547	No	ns	0.8735	D-C		
12									
13	**Test details**	Mean 1	Mean 2	Mean Diff.	SE of diff.	n1	n2	q	DF
14	Feed1 vs. Control	29.80	35.10	-5.300	1.588	10	10	4.719	27
15	Feed2 vs. Control	44.30	35.10	9.200	1.588	10	10	8.191	27
16	Feed3 vs. Control	45.50	35.10	10.40	1.588	10	10	9.260	27
17	Feed2 vs. Feed1	44.30	29.80	14.50	1.588	10	10	12.91	27
18	Feed3 vs. Feed1	45.50	29.80	15.70	1.588	10	10	13.98	27
19	Feed3 vs. Feed2	45.50	44.30	1.200	1.588	10	10	1.068	27

图 4-3-34 随机区组设计方差分析多重比较

Step3：图形生成和美化

略。

4.3.6　重复测量单因素方差分析

单因素方差分析中有一种特殊形式为重复测量设计（Repeated measurement design），很容易与普通单因素方差分析混淆。重复测量设计指同一受试对象的某一观测指标在不同时间点上进行多次测量的设计方法，比如，服用某种药物后测定不同时间点的血药浓度，接受治疗后在不同时间点上对某指标进行测量，这种设计方法在医学研究领域有着广泛应用，常用来分析不同处理方式在不同时间点上的变化情况。普通单因素方差分析和重复测量单因素方差分析之间的差别，有些类似成组 t 检验和配对 t 检验。

在重复测量单因素方差分析中只有一个分组因素，如时间，因此被归到了纵列表中。但如果一定要把每一行代表的个体也当作分组变量，进行无重复双因素方差分析，结果会和重复测量单因素方差分析一样，所以也有教程会用行列分组表（Grouped）来进行重复测量单因素方差分析。重复测量单因素方差分析和随机区组方差分析的过程是一样的，都可以被看作无重复双因素方差分析，在 GraphPad Prism 中都被归入重复测量单因素方差分析。而在实际应用中，往往还会对实验对象进行分组，如不同治疗方案、不同药物处理，然后在不同时间点上监测某个指标的变化，这种双因素重复测量方差分析用得比较多，将在下一章中进行详细讲述。

比如，随机抽取 12 只模型大鼠，注射某种新药，监测注射后 4 个时间点 WBC 值的变化。问：该药物作用时间对 WBC 值是否有影响？

Step1：数据录入

（1）打开 GraphPad Prism，进入欢迎界面，选择纵列表，选中 Enter paired or repeated measures data-each subject on a separate row（输入配对或多次测量值，每行表示一个实验对象）单选按钮，然后单击 Create 按钮，创建数据表。

（2）如图 4-3-35 所示，分 5 组输入原始数据并对各组命名，将数据表重命名为"重复测量 ANOVA"。

Table format: Column		Group A 0h	Group B 3h	Group C 6h	Group D 9h	Group E 12h
1	1	20.3	19.2	11.2	17.3	21.2
2	2	19.8	16.3	15.3	17.5	19.8
3	3	17.2	11.2	14.8	16.2	17.6
4	4	16.9	12.7	15.5	16.3	15.4
5	5	15.2	13.8	13.2	14.2	16.1
6	6	14.3	11.9	12.2	13.8	15.0
7	7	18.6	10.6	12.3	14.2	17.2
8	8	19.8	9.2	16.8	18.9	18.2
9	9	17.9	12.2	13.5	17.4	18.9
10	10	16.3	8.4	12.3	14.2	17.1
11	11	22.7	11.5	16.2	17.7	18.9
12	12	21.2	11.0	15.7	19.2	22.3

图 4-3-35　重复测量单因素方差分析数据输入

Step2：数据分析

（1）正态性检验。与 4.3.2 节所用正态性检验方法相同。结果如图 4-3-36 所示，正态性检验通过。

Normality and Lognormality Tests Tabular results	A 0h	B 3h	C 6h	D 9h	E 12h
1 Test for normal distribution					
2 Anderson-Darling test					
3 A2*	0.1312	0.5114	0.3899	0.5218	0.1735
4 P value	0.9729	0.1555	0.3248	0.1457	0.9041
5 Passed normality test (alpha=0.05)?	Yes	Yes	Yes	Yes	Yes
6 P value summary	ns	ns	ns	ns	ns
7					
8 D'Agostino & Pearson test					
9 K2	0.2473	5.213	2.642	2.154	0.5187
10 P value	0.8837	0.0738	0.2669	0.3406	0.7716
11 Passed normality test (alpha=0.05)?	Yes	Yes	Yes	Yes	Yes
12 P value summary	ns	ns	ns	ns	ns
13					
14 Shapiro-Wilk test					
15 W	0.9836	0.9067	0.9315	0.8988	0.9679
16 P value	0.9942	0.1935	0.3966	0.1530	0.8878
17 Passed normality test (alpha=0.05)?	Yes	Yes	Yes	Yes	Yes
18 P value summary	ns	ns	ns	ns	ns
19					
20 Kolmogorov-Smirnov test					
21 KS distance	0.1350	0.2010	0.1653	0.2095	0.1165
22 P value	>0.1000	>0.1000	>0.1000	>0.1000	>0.1000
23 Passed normality test (alpha=0.05)?	Yes	Yes	Yes	Yes	Yes
24 P value summary	ns	ns	ns	ns	ns
25					
26 Number of values	12	12	12	12	12

图 4-3-36   重复测量单因素方差分析正态性检验结果

（2）在工具栏的 Analysis 选项组中单击 Analyze 图标或者在左侧导航栏的 Results 部分选择 New Analysis 选项。如图 4-3-37（a）所示，在弹出的 Analyze Data 或 Create New Analysis 界面中选择 Column analyses→One-way ANOVA（and nonparametric or mixed）选项，默认勾选 A、B、C、D 四列数据，单击 OK 按钮；在参数界面中的选项全部保持默认设置，单击 OK 按钮。

如图 4-3-37（b）所示，在 Experimental Design（实验设计）选项卡中顶部选中 Each row represents matched，or repeated measures，data 单选按钮，即每行为配伍数据或重复测量数据；中间的正态性检验已经通过，所以选中 Yes，Use ANOVA 单选按钮；底部的球性（Sphericity）假设检验按照默认选择非球性选项 No，Use the Geisser-Greenhouse correction. Recommended。

在重复测量实验设计中，每行数据代表接受连续治疗的单个受试者，如果对每个受试者随机分配治疗顺序，某个受试者先获得治疗 A，再获得治疗 B、治疗 C，而另一个受试者先获得治疗 B，再获得治疗 A、治疗 C，则一般选择球性假设（Sphericity），不进行校正。但是如果所有受试者都按照相同的处理顺序进行治疗，则最好不要采用球性假设。如果不确定，则建议不要采用球性假设。因此，GraphPad Prism 在进行随机区组设计单因素方差分析和重复测量单因素方差分析时，默认选中 No, Use the Geisser-Greenhouse correction. Recommended 单选按钮。

在 Repeated Measures（重复测量）选项卡中保持所有选项的默认设置；在 Multiple Comparisons（多重比较）选项卡中选中 Compare the mean of each column with the mean of every other column（在任意两组之间都进行多重比较）单选按钮；在对应的 Options（选项）选项卡中推荐选择 Turkey 法，并勾选 Swap direction of comparisons（A–B）vs.（B–A）复选框，即调换比较方向，其余选项保持默认设置。

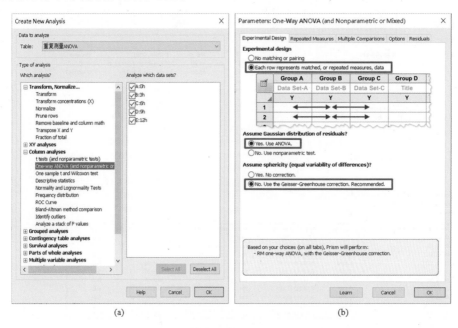

(a)　　　　　　　　　　　　　　(b)

图 4-3-37　重复测量单因素方差分析设置

（3）如图 4-3-38 所示，首先查看图中①所示的配伍显著性检验，$P =0.0007 < 0.05$，表明配伍显著；然后查看图中②所示的方差分析结果，结果表明在非球性假设下方差分析差异显著（$P < 0.0001$），其中，校正系数 Geisser-Greenhouse's epsilon 反映了对球性假设的偏离程度，当 epsilon 等于 1 时，表示对球性无偏离，即满足球性假设；当 epsilon 小于 1 时，表示偏离球性，距离 1 越小，偏离越大。此处和之前的非球性假设吻合。

（4）如图 4-3-39 所示，两两比较结果类似于 4.3.4 节相关内容。如果需要调整比较方向和均数、95%CI 值的正负，则可以在进行方差分析时的 Options 选项卡中勾选 Swap direction of comparisons（A–B）vs.（B–A）复选框。

Step3：图形生成和美化

略。

	RM one-way ANOVA ANOVA results			
1	Table Analyzed	重复测量ANO		
2				
3	**Repeated measures ANOVA summary**			
4	Assume sphericity?	No	②	
5	F	23.46		
6	P value	<0.0001		
7	P value summary	****		
8	Statistically significant (P < 0.05)?	Yes		
9	Geisser-Greenhouse's epsilon	0.4992		
10	R squared	0.6808		
11				
12	**Was the matching effective?**			
13	F	3.788	①	
14	P value	0.0007		
15	P value summary	***		
16	Is there significant matching (P < 0.05)?	Yes		
17	R squared	0.2321		
18				
19	**ANOVA table**	**SS**	**DF**	**MS**	**F (DFn, DFd)**	**P value**
20	Treatment (between columns)	327.6	4	81.90	F (1.997, 21.97) = 23.46	P<0.0001
21	Individual (between rows)	145.4	11	13.22	F (11, 44) = 3.788	P=0.0007
22	Residual (random)	153.6	44	3.491		
23	Total	626.6	59			
24				
25	**Data summary**			
26	Number of treatments (columns)	5		

图 4-3-38　重复测量单因素方差分析结果

	RM one-way ANOVA Multiple comparisons								
1	Number of families	1							
2	Number of comparisons per family	10							
3	Alpha	0.05							
4									
5	**Tukey's multiple comparisons test**	**Mean Diff.**	**95.00% CI of diff.**	**Significant?**	**Summary**	**Adjusted P Value**			
6	0h vs. 3h	6.017	2.672 to 9.361	Yes	***	0.0009	A-B		
7	0h vs. 6h	4.267	2.136 to 6.397	Yes	***	0.0004	A-C		
8	0h vs. 9h	1.942	0.5205 to 3.363	Yes	**	0.0073	A-D		
9	0h vs. 12h	0.2083	-1.222 to 1.638	No	ns	0.9885	A-E		
10	3h vs. 6h	-1.750	-5.433 to 1.933	No	ns	0.5620	B-C		
11	3h vs. 9h	-4.075	-7.170 to -0.9797	Yes	**	0.0094	B-D		
12	3h vs. 12h	-5.808	-8.653 to -2.963	Yes	***	0.0003	B-E		
13	6h vs. 9h	-2.325	-3.723 to -0.9265	Yes	**	0.0017	C-D		
14	6h vs. 12h	-4.058	-6.508 to -1.609	Yes	**	0.0017	C-E		
15	9h vs. 12h	-1.733	-3.097 to -0.3698	Yes	*	0.0120	D-E		
16									
17	**Test details**	**Mean 1**	**Mean 2**	**Mean Diff.**	**SE of diff.**	**n1**	**n2**	**q**	**DF**
18	0h vs. 3h	18.35	12.33	6.017	1.034	12	12	8.228	11
19	0h vs. 6h	18.35	14.08	4.267	0.6588	12	12	9.159	11
20	0h vs. 9h	18.35	16.41	1.942	0.4394	12	12	6.249	11
21	0h vs. 12h	18.35	18.14	0.2083	0.4422	12	12	0.6663	11
22	3h vs. 6h	12.33	14.08	-1.750	1.139	12	12	2.173	11
23	3h vs. 9h	12.33	16.41	-4.075	0.9571	12	12	6.021	11
24	3h vs. 12h	12.33	18.14	-5.808	0.8797	12	12	9.338	11
25	6h vs. 9h	14.08	16.41	-2.325	0.4324	12	12	7.604	11
26	6h vs. 12h	14.08	18.14	-4.058	0.7574	12	12	7.577	11

图 4-3-39　随机区组设计方差分析多重比较

4.3.7　ROC 曲线绘制

ROC 曲线（Receiver operating characteristic curve，受试者工作特征曲线），又被称为感受性曲线（Sensitivity curve），是以真阳性率（灵敏度）为纵坐标，假阳性率（1-特异度）为横坐标绘制的曲线。ROC 曲线常用于两种或两种以上不同诊断方法对疾病识别能力的比较，是一种检验准确性的方法。在对同一种疾病的两种或两种以上诊断方法进行比较时，可将各试验的

ROC 曲线绘制到同一坐标系中，以直观地鉴别优劣，最靠近左上角的 ROC 曲线所代表的受试者工作最准确。也可以通过分别计算各个试验的 ROC 曲线下的面积（AUC）进行比较，哪一种试验的 AUC 最大，则哪一种试验的诊断价值最佳。

此外，ROC 曲线也是评估一个生物标志物、预测性能的有用图形工具，有将一个生物标志物组区分为两个群组（如试验组和对照组、存活和死亡、疾病和健康、癌症和癌旁）的能力，结合临床数据，可以验证某个基因或模型是否可以作为疾病诊断和预后标志物。

GraphPad Prism 通过比较一组患者和一组对照组的原始数据结果来绘制 ROC 曲线，但不能直接输入灵敏度和特异性来进行 ROC 分析。现有经过金标准诊断的 45 名正常人和 52 名患者，采用两种新方法检测某指标，结果如表 4-3-6 所示，绘制 ROC 曲线，比较两种方法的优劣。

表 4-3-6 金标准诊断对象的两种新方法检测某指标的结果

编号	诊断	方法 1	方法 2	编号	诊断	方法 1	方法 2	编号	诊断	方法 1	方法 2
1	正常	109.9	146.4	34	正常	125.2	127.5	67	患者	149.8	135.4
2	正常	130.5	124.5	35	正常	126.3	141.6	68	患者	142.2	114.1
3	正常	127.0	92.0	36	正常	127.2	79.5	69	患者	136.3	121.4
4	正常	139.4	135.8	37	正常	151.3	83.1	70	患者	150.7	123.0
5	正常	122.0	109.4	38	正常	117.9	83.2	71	患者	142.9	153.5
6	正常	106.3	78.6	39	正常	118.8	71.9	72	患者	149.8	130.1
7	正常	112.1	106.1	40	正常	124.6	90.5	73	患者	151.5	147.5
8	正常	139.7	128.5	41	正常	136.7	120.5	74	患者	135.2	131.4
9	正常	120.5	113.1	42	正常	110.5	108.6	75	患者	134.5	136.8
10	正常	131.1	76.3	43	正常	110.0	92.7	76	患者	140.4	127.6
11	正常	117.8	83.3	44	正常	126.5	87.3	77	患者	144.6	91.1
12	正常	137.4	103.7	45	正常	118.9	122.9	78	患者	146.3	141.3
13	正常	142.4	87.6	46	患者	119.2	122.7	79	患者	155.3	145.7
14	正常	118.5	97.0	47	患者	159.5	117.6	80	患者	135.2	130.7
15	正常	131.2	81.4	48	患者	142.1	127.0	81	患者	156.6	137.9
16	正常	128.1	150.3	49	患者	146.4	95.1	82	患者	129.2	147.8
17	正常	106.9	133.6	50	患者	163.4	153.1	83	患者	145.6	153.0
18	正常	137.9	106.4	51	患者	135.8	142.0	84	患者	148.4	169.4
19	正常	119.4	101.3	52	患者	142.9	109.2	85	患者	140.0	114.2
20	正常	125.3	93.9	53	患者	140.4	102.4	86	患者	152.8	104.0
21	正常	103.4	118.0	54	患者	165.0	113.3	87	患者	158.7	120.8
22	正常	116.0	142.1	55	患者	142.3	156.6	88	患者	140.8	115.1

续表

编号	诊断	方法1	方法2	编号	诊断	方法1	方法2	编号	诊断	方法1	方法2
23	正常	85.4	109.5	56	患者	145.2	101.5	89	患者	159.4	84.8
24	正常	138.6	100.0	57	患者	125.4	168.1	90	患者	152.5	150.1
25	正常	122.6	64.1	58	患者	152.0	100.8	91	患者	149.5	128.4
26	正常	105.6	73.5	59	患者	143.7	127.9	92	患者	159.0	147.0
27	正常	134.7	75.5	60	患者	151.0	133.8	93	患者	145.8	126.3
28	正常	121.2	107.5	61	患者	155.6	168.3	94	患者	157.5	133.9
29	正常	118.2	85.2	62	患者	134.7	139.2	95	患者	172.0	95.0
30	正常	130.8	92.2	63	患者	137.3	163.4	96	患者	159.6	132.4
31	正常	111.8	77.2	64	患者	142.9	108.7	97	患者	152.6	135.6
32	正常	124.5	95.2	65	患者	132.1	138.7				
33	正常	140.1	130.0	66	患者	158.9	140.1				

Step1：数据录入

（1）打开 GraphPad Prism，进入欢迎界面，选择纵列表，选中 Enter paired or repeated measures data-each subject on a separate row（输入配对或多次测量值，每行表示一个实验对象）单选按钮，然后单击 Create 按钮，创建数据表。

（2）如图 4-3-40 所示，将两种新方法的检测数据（红色和绿色）分为 Control 和 Patients 两组（分组来自金标准），并注意名称后缀用-1 和-2 区分，以便进行后续操作；将数据表重命名为"两种新方法"。在数据表中填充不同背景色进行区分，可以先选中需要填色的表格区域，然后在工具栏的 Change 选项组中单击 图标，选择需要的颜色。

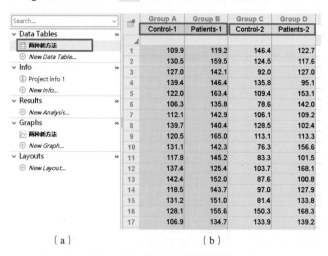

图 4-3-40　ROC 曲线数据输入

Step2：数据分析

（1）在工具栏的 Analysis 选项组中单击 [≡Analyze] 图标或者在左侧导航栏的 Results 部分选择 New Analysis 选项。如图 4-3-41（a）所示，在弹出的 Analyze Data 或 Create New Analysis 界面中选择 Column analyses→ROC Curve 选项，勾选 A、B 两列数据，单击 OK 按钮；在参数界面中注意检查是否只选择了 A、B 两列（Control-1 和 Patients-1）数据，保持全部选项的默认设置，单击 OK 按钮。

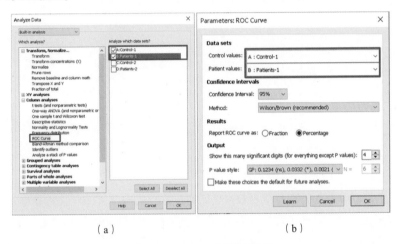

（a）　　　　　　　　　　　　　　　　（b）

图 4-3-41　ROC 曲线数据分析

（2）获得 ROC 分析结果和 ROC 曲线，在左侧导航栏的 Results 部分将 ROC 分析结果重命名为"第一种 两种新方法"。单击分析结果，可以看到 ROC 分析的 AUC、95%CI 和 *P* 值等内容，如图 4-3-42（a）所示，还可以查看各阈值下的 Sensitivity&Specificity（敏感性&特异性）表格，如图 4-3-42（b）所示。

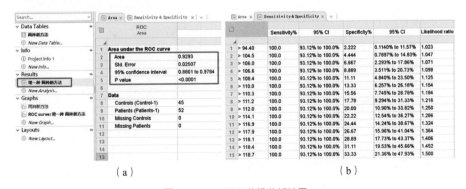

（a）　　　　　　　　　　　　　　　　（b）

图 4-3-42　ROC 曲线分析结果

（3）GraphPad Prism 8 和 GraphPad Prism 9 对 ROC 曲线分析进行了优化，减少了分析步骤，并且与分析结果同步获得的 ROC 曲线几乎可以直接使用，如图 4-3-43 所示。

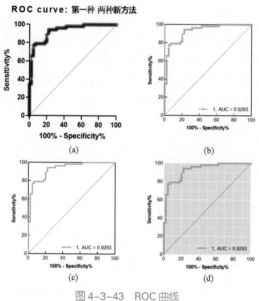

图 4-3-43　ROC 曲线

　　（4）在工具栏中单击 图标或者双击坐标轴，进入 Format Axes（坐标轴格式）界面的 Frame and Origin（坐标轴框和原点）选项卡中，将坐标轴的粗细设置为 1/2pt、颜色设置为黑色，并选择 Plain Frame 选项，如图 4-3-44（a）所示；在工具栏中单击 图标或者双击图形绘制区，进入 Format Graph（图形格式）界面的 Appearance 选项卡中，修改图形的符号（Symbols）和连线属性，如图 4-3-44（b）所示，或者添加背景和网格线，勾选 Show legend（显示图例）复选框，很容易得到如图 4-3-44（b）～图 4-3-44（d）所示的效果。

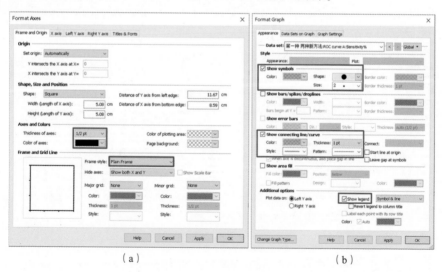

图 4-3-44　ROC 曲线美化

（5）多条 ROC 曲线。按照上面统计分析的方法，将 C、D 两列数据（即第二种方法的检验数据）完成 ROC 曲线分析和绘制。

（6）如图 4-3-45 所示，在第二条曲线（第一条也可以）的基础上，在工具栏中单击 图标或者双击图形绘制区，进入 Format Graph（图形格式）界面，切换到 Data Sets on Graph 选项卡，单击右侧的 Add 按钮，添加第一条曲线"第一种 两种新方法 ROC curve"，之前对 ROC 分析结果进行重命名，就是为了便于在此处区分。在 GraphPad Prism 中，有条理地命名各表单是个好习惯。

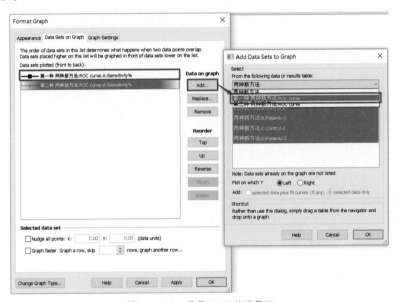

图 4-3-45　多条 ROC 曲线叠加

（7）添加第二条曲线之后，按照上面的方法重新设置图形的字体、坐标轴、符号、连线、背景、网格线、图例，可以获得如图 4-3-46 所示的效果。

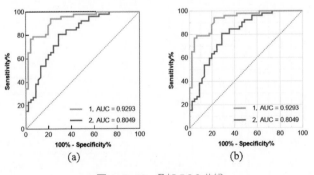

图 4-3-46　叠加 ROC 曲线

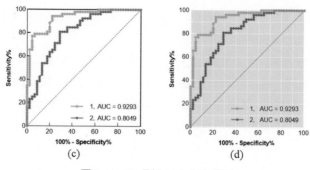

图 4-3-46 叠加 ROC 曲线（续）

4.3.8 Bland-Altman 图

除了检验两种方法的准确性（如上面的 ROC 曲线），有时还需要探讨两种检验方法的一致性，如对比两种方法或仪器诊断结果是否一致。如果一种方法是目前广泛应用的"金标准"方法，而另一种新方法可能是更经济或更便于应用的方法，则通过对两种方法进行一致性评价，可以回答"这两种方法能否互相替代"这样的问题。评价一致性程度的方法有很多，如 ICC 和 CCC 指标、Kappa 检验，以及本节将要绘制的 Bland-Altman 图。

Bland-Altman 分析最初是由 Bland JM 和 Altman DG 于 1986 年提出的，用于比较两个计量资料之间的一致性。它的基本思想是根据原始数据求出两种方法（或两次测量）的均值和差值（或比值等其他形式），并以均值为横轴，以差值为纵轴，绘制散点图。同时计算差值的均值和差值的 95%分布范围，这一范围被称为一致性界限（Limits of Agreement）。

下面以手动或采用图像识别技术自动测量某品种的水稻在某时期的穗长数据为例（见表 4-3-7）介绍 Bland-Altman 图的绘制。

表 4-3-7 某品种的水稻在某时期的穗长数据 单位：cm

编号	手动	自动	编号	手动	自动	编号	手动	自动
1	16.9	15.1	11	16.5	14.8	21	14.2	15.0
2	14.9	15.4	12	14.9	15.4	22	14.6	15.2
3	14.7	14.4	13	15.1	14.6	23	15.3	14.9
4	15.3	13.2	14	15.2	15.5	24	16.7	14.9
5	15.8	16.6	15	14.8	16.8	25	15.4	17.1
6	13.6	15.0	16	15.4	17.9	26	14.8	16.1
7	13.9	15.9	17	13.0	14.2	27	16.1	15.2
8	16.6	16.0	18	15.3	15.7	28	15.5	14.2
9	13.6	15.1	19	16.1	14.5	29	15.2	15.9
10	15.1	14.0	20	15.6	16.2	30	14.1	15.4

Step1：数据录入

（1）打开 GraphPad Prism，进入欢迎界面，选择纵列表，选中 Enter paired or repeated measures data-each subject on a separate row（输入配对或多次测量值，每行表示一个实验对象）单选按钮，然后单击 Create 按钮，创建数据表。

（2）如图 4-3-47 所示，将两种测量方法的数据输入纵列表下的数据表。然后将数据表重命名为“水稻穗长手动&自动测量”。

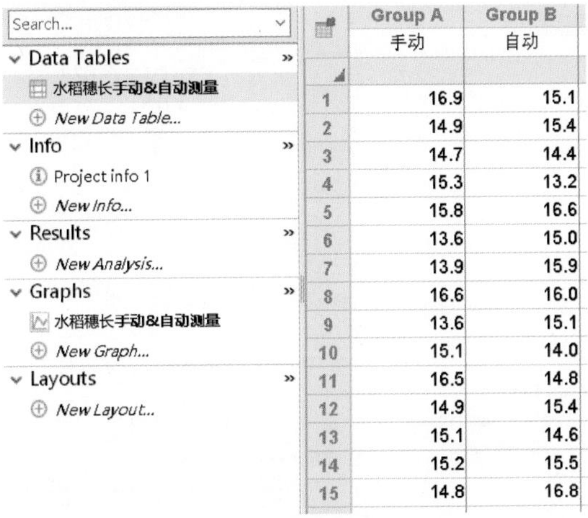
Search...
Data Tables
水稻穗长手动&自动测量
New Data Table...
Info
Project info 1
New Info...
Results
New Analysis...
Graphs
水稻穗长手动&自动测量
New Graph...
Layouts
New Layout...
Group A
手动
Group B
自动
1 16.9 15.1
2 14.9 15.4
3 14.7 14.4
4 15.3 13.2
5 15.8 16.6
6 13.6 15.0
7 13.9 15.9
8 16.6 16.0
9 13.6 15.1
10 15.1 14.0
11 16.5 14.8
12 14.9 15.4
13 15.1 14.6
14 15.2 15.5
15 14.8 16.8

图 4-3-47　Bland-Altman 图数据输入

Step2：数据分析

（1）在工具栏的 Analysis 选项组中单击 Analyze 图标或者在左侧导航栏的 Results 部分选择 New Analysis 选项。如图 4-3-48（a）所示，在弹出的 Analyze Data 或 Create New Analysis 界面中选择 Column analyses→Bland-Altman method comparison 选项，勾选 A、B 两列数据，单击 OK 按钮；如图 4-3-48（b）所示，在参数界面中选中 Difference（B−A）vs. average 单选按钮，即自动测量的数据减去手动测量的数据，单击 OK 按钮。

在参数界面的 Calculate 选项组中有 6 种计算方式可选，但 *X* 轴其实都表示 average（均值），而 *Y* 轴有 3 种表示方法：①Difference（A−B）vs. average，*Y* 轴表示数据集 A 和 B 的差值，这是最常用的一种方式；②Ratio（A/B）vs. average，*Y* 轴表示数据集 A 和 B 的比值；③Difference（100*（A−B）/average）vs. average，*Y* 轴表示数据集 A 和 B 的差值除以两者的均值。另外 3 种计算方式只是计算时 A 和 B 的方向不一样。

（2）在左侧导航栏的 Results 部分会立刻获得 Bland-Altman 分析结果，如图 4-3-49 所示。单击分析结果，查看获得的重要数据 Bias（偏移）、95% Limits of Agreement（95%一致性界限）。

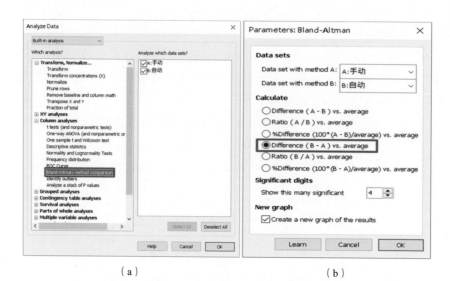

（a）　　　　　　　　　　　　　　（b）

图 4-3-48　Bland-Altman 数据分析

图 4-3-49　Bland-Altman 分析结果

（3）在左侧导航栏的 Graphs 部分点击图片文件 "Difference vs. average：Bland-Altman of 水稻穗长手动&自动测量"，自动获得散点图，如图 4-3-50（a）所示。

（4）在工具栏中单击 图标或者双击坐标轴，进入 Format Axes（坐标轴格式）界面的 Frame and Origin（坐标轴框和原点）选项卡中。将坐标轴的粗细设置为 1/2pt、颜色设置为黑色，并选择 Plain Frame 选项；将 X 轴刻度方向改为朝上（Up）、Y 轴刻度方向改为朝右（Right），将所有坐标轴刻度长度改为 Short（也可以不改）。添加辅助线 Y=0.2 作为偏移线，添加辅助线 $Y=-2.351$ 和 $Y=2.751$ 作为一致性界限（$Y=0$ 的虚线是加框时自动生成的），获得如图 4-3-50（b）所示的图形。

如果对图形颜色进行了设置，如图 4-3-50（c）和图 4-3-50（d）所示，则最好不要设置网格和背景色，以免干扰辅助线和散点。

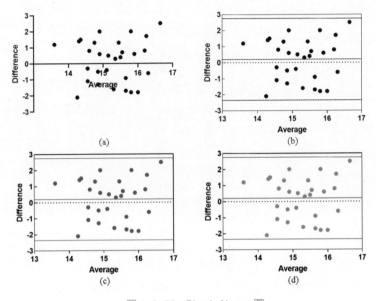

图 4-3-50　Bland-Altman 图

第 5 章

行列分组表（Grouped）及其图形绘制

行列分组表（Grouped）具有两个分组变量，且每一列定义一个组别，每一行也定义一个组别，适用于二维分组的数据。在纵列表（Column）的基础上，扩展了数据展示和应用的范围。

5.1 行列分组表及其输入界面

行列分组表的输入界面外观和纵列表相似，但由于二者的数据结构不同，所以存在本质上的区别，需要仔细体会和对比。

5.1.1 行列分组表输入界面

打开 GraphPad Prism，在软件欢迎界面（引导界面）中选择行列分组表（Grouped），即可显示行列分组表输入界面，如图 5-1-1 所示。如果不小心关闭了引导界面，则在工作区双击即可再次将其打开。

GraphPad Prism 的所有 Data table（数据表）选项组中都只有两个选项。

（1）Enter or import data into a new table：在新数据表中输入或导入数据。

（2）Start with sample data to follow a tutorial：使用软件自带的示例数据跟着教程练习。

但是 Options（选项）选项组各不相同，行列分组表的 Options 选项组中有 3 种可选输入格式，分别对应不同的场景，如图 5-1-2 所示，其整体格式与 XY 表类似，不过每一行代表一个分组变量，行标题可以显示在 X 轴刻度标签位置。

（1）Enter and plot a single Y value for each point：输入单个 Y 值，Y 值按列进行分组。

（2）Enter _replicate values in side-by-side subcolumns：子列并列输入多个重复 Y 值，按照

Group 进行分组，如果根据原始数据作图，则选择此项。

（3）Enter and plot error values already calculated elsewhere：输入在其他地方算出的统计量数值。

与 XY 表第 3 种输入格式一样，行列分组表第 3 种输入格式的统计量表示也包括 8 种形式。

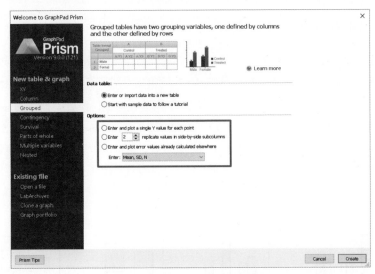

图 5-1-1　行列分组表输入界面

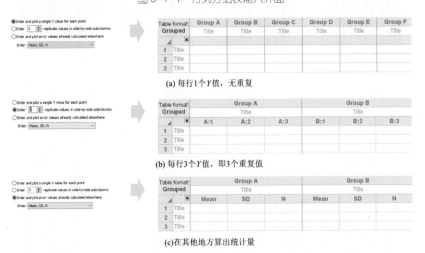

(a) 每行1个Y值，无重复

(b) 每行3个Y值，即3个重复值

(c)在其他地方算出统计量

图 5-1-2　行列分组表的 3 种输入格式

5.1.2　行列分组表统计分析方法

行列分组表统计分析方法有以下 4 种。

（1）Two-way ANOVA(or mixed model)：双因素方差分析（或混合效应模型）。

（2）Three-way ANOVA(or mixed model)：三因素方差分析（或混合效应模型）。

（3）Row means with SD or SEM：带标准差或标准误的行平均数。

（4）Multiple t tests-one per row：多重 *t* 检验-每行之间。

5.1.3　行列分组表下可绘制图形

由于多了一个分组变量，行列分组表下可绘制图形的种类特别多。在介绍行列分组表下可绘制图形之前，我们先来了解引入行变量作为分组变量会对图形产生什么样的影响。

如果行列都可以进行分组，则在图形上将有 4 种表现形式，即分隔（Separated）或分组（Grouped）、交错（Interleave）、堆积（Stacked）和叠印（Superimposed），分别如图 5-1-3（a）~（d）所示。分隔和交错按照字面意思及图示很容易理解，但是堆积和叠印需要注意区分。堆积是把代表各自数据的矩形条在一个维度上前后相连，没有重叠部分；而叠印是将矩形条前后重叠，但由于重叠之后不利于展示被遮挡的数据，因此对于叠印数据一般采用散点来表示。

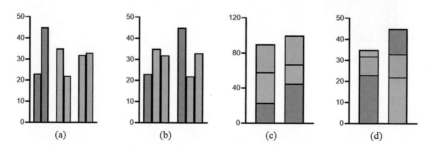

图 5-1-3　二维分组变量在图形上的 4 种表现形式

已知二维分组变量在图形上的这 4 种表现形式，那么行列分组表看起来繁多的图形种类就简单了。行列分组表下共有 5 组 45 种可绘制图形，如图 5-1-4 所示，除坐标轴互换、连线与否的重复之外，按照这 4 种表现形式去对应，图形种类其实就不多了。

下面分组介绍所有图形。

（1）**Individual values（值）**：如图 5-1-4（a）所示，这一组的 7 种图形侧重于数据展示，将原始数据以点（或者柱形图）的形式展示出来。因此，该组图形从左到右依次是交错散点图、分隔散点图、带柱形的交错散点图、带柱形的分隔散点图、叠印散点图、重复测量的配伍散点图和重复测量的配伍堆积散点图。

交错散点图、分隔散点图、带柱形的交错散点图、带柱形的分隔散点图 4 种图形的统计量表现非常类似，都有平均数、几何平均数、中位数 3 组共 12 种统计量组合（见图 5-1-5 中的①~③组）；但带柱形的交错散点图、带柱形的分隔散点图多了一种无统计量的纯散点图（见

图 5-1-5 中的④组），表现形式与上一章的纵列散点图相同。

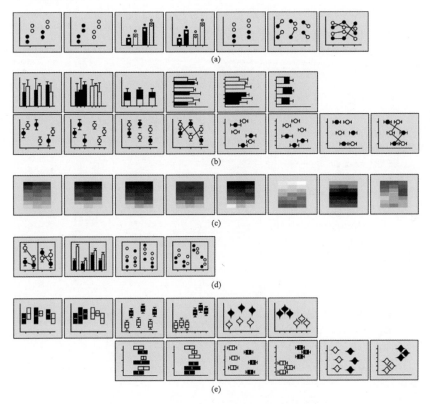

图 5-1-4　行列分组表下可绘制 5 组 45 种图形

叠印散点图多了图 5-1-5 中的⑤组：整体平均数和整体中位数，共有 15 种统计量组合。

重复测量的配伍散点图适用于重复测量的配对数据，其表现形式比较简单，把同组的重复测量的配对数据按照 X 轴归为一组，只有 3 种表现形式：符号&线条（Symbol & lines）、纯线条（Lines only）和箭头（Arrows），与上一章的前后图相同。最后一个重复测量的配伍堆积散点图是把配伍数据直线相连，而重复测量的数据则按照 X 轴分组堆积到一起。

（2）**Summary data**（**数据汇总**）：如图 5-1-4（b）所示，这一组有 14 种可绘制图形，除了 7 种坐标轴变换导致的重复，共有 7 种图形，主要通过柱状图和符号图来整体展示数据的统计量。将数据按次序分为两排：第一排有 6 种图形，前面 3 种依次是交错柱状图、分隔柱状图、堆积柱状图，后面 3 种属于坐标轴变换的重复图形；第二排有 8 种图形，前面 4 种依次是交错符号图、分隔符号图、叠印符号图和直线连接叠印符号图，后面 4 种属于坐标轴变换的重复图形。所有图形都有平均数、几何平均数、中位数 3 组共 12 种统计量组合。

（3）**Heatmap**（**热图**）：如图 5-1-4（c）所示，这一组有 8 种热图，可以用颜色的变化来表示二维矩阵或表格中的数据信息，可以直观地将数据值的大小以定义的颜色深浅表示出来。行列分组表下可绘制的热图都一样，只是配色方案不同，可以展示的数据包括平均数、中位数、几何平均数、SD、SEM 和 %CV，如图 5-1-6 所示。

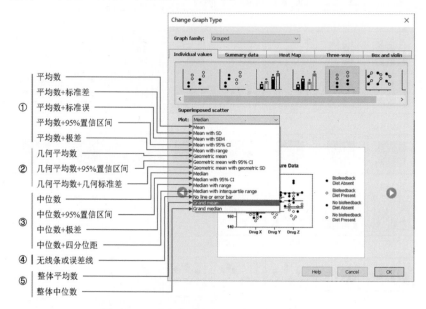

图 5-1-5　叠印散点图下的五组 15 种统计量组合

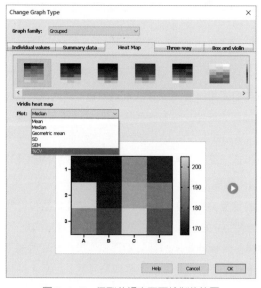

图 5-1-6　行列分组表下可绘制的热图

（4）Three-way（三因素方差分析）：如图 5-1-4（d）所示，这一组有 4 种可绘制图形，即直线连接的统计量图、嵌套交错柱状图、嵌套叠印散点图和嵌套并列散点图。

（5）**Box and violin**（箱线图和小提琴图）：如图 5-1-4（e）所示，这一组有 12 种可绘制图形，除了坐标轴变化导致的重复图形，共有 6 种图形，分别是交错和分隔的箱线图、箱线图及小提琴图。相关图形介绍见 4.1 内容，统计量组合也与该部分对应图形相同。

5.2　行列分组表常见图形绘制

行列分组表作为二维分组表，必然存在两个分组因子的交互，在图形上可以表现为分隔（Separated）或分组（Grouped）、交错（Interleave）、堆积（Stacked）和叠印（Superimposed）。

5.2.1　交错和分隔柱状图

从 5.1 节相关内容的介绍可知，行列分组表可以绘制常见的散点图、柱状图、箱线图、统计量图和小提琴图等。这些图形的绘制方法大同小异，可根据使用目的进行更改和调整。下面先介绍行列分组表下最常见的交错和分隔柱状图。

将 66 名高脂血症患者随机分为 3 组（22 人/组），即对照组、服用药物 A 组、服用药物 B 组，7 天后检测各组总胆固醇、甘油三酯、高密度脂蛋白胆固醇和低密度脂蛋白胆固醇数据，如表 5-2-1 所示。下面根据此表绘制图形。

表 5-2-1　高脂血症患者服用药物后检测各数据　　　　　　　　单位：mmol/L

项　　目	对照（n=22）	药物 A（n=22）	药物 B（n=22）
总胆固醇	7.21±1.32	3.34±0.47	5.56±0.82
甘油三酯	8.82±1.57	1.22±0.16	2.32±0.43
高密度脂蛋白胆固醇	1.02±0.23	1.64±0.29	1.25±0.27
低密度脂蛋白胆固醇	4.57±0.74	2.76±0.35	3.56±0.32

Step1：数据录入

（1）打开 GraphPad Prism，进入欢迎界面，选择行列分组表，选中 Enter or import data into a new table 和 Enter and plot error values already calculated else where 单选按钮，然后单击 Create 按钮，创建数据表。

（2）按如图 5-2-1 所示的格式输入数据。这里需要注意的是，在行列分组表中，每一行的行标题是 X 轴上展示的分组标签名称，而每一列的列标题用来区分直条矩形。这点与纵列表不同，纵列表中每一列的名称将作为分组标签展示 X 轴。

Table format: Grouped		Group A			Group B			Group C		
		Control（mmol/L）直条矩形			Drug A（mmol/L）			Drug B（mmol/L）		
	×	Mean	SD	N	Mean	SD	N	Mean	SD	N
1	TC	7.21	1.32	22	3.34	0.47	22	5.56	0.82	22
2	TG	8.82	1.57	22	1.22	0.16	22	2.32	0.43	22
3	HDLC	1.02	0.23	22	1.64	0.29	22	1.25	0.27	22
4	LDLC	4.57	0.74	22	2.76	0.35	22	3.56	0.32	22
5	横坐标分组									
6	Title									
7	Title									

图 5-2-1 行列分组表数据输入格式

Step2：数据分析

无。

Step3：图形生成和美化

（1）在左侧导航栏的 Graphs 部分单击同名图片文件或者在工具栏的 Change 选项组中单击 图标，弹出 Change Graph Type 绘图引导界面，在 Graph family 下拉列表中选择 Grouped 选项，并在下面的 Summary data 选项卡中选择竖直交错柱状图，如图 5-2-2 所示。

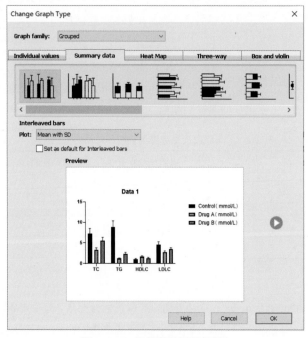

图 5-2-2 选择竖直交错柱状图

（2）把 X 轴标题改为 Lipids、Y 轴标题改为 Concentration（mmol/L）；删除图标题，把图例移动到图形右上角；把刻度标签字体改为 10pt、Arial、非加粗形式；在工具栏的 Change 选项组中选择预设的图形颜色主题为 Floral，如图 5-2-3 所示。

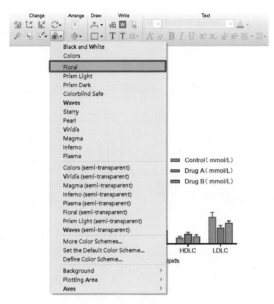

图 5-2-3　修改主题颜色

（3）在工具栏中单击 图标或者双击图形绘制区，进入 Format Graph（图形格式）界面的 Appearance 选项卡中，在 Global 下拉列表中选择 Change all data sets 选项，然后修改 Bars and boxes 的边缘线条宽度 border 为 1pt，修改 Error bars 线条宽度为 1pt。在此过程中，不要选择 Bars and boxes 和 Error bars 线条的颜色，否则将会把所有 Bars and boxes 和 Error bars 的线条颜色统一。

在 Graph Settings 选项卡中修改 Between adjacent data（数据集之间的间距，即直条矩形）为 10%，其余选项保持不变。注意分组间宽度 Additional gap between groups 要大于数据集之间的间距，才能更好地体现分组的意图。这里通过设置百分数来修改直条矩形的宽度和间距，如果对宽度不满意，则可以拉伸 X 轴，以调整整体宽度来改变图形中各个直条矩形的宽度。最终获得如图 5-2-4（a）所示的效果。

如果在图 5-2-4（a）基础上添加边框，则获得如图 5-2-4（b）所示的效果；如果进一步修改填充图案和边缘线条颜色，则获得如图 5-2-4（c）所示的黑白效果；也可以通过设置背景色和主要刻度线、次要刻度线获得如图 5-2-4（d）所示的仿 ggplot2 效果。这几种样式都是学术图表中比较常见的。

观察交错柱状图可以发现，这种图形样式将各分组内相同指标的数据集中到一起，便于组间比较。

在 GraphPad Prism 中，从交错柱状图变换到分隔柱状图非常简单。如图 5-2-5（a）所示，在工具栏中单击 图标或者双击图形绘制区，进入 Format Graph（图形格式）界面的 Data Sets on Graph 选项卡中，先在界面的列表框中选择除第一行外的数据集，选中 Separated（Grouped）

单选按钮，单击 Apply 按钮即可完成该数据集的分隔排列。选择剩余的数据集，用同样的操作即可将所有数据集的格式从交错柱状图变换到分隔柱状图，如图 5-2-5（b）和图 5-2-5（c）所示。

与交错柱状图不同，分隔柱状图将同一组的不同指标集中到一起，便于组内比较。

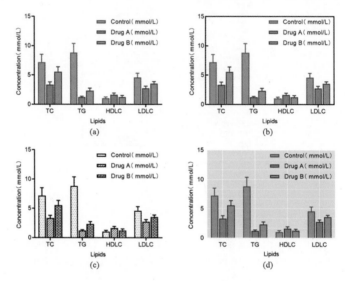

图 5-2-4　常见交错柱状图样式

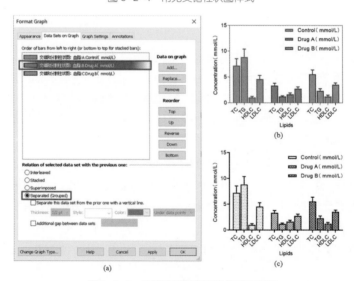

图 5-2-5　交错柱状图变换到分隔柱状图

同样地，在此页面选中 Stacked 或 Superimposed 单选按钮，单击 Apply 按钮即可将数据集改为堆积或叠印的格式。这 4 种模式的切换在 GraphPad Prism 中非常方便。需要注意的是，在改为叠印格式时，虽然可以自动对数据进行大小排序后叠加，但是由于在目前的 GraphPad Prism 8.4.3 版本中无法将填充颜色设置为半透明色，可能会遮挡下面的图形，因此图 5-1-4 中并没有叠印柱状图的引导模板，只能从其他图形变换而来。

虽然 GraphPad Prism 可以很方便地在 4 种二维分组图形样式中进行切换，但并不意味着绘图时随便选择一种样式即可，而是需要根据研究目的和数据表输入格式进行选择。在本例中，研究 4 种血脂指标在用药 A、B 与否之间进行比较的结果，当然在图 5-2-1 所示的数据格式下，图 5-2-4 的交错柱状图比图 5-2-5 的分隔柱状图更准确。

但如果改变数据输入格式呢？如图 5-2-6 所示，将图 5-2-1 所示的数据格式进行转置或重新输入，使每一行表示一种处理，每一列表示一个检测指标，则刚好与图 5-2-1 相反。

Table format: Grouped	Group A			Group B			Group C			Group D			直条矩形标题
	TC（mmol/L）			TG（mmol/L）			HDLC（mmol/L）			LDLC（mmol/L）			
	Mean	SD	N	Mean	SD	N	Mean	SD	N	Mean	SD	N	
1 Control	7.21	1.32	22	8.82	1.57	22	1.02	0.23	22	4.57	0.74	22	
2 Drug A	3.34	0.47	22	1.22	0.16	22	1.64	0.29	22	2.76	0.35	22	
3 Drug B	5.56	0.82	22	2.32	0.43	22	1.25	0.27	22	3.56	0.32	22	
4													
5 Title													
6 Title													

行分组标题

图 5-2-6　转置后的行列分组表数据输入格式

转置的方法为：在工具栏中单击 ⊟ Analyze 图标，在弹出的 Analyze Data 界面中选择 Transform，Normalize→Transpose X and Y 选项，单击 OK 按钮；在弹出的参数界面中保持所有选项的默认设置，单击 OK 按钮，将在左侧导航栏 Results 部分出现转置后的数据表，如图 5-2-7 所示。根据此数据表绘图，操作和常规绘图的操作相同。

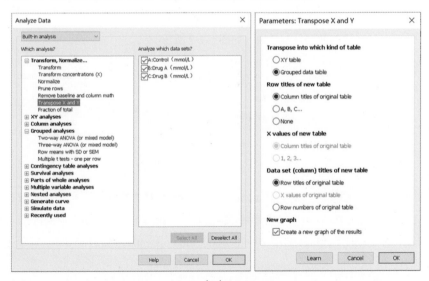

（a）

图 5-2-7　转置方法和转置后的数据表

	Transpose	A			B			C			D		
		TC			TG			HDLC			LDLC		
	✕	Mean	SD	N	Mean	SD	N	Mean	SD	N	Mean	SD	N
1	Control（mmol/L）	7.210	1.320	22	8.820	1.570	22	1.020	0.230	22	4.570	0.740	22
2	Drug A（mmol/L）	3.340	0.470	22	1.220	0.160	22	1.640	0.290	22	2.760	0.350	22
3	Drug B（mmol/L）	5.560	0.820	22	2.320	0.430	22	1.250	0.270	22	3.560	0.320	22
4													

（b）

图 5-2-7　转置方法和转置后的数据表（续）

在这样的输入格式下，分隔柱状图比交错柱状图更加适用，如图 5-2-8 所示。

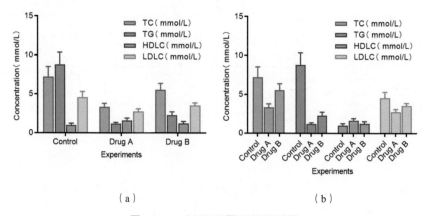

（a）　　　　　　　　　　　　　　　　（b）

图 5-2-8　交错柱状图和分隔柱状图

如果行列分组表的数据表中存在空值，如研究细胞在不同药物+不同时间下的某个指标变化，则空白组只在试验开始时进行一组测量，而随后添加药物处理的组别可随着时间变化进行测量，会造成一种特殊的数据分布效果，如图 5-2-9 所示。

Table format: Grouped		Group A			Group B			Group C		
		Normal			Drug A（mmol/L）			Drug B（mmol/L）		
	✕	A:1	A:2	A:3	B:1	B:2	B:3	C:1	C:2	C:3
1	0h	1.2	1.1	0.9						
2	6h				1.20	1.2	1.0	1.1	1.2	1.00
3	12h				0.60	0.7	0.8	2.5	2.8	2.60
4	24h				1.50	1.4	1.6	1.8	1.9	1.85
5	Title									

图 5-2-9　行列分组表中数据存在空白

绘制的分隔柱状图如图 5-2-10（a）所示，空白值也将占据绘图位置，看起来不美观，而我们更希望得到如图 5-2-10（b）所示的效果。这时，我们可以双击图形绘制区进入 Format Graph 界面，在 Graph Settings 选项卡中将 Blank/missing cells 的值改为 0，然后单击 OK 按钮，如图 5-2-10（c）所示。

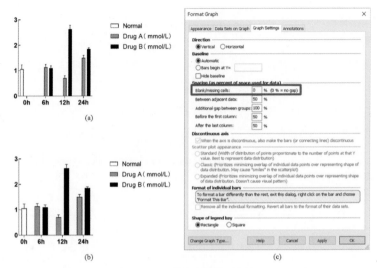

图 5-2-10　将空白值取消占位

5.2.2　堆积柱状图

堆积柱状图相当于把交错柱状图 X 轴上每一组内的直条矩形按顺序堆积在一起，拉近了组与组之间的距离，不仅便于在 X 轴上排列更多组别，也便于组与组之间进行比较。也就是说，堆积柱状图既归类了数据，又便于组间比较；既综合了交错柱状图和分隔柱状图的优点，又能排列更多组别。如果将 X 轴上的每一组看作某个分类的整体，将组内直条矩形看作一部分，则堆积柱状图类似于将多个环形图拉直。这种图可以展示每一个分类的总量，以及该分类包含的每个小分类的大小及占比，非常适合处理部分与整体的关系。

如图 5-2-11 所示，同样的 X 轴宽度在交错或分隔柱状图中安排 3 组 12 个直条矩形正好合适，而变成堆积柱状图之后只剩 3 组堆积矩形，只能将矩形宽度增大。因此，如果采用同样的 X 轴宽度和同样的直条矩形宽度，至少可以展示 12 组堆积矩形。不同堆积矩形中同种颜色的直条矩形可以相互比较大小，如果被误差线干扰，还可以对其展示方向进行调整，如图 5-2-11（b）所示。

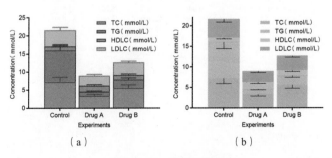

图 5-2-11　堆积柱状图

对于堆积柱状图的绘制，除了开始绘图时选择堆积柱状图，还可以进入 Format Graph（图形格式）界面的 Data Sets on Graph 选项卡中进行选择。

堆积柱状图有比较广泛的应用，在图形绘制过程中产生了很多独特的图形样式，如百分比堆积柱状图、双向柱状图、分组堆积柱状图等。

现在调查 A ~ H 共 8 种治疗方案对某种疾病的治疗效果，将效果分为 4 级，即临床治愈、显效、有效和无效，结果如表 5-2-2 所示。下面根据此表绘制堆积柱状图。

表 5-2-2　8 种治疗方案对某种疾病的治疗效果调查结果

效　　果	A	B	C	D	E	F	G	H
临床治愈	12	23	15	23	12	15	23	34
显效	55	67	44	55	67	44	78	67
有效	78	89	67	78	89	78	56	45
无效	23	32	21	34	22	12	12	34

Step1：数据录入

（1）打开 GraphPad Prism，进入欢迎界面，选择行列分组表，选中 Enter or import data into a new table 和 Enter and plot a single Y value for each point 单选按钮，然后单击 Create 按钮，创建数据表。

（2）将表 5-2-2 所示的数据复制并粘贴到数据表中，按照 5.2.1 节的方法进行转置：在工具栏中单击 Analyze 图标，在弹出的 Analyze Data 界面中选择 Transform，Normalize→Transpose X and Y 选项，单击 OK 按钮；在弹出的参数界面中保持所有选项的默认设置，单击 OK 按钮。获得如图 5-2-12 所示的数据表格式。

Transpose	A 临床治愈	B 显效	C 有效	D 无效
1　A	12.000	55.000	78.000	23.000
2　B	23.000	67.000	89.000	32.000
3　C	15.000	44.000	67.000	21.000
4　D	23.000	55.000	78.000	34.000
5　E	12.000	67.000	89.000	22.000
6　F	15.000	44.000	78.000	12.000
7　G	23.000	78.000	56.000	12.000
8　H	34.000	67.000	45.000	34.000
9				

图 5-2-12　行列分组表数据格式

Step2：数据分析

无。

Step3：图形生成和美化

（1）在左侧导航栏的 Graphs 部分单击同名图片文件，弹出 Change Graph Type 绘图引导界面，在 Graph family 下拉列表中选择 Grouped 选项，并在下面的 Summary data 选项卡中选择竖直堆积柱状图。

（2）把 X 轴标题改为 Schemes、Y 轴标题改为 Persons；删除图标题，选择配色方案为 Candy soft；把刻度标签字体改为 11pt、Arial、非加粗形式；把图例改为 11pt、宋体、非加粗形式。

（3）在工具栏中单击 ![icon] 图标或者双击图形绘制区，进入 Format Graph（图形格式）界面的 Data Sets on Graph 选项卡中，选中 B、C、D 三列数据后将它们改为 Stacked（堆积）模式；在 Graph Settings 选项卡中，将 Between adjacent data、Before the first column 和 After the last column 改为 20%，其余选项的设置保持不变，如图 5-2-13 所示。

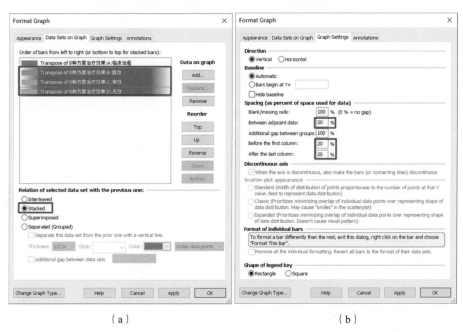

（a）　　　　　　　　　　　　　　　（b）

图 5-2-13　修改数据集直条矩形组合模式

（4）在工具栏中单击 ![icon] 图标或者双击坐标轴，进入 Format Axes（坐标轴格式）界面中进行细致修改。将图形的宽度和高度设置为 Tall，将坐标轴的粗细设置为 1/2pt、颜色设置为黑色，添加坐标轴框（选择 Plain Frame 选项）；将左 Y 轴范围设置为 0～240、主要刻度设置为 40，无次要刻度，刻度方向朝右（Right）；将所有坐标轴刻度长度改为 Short（也可以不改）。

修改背景色和网格样式，或者更换配色方案，最终获得如图 5-2-14 所示的效果。

如果把堆积柱状图的每一组数据加和设置为 100%，对组内各直条矩形数据进行百分化，则将该图形称为百分比堆积柱状图。百分比堆积柱状图中各组图形高度一致，看起来比较整齐美观。

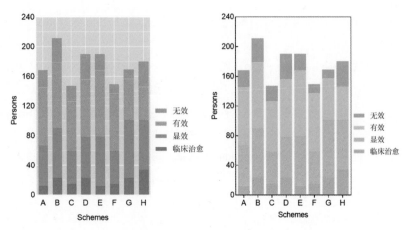

图 5-2-14　堆积柱状图效果

以转置后的数据为例，在工具栏中单击 ▣Analyze 图标，在弹出的 Analyze Data 界面中选择 Transform，Normalize→Fraction of total 选项，在弹出的参数界面中设置按行求百分比，如图 5-2-15 所示，可获得百分比数据表。

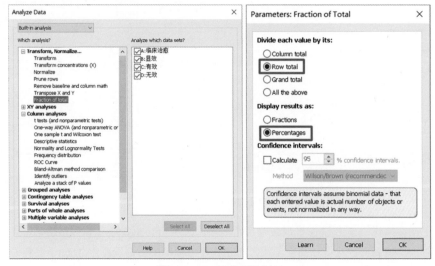

图 5-2-15　按行求百分比

以导航栏中 Results 部分的百分比数据表为例绘图，可获得百分比堆积柱状图，如图 5-2-16 所示。

如果堆积柱状图还需要分组，如上面例子中的疗效可分别针对男性和女性，则可在数据表中自行区分扩展，比如，在图 5-2-17 中，红色表示男性，绿色表示女性。

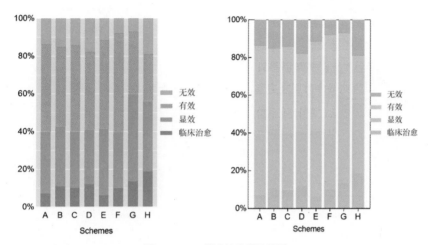

图 5-2-16　百分比堆积柱状图

Table format: Grouped	Group A 临床治愈	Group B 显效	Group C 有效	Group D 无效	Group E 临床治愈	Group F 显效	Group G 有效	Group H 无效
1　A	12	55	78	23	18	63	85	34
2　B	23	67	89	32	15	57	75	23
3　C	15	44	67	21	12	32	65	25
4　D	23	55	78	34	28	63	84	39
5　E	12	67	89	22	8	61	78	11
6　F	15	44	78	12	12	34	67	9
7　G	23	78	56	12	18	62	53	17
8　H	34	67	45	34	16	34	32	19
9　Title								

图 5-2-17　分组堆积柱状图数据输入格式

　　采用与之前相同的方式绘制交错柱状图，X 轴上面每组有 8 个直条矩形。然后在工具栏中单击 📊 图标或者双击图形绘制区，进入 Format Graph（图形格式）界面的 Data Sets on Graph 选项卡中，选中 B、C、D 三列数据后将它们改为 Stacked（堆积）模式，即这 3 列数据将被堆积到 A 列上，表示男性组；同样地，将 F、G、H 三列数据堆积到 E 列上，表示女性组。

　　使用工具栏的 Change 选项组中的魔棒工具 🪄 克隆前面图形的配色方案，各堆积矩形将获得相同的配色，如图 5-2-18（a）所示，主要原因是内置配色方案的颜色种类有限。手动修改对应数据集的颜色，造成分组对比效果，然后手动对图例进行分组，即可获得如图 5-2-18（b）所示的效果。但是这种分组堆积柱状图在组内（此处是一种治疗方案）再次引入了分组变量（此处是男女性别），使得整个数据结构更加复杂。这种图形不论是在行列上的分组还是堆积图之间的分组都不能太多，否则将导致可视化效果不好。对应的分组百分比堆积柱状图的数据结构与之完全一致，这里就不再展示。

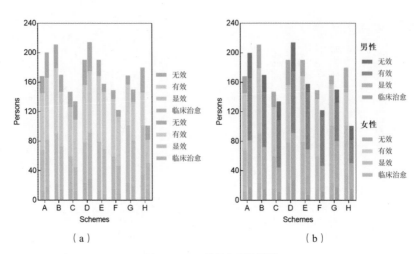

图 5-2-18　分组堆积柱状图

5.2.3　双向柱状图

在柱状图中有一种特殊的柱状图：双向柱状图。双向柱状图多用于展示具有相反含义的数据的对比。其中，图表的一个轴表示正在比较的类别，而另一个轴表示对应的刻度值。最常见的双向柱状图是正负双向柱状图，如每月的收支状况图，可以很明确地对收入和支出进行对比，并能从每组数据中分析收入和支出的数值及波动，如图 5-2-19 所示。

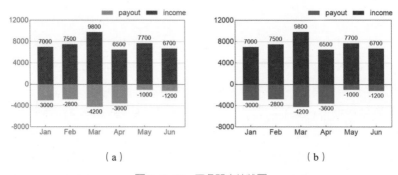

图 5-2-19　正负双向柱状图

双向柱状图是一种简单的堆积柱状图，其双向效果是由堆积数值的正负决定的。除了在行列分组表下直接绘制堆积柱状图，在 XY 表中通过两列数据向指定的波动中心值引垂线也可以绘制双向柱状图，或者通过行列分组表输入数据，错位到 XY 表下绘制垂线图——并不是同样的数据表只能在该数据表下进行统计分析和绘图，只要格式满足要求就可以错位。

除了绘制如图 5-2-19 所示的垂直方向的双向柱状图，也可以绘制水平方向的双向柱状图，如人口金字塔。人口金字塔一般利用正负数值的双向性来绘制。将人口金字塔中的某个性别

（如男性）的数据前面统一加负号，然后绘制横向的堆积柱状图，就可以获得人口金字塔图，如图 5-2-20 所示。

Table format: Grouped		Group A Male	Group B Female
	✕		
1	0-4	-2.4	2.30
2	5-9	-2.4	2.30
3	10-14	-2.5	2.30
4	15-19	-2.7	2.60
5	20-24	-3.2	3.10
6	25-29	-3.4	3.30
7	30-34	-3.4	3.40
8	35-39	-3.2	3.10
9	40-44	-3.5	3.50
10	45-49	-4.1	4.10
11	50-54	-4.1	4.00
12	55-59	-3.4	3.50
13	60-64	-2.6	2.80
14	65-69	-2.4	2.70
15	70-74	-2.3	2.70
16	75-79	-1.6	2.10
17	80-84	-1.0	1.50
18	85-89	-0.6	1.10
19	90-94	-0.2	0.60
20	95-99	0.0	0.10
21	100+	0.0	0.00

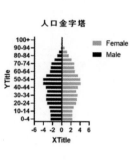

图 5-2-20　人口金字塔图绘制

经过一番修饰之后，获得如图 5-2-21（a）所示的人口金字塔图。但人口比例毕竟不是收支，没有负数。所以还需要使用辅助标签和网格的方式来修改坐标轴刻度标签的正负值。

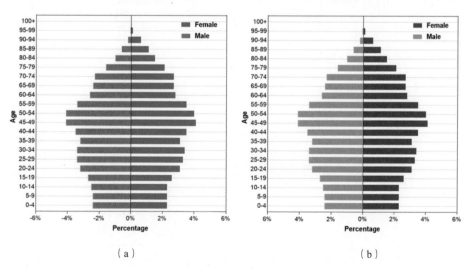

（a）　　　　　　　　　　　　　　　　（b）

图 5-2-21　人口金字塔图

如图 5-2-22 所示，根据坐标轴刻度要求在 Format Axes 界面的 X axis 选项卡底部添加对应的辅助标签。这里相当于将带%后缀的-6、-4、-2 改为 6%、4%、2%。最终获得如图 5-2-21（b）所示的效果。

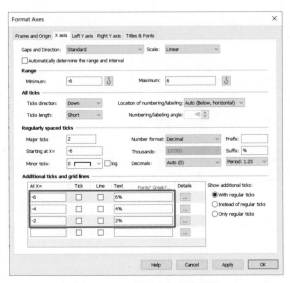

图 5-2-22　修改 X 轴刻度标签

除了人口金字塔图这种经典的双向柱状图，二分类对比的图都可以用类似的方法来绘制，比如，在一侧安排糖尿病患者组，在另一侧安排正常对照组，如图 5-2-23 所示。

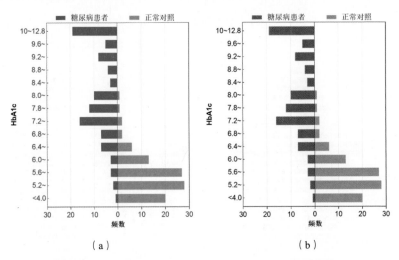

（a）　　　　　　　　　　　　　（b）

图 5-2-23　糖尿病患者组和正常对照组的 HbA1c（％）分布

这种双向柱状图实质是以 Y=0 为界进行分组的。那么，它能不能像在 XY 表下绘制波动中心轴一样，以其他值作为分界线呢？答案是可以。不过在行列分组表下绘制的图形不像在 XY 表下绘制的垂线图那样可以设置波动中心轴，而是需要自行对数据进行变换和（或）对坐标轴进行修改。

图 5-2-24 所示为我们最容易想到的一种绘制思路：图 5-2-24（a）和图 5-2-24（b）是两组

柱状图，将它们叠印在一起可以得到图 5-2-24（c），然后把图 5-2-24（c）中的青蓝色柱子颜色改为背景色，遮挡后面柱状图的一部分，最后通过辅助线添加一条波动中心轴。但这种方法绘制的双向柱状图是一个整体，上下柱状图的颜色无法单独修改。

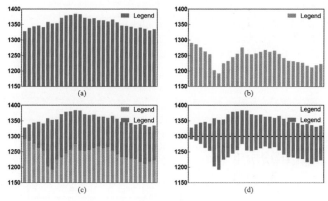

图 5-2-24　通过叠印绘制双向柱状图

除了通过叠印模式绘制双向柱状图，还有一种更好的方式，即通过堆积模式绘制双向柱状图。在图 5-2-24（d）的基础上，以波动中心轴的值为界，将被遮挡的剩余部分一分为二，即"A-中心值"和"中心值-B"，形成两组辅助数据，再加上图 5-2-24（b）的数据 B 就是 3 组数据。将这 3 组数据堆积在一起，如图 5-2-25（a）所示，3 部分都可以被单独修改。这种通过堆积模式绘制双向柱状图的方式能够将辅助数据设置为透明色，不会遮挡网格，是一大优点，如图 5-2-25（b）所示。此外，实际应用时还需要将图中的绿色数据集的图例删除。

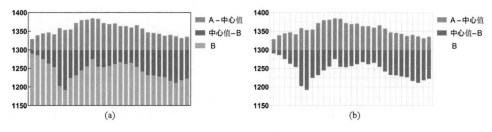

图 5-2-25　通过堆积绘制双向柱状图

第三种方式是利用正负值绘制双向柱状图，然后修改坐标轴刻度标签到原来的位置。将两列数据均减去中心值，获得两列新的数据，即"A-中心值"和"B-中心值"，且一列数据为正一列数据为负，以新的数据输入行列分组表。如前所述，绘制垂直堆积柱状图，得到如图 5-2-26（a）所示的效果。

在工具栏中单击 图标或者双击坐标轴，进入 Format Axes（坐标轴格式）界面，切换到 Left Y axis 选项卡，在 Additional ticks and grid lines（辅助刻度和辅助网格线）选项组中设置辅助标签替代原来的标签，如图 5-2-26（b）所示，这相当于将整个坐标系向上移动 1300，可得到如图 5-2-26（c）所示的效果。

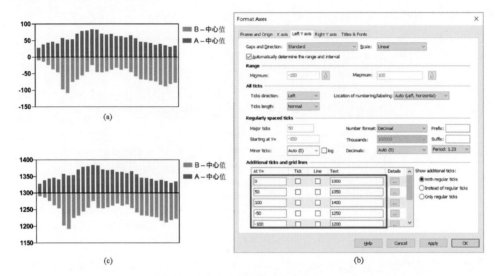

图 5-2-26　修改坐标轴刻度标签绘制双向柱状图

图 5-2-26 所示的效果图是在 Y 轴上的堆积柱状图，可以形成双向柱状图的效果；而且行列分组表下的堆积柱状图可以绘制成横向绘制的效果，这是 XY 表下的柱状图做不到的，算是一个重要补充内容。

此外，如果在 X 轴进行分类和空值堆积（注意这个空值），则可以形成特殊的分组效果。如图 5-2-27 所示，在行列分组表中交错输入数据，留下空值，进行二维分组。

Table format: Grouped		Group A Biological Process	Group B Cellular Component	Group C Molecular Function
	x			
1	Ribosome biogenesis	82		
2	Translation	96		
3	Biosynthetic process	121		
4	Metabolic process	167		
5	Proteolysis	44		
6	Suppression by virus of host apoptosis	4		
7	ribosome		84	
8	ribonucleoprotein complex		86	
9	cytoplasm		110	
10	small ribosomal subunit		11	
11	structural constituent of ribosome			72
12	structural molecule activity			89
13	serine-type endopeptidase activity			25
14	endopeptidase activity			29
15	peptidase activity, acting on L-amino acid peptides			35
16	peptidase activity			36
17	rRNA binding			6
18	Title			
19	Title			

图 5-2-27　交错输入数据

然后绘制水平堆积柱状图，稍做修改，就可以获得如图 5-2-28 所示的图形效果，这种图形实质上是 3 列数据的堆积柱状图，其中两列是空值。外观效果和 4.2.4 节在纵列表下绘制柱状图后手动填色和分割所获得的效果一样，但是在颜色控制和修改方面会方便很多。使用如图 5-2-27 所示的数据也可以到 XY 表下绘制垂线图，获得垂直方向的柱状图。但如图 5-2-28 所示的这种水平方向的柱状图则是 XY 表下的垂线图所不能绘制的。

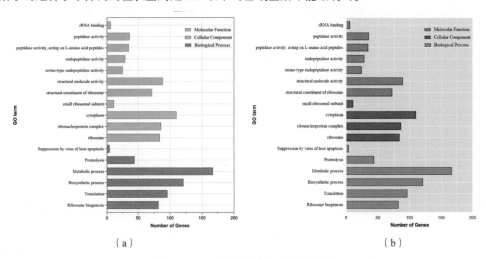

（a）　　　　　　　　　　　　　（b）

图 5-2-28　堆积柱状图形成的分组效果

5.2.4　叠印柱状图

叠印柱状图与堆积柱状图有些类似，不同的是，叠印柱状图将直条矩形按照大小排序后从 X 轴开始叠加在一起，而堆积柱状图则是首尾相连的堆积形式。行列分组表的 45 种可绘制图形中并没有叠印柱状图，在 GraphPad Prism 中叠印在一起的柱状图不能被设置为透明色，当直条矩形数据大小差不多时容易前后遮挡，所以 45 种图形中提供了叠印散点图却没有提供叠印柱状图。

但在 GraphPad Prism 中可以绘制叠印柱状图，方法如前所述，绘制出交错、分隔或堆积柱状图之后，在 Format Graph（图形格式）界面的 Data Sets on Graph 选项卡中选中需要修改的数据集，切换为叠印（Superimposed）模式即可。在切换为叠印模式之后，将其中的某个数据集的柱状图换成折线或折线连接的散点图，就可以绘制柱状图和散点图的组合图形。与 XY 表下绘制双数据系列连线散点图或双 Y 轴图类似，在行列分组表中通过叠印模式绘制的组合图形可以改为水平方向，这是 XY 表做不到的。

医院（或其他企业）质量管理常使用柏拉图。柏拉图由 19 世纪意大利经济学家 Pareto 发明并使用，又被称为排列图。柏拉图是为了寻找影响产品质量的主要问题，用从高到低的顺序将主要问题排列，表示各原因出现频率高低的一种图表。柏拉图能够充分反映出"少数关键、多数次要"的"二八定律"，也就是说，柏拉图是一种寻找主要因素、抓住主要矛盾的方法。

其形式通常是“柱状图+折线图”的组合表格形式。

比如，某医院护理部门某月份护理文书质控如表 5-2-3 所示，要求绘制柏拉图。

表 5-2-3　某医院护理部门某月份护理文书质控

项　　目	问题次数/次	百分比/%	累计百分比/%
交班报告	38	44.71	44.71
体温单	23	27.06	71.76
医嘱单	11	12.94	84.71
总体要求	7	8.24	92.94
危险护单	3	3.53	96.47
分娩护理单	2	2.35	98.82
手术清点单	1	1.01	100.00

Step1：数据录入

（1）打开 GraphPad Prism，进入欢迎界面，选择行列分组表，选中 Enter or import data into a new table 和 Enter and plot a single Y value for each point（输入单个 *Y* 值，*Y* 值按列进行分组）单选按钮，然后单击 Create 按钮，创建数据表。

（2）按照如图 5-2-29 所示的格式输入数据。

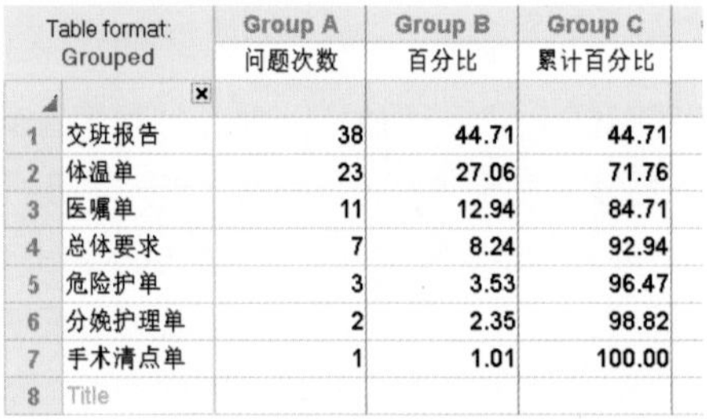

Table format: Grouped	Group A 问题次数	Group B 百分比	Group C 累计百分比
1 交班报告	38	44.71	44.71
2 体温单	23	27.06	71.76
3 医嘱单	11	12.94	84.71
4 总体要求	7	8.24	92.94
5 危险护单	3	3.53	96.47
6 分娩护理单	2	2.35	98.82
7 手术清点单	1	1.01	100.00
8 Title			

图 5-2-29　柏拉图数据输入

Step2：数据分析

无。

Step3：图形生成和美化

（1）在左侧导航栏的 Graphs 部分单击同名图片文件，弹出 Change Graph Type 绘图引导界面，选择交错柱状图。

（2）将 *X* 轴标题改为“问题”、*Y* 轴标题改为“问题次数”；删除图标题，按 Ctrl+A 组合键全选整个图形元件，在工具栏的 Text 选项组中将所有文字字体改为 11pt、宋体、非加粗形式。

（3）在工具栏中单击 图标或者双击图形绘制区，进入 Format Graph（图形格式）界面的 Appearance 选项卡中，修改问题次数和百分比数据集的直条矩形颜色。如图 5-2-30 所示，将累计百分比数据集按右 Y 轴绘制图形，将表现形式改为 Symbol（One symbol per row），修改其符号和连线颜色，然后将该数据集改为叠印模式。最后在 Graph Settings 选项卡中修改 Between adjacent data（数据集之间的间距，即直条矩形）为 10%，修改 Before the first column 和 After the last column 间距为 80%。

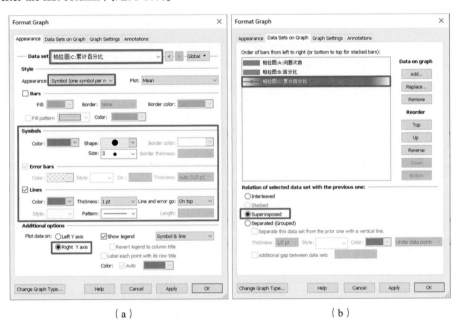

图 5-2-30　累计百分比数据集的图形格式修改

（4）在工具栏中单击 图标或者双击坐标轴，进入 Format Axes（坐标轴格式）界面中进行细致修改。将图形的宽度和高度设置为 9cm 和 5cm，将坐标轴的颜色设置为黑色、粗细设置为 1/2pt；将右 Y 轴范围设置为 0～100，将主要刻度设置为 20，无次要刻度；将所有坐标轴刻度长度改为 Short（也可以不改）；将 X 轴刻度标签旋转角度设置为 45°。

最终获得如图 5-2-31（a）所示的效果，如果继续按照火山图中展示的仿 ggplot2 背景修改，则可以获得如图 5-2-31（b）所示的效果；如果在 Format Graph（图形格式）界面的 Graph Settings 选项卡中删除百分比数据集，则可以获得如图 5-2-31（c）和图 5-2-31（d）所示的效果，事实上这两种图形用得更多。

在 GraphPad Prism 中叠印在一起的柱状图不能被设置为透明色，那么如果需要半透明的叠印柱状图时应该怎么解决呢？答案是可以在 XY 表中仿制，具体见 3.2.5 节相关内容。

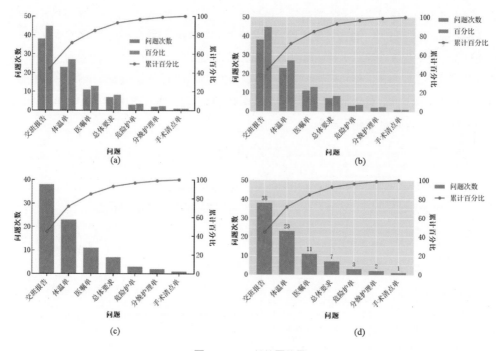

图 5-2-31　柏拉图效果

5.2.5　热图

　　热图（Heatmap）采用颜色深浅和种类变化来反映二维矩阵中数据的大小，往往和聚类分析搭配使用，可以反映多个样品在分类水平上的群落组成相似性和差异性。GraphPad Prism 能够绘制简单的热图，但还不能同步进行聚类分析。

　　下面以某两个基因在多个器官中的表达量矩阵为例介绍热图的绘制方法。

Step1：数据录入

　　（1）打开 GraphPad Prism，进入欢迎界面，选择行列分组表，选中 Enter or import data into a new table 和 Enter and plot a single Y value for each point（输入单个 Y 值，Y 值按列进行分组）单选按钮，然后单击 Create 按钮，创建数据表。

　　（2）按照如图 5-2-32 所示的格式输入数据。

Table format: Grouped	Group A Heart	Group B Lung	Group C Liver	Group D Brain	Group E Kidney	Group F Intestine
1　GeneA	117	116	98	96	113	110
2　GeneB	84	82	85	86	84	82
3　Title						

图 5-2-32　热图数据输入格式

Step2：数据分析

无。

Step3：图形生成和美化

（1）在左侧导航栏的 Graphs 部分单击同名图片文件，弹出 Change Graph Type 绘图引导界面，任意选择一种配色的热图，即可获得如图 5-2-33（a）所示的效果，对图形进行设置后即可获得如图 5-2-33（b）所示的效果。

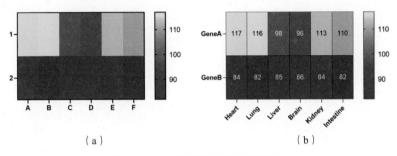

（a）　　　　　　　　　　　　　　　　（b）

图 5-2-33　初始热图和设置后的热图

（2）在工具栏中单击 图标或者双击图形绘制区，进入 Format Graph（图形格式）界面，热图的各修改选项卡与之前介绍的都不相同。首先查看 Graph Settings 选项卡，如图 5-2-34（a）所示，可以设置表示热图的边线和背景，这里设置边线粗细为 1/2pt、颜色为黑色；形状、大小、行列顺序保持默认设置。

在 Labels 选项卡中可以设置在热图上展示数据标签，修改默认的行列刻度标签为行标题和列标题，如图 5-2-34（b）所示。

在 Legend 选项卡中可以对表示图例的渐变线条进行设置，将边缘线条的粗细设置为 1/2pt、颜色设置为黑色，范围、位置、数据标签都保持默认设置，如图 5-2-34（c）所示。

经过这些设置之后，可以获得如图 5-2-33（b）所示的比较规范的热图，并将其应用到论文中。

如果需要修改一开始选定的颜色或者需要做一些特殊效果，则需要在 Color mapping 选项卡中进行修改，如图 5-2-34（d）所示。这里主要对热图颜色进行设置，包括 Single gradient（单渐变色）、Grayscale（灰度）、Double gradient（双渐变色）、Categorical（分类色）4 种可以较大程度自定义的配色方案，以及后面包括 Viridis 等 6 种方案在内的自带配色方案。

Single gradient（单渐变色）：渐变的意思通过图例中色谱带的变化最能理解。使用 Single gradient 可以设定一个渐变方案，从一种颜色到另一种颜色渐次变化，没有中间色，共需要设置两种颜色。比如，可以从某种彩色到白色，看起来更明朗，如图 5-2-35（a）和图 5-2-35（b）所示；也可以设置成两种彩色之间的渐变，如图 5-2-35（c）所示。

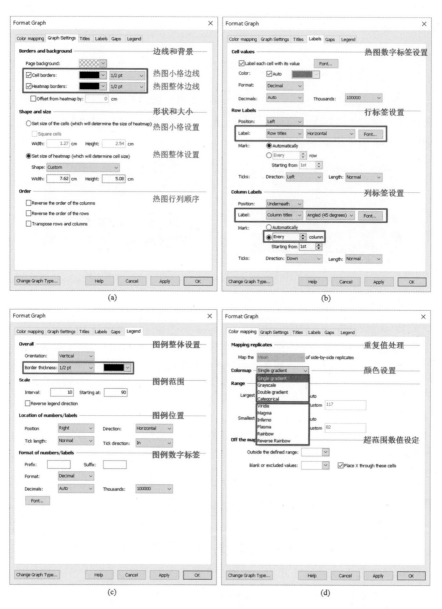

图 5-2-34　热图设置

　　为了更明显地表现数据的大小变化，最好将 Largest value 和 Smallest value 设置成对比色，如黄色和蓝色、红色和绿色、品红色和青色等在色相上面的冷暖对比，任何色彩和黑色、白色、灰色的对比。深色和浅色与亮色和暗色对比的区分度不是太好，一般不推荐使用。而且建议将 Largest value 设置为暖色，符合其热情、积极、奔放、向上的色彩心理暗示；将 Smallest value 设置为冷色，符合其寒冷、压抑、低沉的色彩心理暗示，对于数据的表现会更加自然。

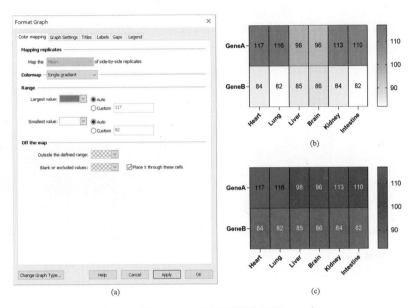

图 5-2-35　热图单渐变色设置

Grayscale(灰度)：这种配色方案只能设置为黑色和白色两种颜色之间的渐变，如图 5-2-36 所示。

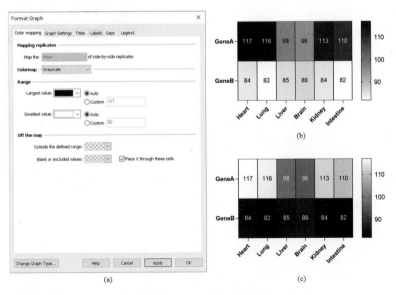

图 5-2-36　热图灰度设置

Double gradient（双渐变色）：可以设置两种渐变方案，但只能设置 3 种颜色，其中一种颜色是两种渐变方案共用的——相当于在单渐变色中添加了一个中间色，这个中间色一般被设置为白色或黑色比较好，因为任何颜色与黑色、白色、灰色都是对比色，如图 5-2-37 所示。将黑色和白色作为中间色，Largest value 和 Smallest value 所代表的颜色会与之形成鲜明对比，且形成的两种渐变色的辨识度较高，可有效避免颜色混杂。但不推荐使用灰色，这是因为在渐变过程中会有颜色深浅和明暗的变化，而灰色的区分度不高。Largest value 和 Smallest value 的设置建议同前。

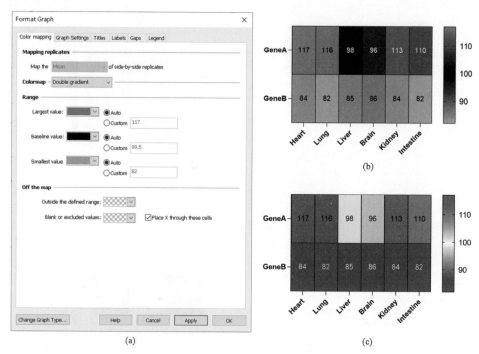

图 5-2-37　热图的双渐变色设置

Categorical（分类色）：颜色不再连续渐变，而是对指定数值或数值范围进行配色。其设置方法和辅助刻度与辅助网格线的设置类似，在如图 5-2-38（a）所示的界面中输入数值、指定颜色，即可获得如图 5-2-38（b）所示的效果；也可以通过输入数值范围，并修改刻度标签，获得如图 5-2-38（c）所示的效果。

热图还涉及一些其他计算和设置。比如，现有一系列基因在 3 个处理×3 个生物学重复（基因表达矩阵），共 9 个生物样本中的数据，可以通过计算相关系数矩阵绘制复杂一些的热图。

这种数据在输入时不要选择具有重复数据的表格格式，直接按照非重复数据输入即可，如图 5-2-39 所示，否则会对重复数据计算出平均值后再进行计算。对于数据表，除选择行列分组表之外，选择 XY 表、纵列表、多变量表（Multiple variable）都可以输入数据。

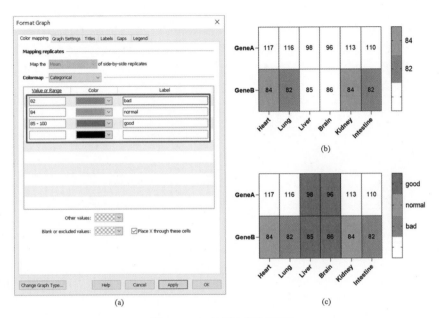

图 5-2-38　热图的分类色设置

Table format: Grouped		Group A SA-1	Group B SA-2	Group C SA-3	Group D SB-1	Group E SB-2	Group F SB-3	Group G SC-1	Group H SC-2	Group I SC-3
	✕									
1	Gene-A	14.25	16.32	15.78	12.22	11.02	10.56	22.13	21.78	23.12
2	Gene-B	45.23	41.32	44.66	30.78	27.99	29.45	33.23	34.11	35.32
3	Gene-C	23.44	21.56	25.23	34.23	36.32	33.00	19.23	18.77	20.12
4	Gene-D	14.34	12.31	15.62	22.32	20.89	21.29	25.67	23.44	24.33
5	Gene-E	66.22	69.23	68.44	55.34	53.21	57.21	33.21	37.43	31.89
6	Gene-F	13.34	15.21	12.89	21.22	17.79	19.45	33.21	31.66	34.90
7	Gene-G	32.29	30.78	34.66	65.33	63.23	61.90	46.44	44.55	41.12
8	Gene-H	64.33	61.89	65.39	31.45	35.46	33.89	76.44	77.42	79.12
	Title									

图 5-2-39　热图数据输入

在工具栏的 Analysis 选项组中单击 Analyze 图标或者在左侧导航栏的 Results 部分选择 New Analysis 选项。如图 5-2-40（a）所示，在弹出的 Analyze Data 或 Create New Analysis 界面中选择 XY analyses→Correlation 选项或者选择 Multiple variable analyses→Correlation matrix 选项，默认勾选所有数据列，单击 OK 按钮。

在参数界面中选中 Computer for every pair of Y data sets（Correlation matrix）单选按钮，即计算相关系数矩阵，选中 Yes，Compute Pearson correlation coefficients 单选按钮，勾选 Create a heatmap of the correlation matrix 复选框，即绘制相关系数矩阵热图，其他选项保持默认设置，单击 OK 按钮，如图 5-2-40（b）所示。

在计算相关系数矩阵时自动绘制的热图效果如图 5-2-41（a）所示。对其进行颜色、线条、图例等的设置，尤其是对 Gaps 选项卡进行设置，可以获得如图 5-2-41（b）~图 5-2-41（d）所示的效果。

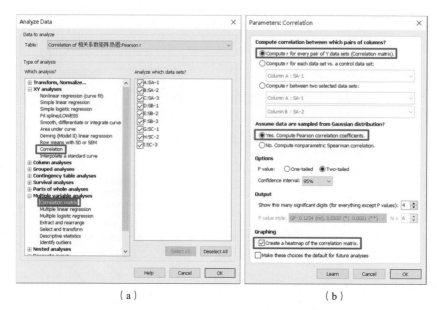

（a） （b）

图 5-2-40 相关系数矩阵计算

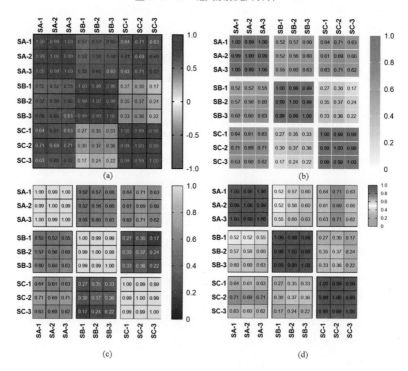

图 5-2-41 热图效果

在 Gaps 选项卡中可以在行列之间设置间隔，对分组展示比较有用。如图 5-2-44 所示，可以对每行或每列进行间隔设置，软件给出了推荐的间隔宽度数据；也可以对选定列右侧或选定行下侧进行间隔设置。

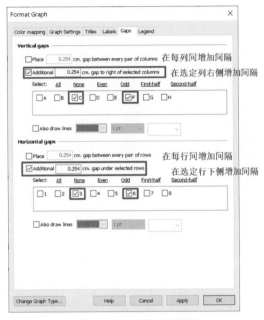

图 5-2-42　热图间隔设置

5.3　带统计分析的行列分组表图形绘制

由于行列分组表的行列都安排了分组因素，因此它适用于二（三）因素方差分析。二（三）因素方差分析中的表格设置过程与单因素方差分析中的比较类似，使用起来也比较容易上手。

5.3.1　二因素方差分析

在实际工作中，我们经常会遇到两种因素共同影响实验结果的情况，如试剂浓度和作用时间。在二因素实验方差分析中，需要对处理因素的主效应和处理因素之间的交互作用进行分析。因素之间的交互作用显著与否关系到主效应的利用价值，有时交互作用甚至大到可以忽略主效应。GraphPad Prism 可以在行列分组表下很方便地进行二因素方差分析。二因素方差分析其实已经介绍过，上一章的随机区组设计单因素方差分析就属于无重复数据的二因素方差分析，可以使用相同的数据自行在行列分组表下的 Two-way ANOVA→Ordinary two data sets 中分析对比结果。

如果能够依据经验或专业知识判断二因素有无交互作用，则对每个处理可以不设置重复。

比如，某药剂浓度和作用时间对某蛋白表达的影响如表 5-2-1 所示。需要注意的是，这里只是一个模拟数据的例子，到底有没有影响还要根据实际情况来判断。

表 5-3-1　某药剂浓度和作用时间对某蛋白表达的影响

药剂浓度	时间		
	作用时间 1	作用时间 2	作用时间 3
浓度 1	14	15	14
浓度 2	12	13	13
浓度 3	3	3	3
浓度 4	8	7	8
浓度 5	2	4	2

Step1：数据录入

（1）打开 GraphPad Prism，进入欢迎界面，选择行列分组表，选中 Enter or import data into a new table 和 Enter and plot a single Y value for each point 单选按钮，然后单击 Create 按钮，创建数据表。

（2）按照如图 5-3-1 所示的格式输入数据，将数据表重命名为“药物浓度-时间”；将数据表转置后变成三行五列输入也可以，只是后面的结果解读需要随之变化。

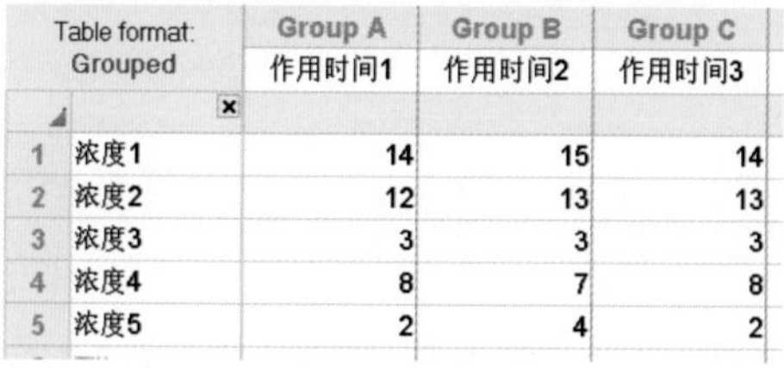

Table format: Grouped		Group A 作用时间1	Group B 作用时间2	Group C 作用时间3
1	浓度1	14	15	14
2	浓度2	12	13	13
3	浓度3	3	3	3
4	浓度4	8	7	8
5	浓度5	2	4	2

图 5-3-1　无重复测量二因素方差分析数据输入

Step2：数据分析

（1）在工具栏的 Analysis 选项组中单击 Analyze 图标或者在左侧导航栏的 Results 部分选择 New Analysis 选项。在弹出的 Analyze Data 或 Create New Analysis 界面中选择 Grouped analyses→Two-way ANOVA（or mixed model）选项，默认勾选 A、B、C 三列数据，单击 OK 按钮；在参数界面中的选项全部保持默认设置，单击 OK 按钮，如图 5-3-2 所示。

由于没有重复测量（Repeated measurement，RM）值，软件的 RM Design 和 RM Analysis 选项卡都是灰色的，不可设置。Factor names 选项卡用于为行列分组因素重命名，一般不改；Multiple Comparisons（多重比较）选项卡暂时不设置，可根据方差分析结果选择；Options 选项卡主要用于设置 Multiple Comparisons（多重比较）的方法，这里也不设置；Residuals（残差）选项卡用于绘制残差图，可以进行带有一定主观性的判断，需要专业知识，软件默认不勾选任何内容。

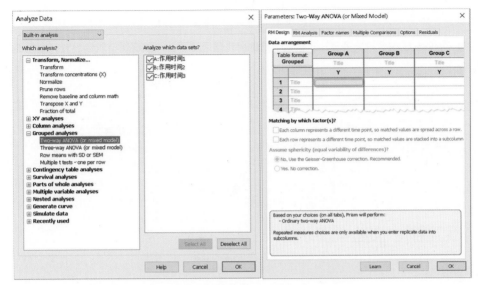

图 5-3-2　无重复测量二因素方差分析方法选择

（2）如图 5-3-3 所示，无重复测量二因素方差分析结果表明，Row Factor（行因素）表示不同浓度之间存在显著性差异，而 Column Factor（列因素）表示不同浓度之间不存在显著性差异，由于是无重复测量二因素方差分析，因此二因素没有交互作用。

	2way ANOVA					
1	**Table Analyzed**	药物浓度-时间				
2						
3	**Two-way ANOVA**	Ordinary				
4	Alpha	0.05				
5						
6	**Source of Variation**	**% of total variation**	**P value**	**P value summary**	**Significant?**	
7	Row Factor	98.67	<0.0001	****	Yes	
8	Column Factor	0.2660	0.4096	ns	No	
9						
10	**ANOVA table**	**SS**	**DF**	**MS**	**F (DFn, DFd)**	**P value**
11	Row Factor	346.3	4	86.57	F (4, 8) = 185.5	P<0.0001
12	Column Factor	0.9333	2	0.4667	F (2, 8) = 1.000	P=0.4096
13	Residual	3.733	8	0.4667		
14						
15	**Data summary**					
16	Number of columns (Column Factor)	3				
17	Number of rows (Row Factor)	5				
18	Number of values	15				
19						

图 5-3-3　无重复测量二因素方差分析结果

（3）重复上面第 1 步，但是在进行参数设置时，根据上面方差分析的结果，在 Multiple Comparisons（多重比较）选项卡中选择 Compare row means（main row effect）（比较行均数）选项，在下面的 How many comparisons? 选项组中选中默认的 Compare each row mean with every other row mean 单选按钮，如图 5-3-4（a）所示，即各行均数自由比较。如果存在交互作用，则根据情况选择简单效应（Simple effect）进行分析。另一个选项是指定一个互相比较的对象，在单因素方差分析中介绍过类似的与对照组比较的情形。

在 Options 选项卡中的多重比较检验方法部分也随之激活，一般都保持默认设置，如图 5-3-4（b）所示。

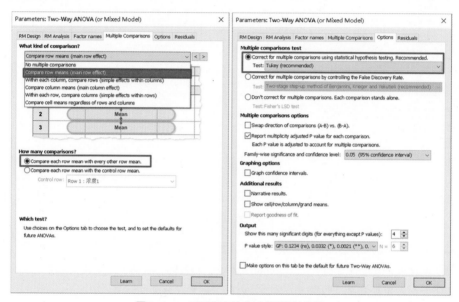

图 5-3-4　二因素方差分析多重比较设置

（4）如图 5-3-5 所示，从多重比较结果可以看出，5 种浓度的药剂对某蛋白表达的影响除了浓度 1 和浓度 2、浓度 3 和浓度 5 之间没有显著差异，其他各浓度之间具有极显著差异。从各自的平均值来看，其中的浓度 1 和浓度 2 影响最大。

	2way ANOVA Multiple comparisons							
1	Compare row means (main row effect)							
2								
3	Number of families	1						
4	Number of comparisons per family	10						
5	Alpha	0.05						
6								
7	Tukey's multiple comparisons test	Mean Diff.	95.00% CI of diff.	Significant?	Summary	Adjusted P Value		
8								
9	浓度1 vs. 浓度2	1.667	-0.2603 to 3.594	No	ns	0.0946		
10	浓度1 vs. 浓度3	11.33	9.406 to 13.26	Yes	****	<0.0001		
11	浓度1 vs. 浓度4	6.667	4.740 to 8.594	Yes	****	<0.0001		
12	浓度1 vs. 浓度5	11.67	9.740 to 13.59	Yes	****	<0.0001		
13	浓度2 vs. 浓度3	9.667	7.740 to 11.59	Yes	****	<0.0001		
14	浓度2 vs. 浓度4	5.000	3.073 to 6.927	Yes	***	0.0001		
15	浓度2 vs. 浓度5	10.00	8.073 to 11.93	Yes	****	<0.0001		
16	浓度3 vs. 浓度4	-4.667	-6.594 to -2.740	Yes	***	0.0002		
17	浓度3 vs. 浓度5	0.3333	-1.594 to 2.260	No	ns	0.9716		
18	浓度4 vs. 浓度5	5.000	3.073 to 6.927	Yes	***	0.0001		
19								
20								
21	Test details	Mean 1	Mean 2	Mean Diff.	SE of diff.	N1	N2	q	DF
22									
23	浓度1 vs. 浓度2	14.33	12.67	1.667	0.5578	3	3	4.226	8.000
24	浓度1 vs. 浓度3	14.33	3.000	11.33	0.5578	3	3	28.74	8.000
25	浓度1 vs. 浓度4	14.33	7.667	6.667	0.5578	3	3	16.90	8.000

图 5-3-5　二因素方差分析多重比较结果

Step3：图形生成和美化

一般不需要绘制图形。如果一定要绘制图形，则可以绘制为交错柱状图，如图 5-3-6 所示。

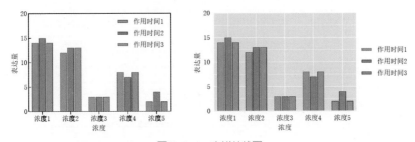

图 5-3-6 交错柱状图

上面介绍的是无重复测量的二因素方差分析。如果有重复测量，则可能会获得如图 5-3-7 所示的数据格式，下面分几种情况来介绍。

Table format: Grouped		Group A 作用时间1			Group B 作用时间2			Group C 作用时间3	
	✕	A:1	A:2	A:3	B:1	B:2	B:3	C:1	C:2	C:3
1	浓度1	14	12	15	15	14	16	14	13	14
2	浓度2	12	11	12	13	12	15	12	13	15
3	浓度3	3	2	4	3	2	3	3	2	3
4	浓度4	8	6	7	7	6	7	8	6	7
5	浓度5	2	1	2	2	2	1	2	1	2

图 5-3-7 重复测量的二因素方差分析数据格式

（1）生物学重复。如果图 5-3-7 所示的数据格式是 5×3×3 份实验动物或细胞培养结果，也就是说，每个数据都来自一个独立的实验。这种情况在二因素方差分析中会激活重复测量的相关界面，但不应该被当作重复测量进行计算，还是执行普通二因素方差分析。

（2）技术重复。每个时间×浓度下的 3 个值为技术重复值，如从同一动物上重复测量 3 次，这是一种伪重复。这时可以对 3 次技术重复值计算出平均值，以无重复测量二因素方差分析的形式进行计算，否则会被当作生物学重复的形式进行计算，结果可能会产生误导。

（3）真正的重复。比如，每个浓度下（每行）使用 3 只动物，总共 15 只动物，分别在时间 1、时间 2、时间 3 重复测量某蛋白表达量。此时，应该在 RM Design 选项卡中选中 Each column represents a different time point，so matched values are spread across a row 单选按钮，即每一行数据是重复测量得到的；底部的球性假设检验按照默认选择非球性选项 No，Use the Geisser-Greenhouse correction. Recommended，如图 5-3-8（a）所示，结果会报告校正系数 Geisser-Greenhouse's epsilon。对应的 RM Analysis 选项卡中的选项保持默认即可，如图 5-3-8（b）所示。

GraphPad Prism 根据 Scott E. Maxwell 和 Harold D. Delaney 的建议，在重复测量（一段时间测量多次）方差分析中推荐不遵从球性假设，并使用 Geisser-Greenhouse 校正法，可能与其他的软件不同。关于球性假设，在上一章的随机区组设计单因素方差分析和重复测量单因素方差分析中曾多次出现。

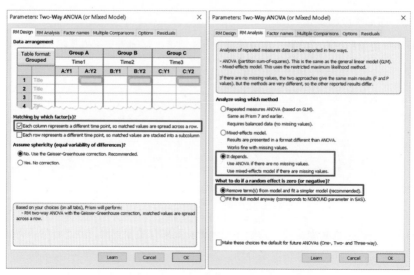

图 5-3-8　按行重复测量的二因素方差分析设置

如果每一子列都代表 1 只动物，即 3 个时间点中每个时间点使用 3 只动物，共 9 只动物，然后使用 5 种不同浓度的药剂对动物进行试验，并检测某蛋白的表达，这种情况就是重复测量试验。在 RM Design 选项卡中则要选中 Each row represents a different time point，so matched values are stacked into a subcolumn 单选按钮，即每一子列数据是重复测量得到的，其他选项保持默认设置，如图 5-3-9（a）所示。

如果只使用 3 只动物，并使用 5 种不同浓度的药剂后，分别在 3 个时间点取样测量某蛋白的表达，则 RM Design 选项卡中的两个复选框都要勾选上，如图 5-3-9（b）所示。

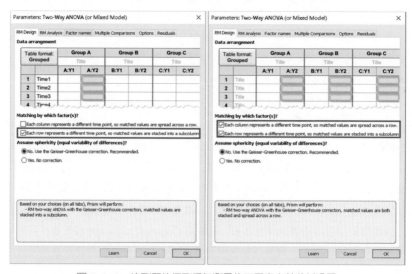

图 5-3-9　按列和按行列重复测量的二因素方差分析设置

5.3.2　三因素方差分析

　　三因素方差分析相当于把二因素方差分析扩展到一般情况。但由于行列分组表中行列都用来分组才能安排两个分组因素，因此三因素方差分析需要自行对列方向的因素进行压缩，并在列方向上安排两个分组因素。如图 5-3-10 所示，在列方向上安排了饮食脂肪含量（Low fat 和 High fat）和性别（Male 和 Female）两个分组因素。

Table format: Grouped	Group A Low fat Male			Group B Low fat Female			Group C High fat Male			Group D High fat Female		
▲ ☒	A:1	A:2	A:3	B:1	B:2	B:3	C:1	C:2	C:3	D:1	D:2	D:3
1 Light smoker	24.1	29.2	24.6	20.0	21.9	17.6	14.6	15.3	12.3	16.1	9.3	10.8
2 Heavy smoker	17.6	18.8	23.2	14.8	10.3	11.3	14.9	20.4	12.8	10.1	14.4	6.1
3 Title												

图 5-3-10　三因素方差分析在列方向上安排两个分组因素

　　三因素方差分析的参数设置界面和二因素方差分析的类似，使用起来应该没有障碍。但难的是三因素方差分析本身不是一种容易掌握的统计学方法，因此我们除了阅读教科书，还应考虑从经验丰富的专业人士那里获得帮助。

第 6 章

列联表（Contingency）及其图形绘制

列联表（Contingency）是一种特殊的频数统计表，是将观测数据按照两个或多个变量分类时所列出的频数表，常用于卡方检验、堆积图的绘制等。需要注意的是，列联表中每个数据都代表受检者（或受试单位）的数量，而不是平均值、比例、归一化值，或者观察值和期望值，否则这些数据放在列联表下进行分析所获得的结果将毫无意义。大多数列联表具有两行（两个分组）和两列（两种可能的结果）的四表格形式，GraphPad Prism 中也可以输入具有任意数量行和列的 $R \times C$ 列联表。

6.1 列联表及其输入界面

列联表输入界面比较简单，如图 6-1-1 所示。Data tables（数据表）选项组只有两个选项。

（1）Enter or import data into a new table：在新数据表中输入或导入数据。

（2）Start with sample data to follow a tutorial：使用软件自带的示例数据跟着教程练习，可便于新手摸索软件使用方法。

而 Options（选项）选项组在选中 Enter or import data into a new table 单选按钮后没有可选项。

列联表统计分析方法有以下 3 种。

（1）Chi-square（and Fisher's exact）test：卡方（Fisher 精确）检验。

（2）Row means with SD or SEM：带 SD 或 SEM 的行平均值。简单的统计方法，在 XY 表、纵列表、行列分组表下重复出现。

（3）Fraction of total：局部占总体。简单的统计方法，在 Transform,Normalize 和 Parts of whole analyses 下重复出现。

列联表下有 6 种可绘制图形，如图 6-1-2 所示，除了没有误差线，与行列分组表里面的交错、分隔、堆积柱状图相同，共有 6 种图形，后面 3 种图形是前面 3 种图形的坐标轴互换形式。而且列联表最后往往会得到百分比，采用百分比堆积柱状图或不采用图形的情形居多。

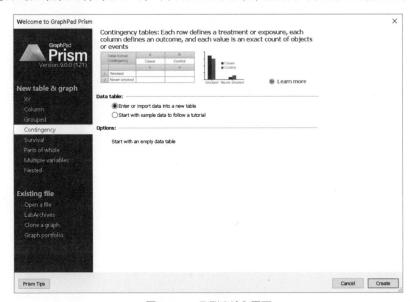

图 6-1-1　列联表输入界面

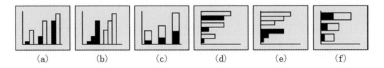

(a)　　　　(b)　　　　(c)　　　　(d)　　　　(e)　　　　(f)

图 6-1-2　列联表下可绘制图形

6.2　带统计分析的列联表图形绘制

目前的 GraphPad Prism 9 版本只能对较简单的列联表数据进行相关分析，具体要求为：独立、非配对、只包含受检者（或受试单位）具体数量的数据。复杂的配对四表格卡方检验、分层卡方检验、$R×C$ 列联表下的单向有序（分组有序多分类和结局二分类的数据可以进行 Cochran-Armitage 趋势检验）、双向有序和卡方检验的两两比较还需要使用其他的数据分析软件，如 SAS、SPSS 或 R 语言等。此外，如果要将观察值分布与理论上的期望值分布进行比较，也不要使用列联表，可以使用局部整体表（Parts of whole tables）下的 Compare observed distribution with expected（比较观察分布和期望分布）。

下面以软件自带的 Smoking and cancer（吸烟与癌症）数据为例，介绍列联表下统计分析方法的选择。

Step1：数据录入

（1）打开 GraphPad Prism，进入欢迎界面，选择列联表，选中 Start with sample data to follow a tutorial 单选按钮，并选择 Fishers exact test of retrospective data(smoking and cancer)作为练习数据，然后单点击 Create 按钮，创建数据表。

（2）列联表数据输入格式如图 6-2-1 所示。一般列安排分组可能的结果包括有效和无效、阳性和阴性、存活和死亡、癌症和对照组等；而行安排分组包括西药组和中药组、急性组和慢性组等。

Table format: Contingency	Outcome A Cases (lung cancer)	Outcome B Control
1 Smoked	688	650
2 Never smoked	21	59

图 6-2-1 列联表数据输入格式

Step2：数据分析

（1）单击工具栏中的 ⊟Analyze 图标，在列联表下选择 Chi-square（and Fisher's exact）test（卡方（Fisher 精确）检验）选项，单击 OK 按钮，如图 6-2-2（a）所示；在弹出的参数设置界面 Parameters: Chi-square（and Fisher's exact）test 中，效应值勾选 Odds ratio（优势比）复选框，P 值计算方法选中 Fisher's exact test 单选按钮，Options 选项卡中的选项保持默认设置，单击 OK 按钮，如图 6-2-2（b）所示。

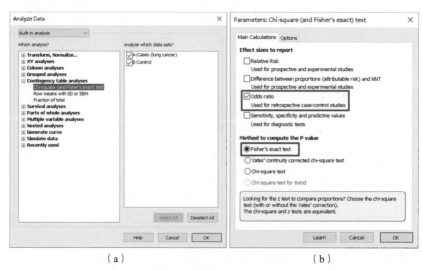

（a） （b）

图 6-2-2 卡方检验方法的选择

这里对效应值的选择将取决于实验设计，如根据回顾病例-对照数据计算优势比（Odds

ratio ），根据诊断性试验研究计算灵敏度等（Sensitivity，specificity and predictive values），以及根据前瞻性和实验性研究计算相对危险度（Relative Risk）和比例之差（即 Attribute Risk，归因危险度），如图 6-2-3（a）所示。也可以都不勾选，只是简单进行卡方检验。所有这些效应值仅适用于 2×2 表格，而其他的 $R×C$ 表格的效应值计算在这里将会是灰色的，表示不可用。

一旦勾选了计算某项效应值，Options 选项卡的置信区间计算方法也将被随之激活，并显示建议的计算方法，如图 6-2-3（b）所示，使用 GraphPad Prism 默认推荐的方法即可。

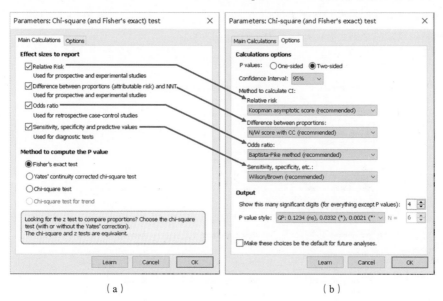

（a） （b）

图 6-2-3　效应值的选择和置信区间的计算方法

在 Main Calculations 选项卡中，提供的计算 P 值的方法共有 4 种，用于四表格的方法是前 3 种，即 Fisher's exact test（Fisher 精确检验）、Yates' continuity corrected chi-square test（Yates' 连续校正卡方）、Chi-square test（卡方检验，即 Pearson 卡方），而用于 $R×C$ 列联表的是 Chi-square test（卡方检验）和 Chi-square test for trend（趋势卡方检验）两种。对于前 3 种方法，选择标准如下所述。

① 当总例数 $n≥40$ 且所有理论频数 $T≥5$ 时，用 Chi-square test（即 Pearson 卡方）。

② 当总例数 $n≥40$ 但 $1≤T$（理论频数）$≤5$ 时，用 Yates' continuity corrected chi-square test（Yates' 连续校正卡方）。

③ 当总例数 $n<40$ 或理论频数 $T<1$ 时，用 Fisher's exact test（Fisher 精确检验）。

Fisher 精确检验能提供精确的 P 值，并且在小样本量下也能正常工作。部分统计学书籍建议使用 Fisher 精确检验代替卡方检验，所以 GraphPad Prism 把它放在首位并默认选此方法。对于四表格，GraphPad Prism 建议使用 Fisher 精确检验计算 P 值。如果输入的数字很大（总例

数 n 大于 1 000 000），则即使选择了 Fisher 精确检验，GraphPad Prism 也将执行卡方检验。建议用户按照上述标准来选择。

Chi-square test for trend（趋势卡方检验）用于分组有序多分类和结局二分类的数据，比如，按照年龄、持续时间、时间进行分组，而结果是成功或失败、生存或死亡之类的二分类数据，其检验方法是 Cochran-Armitage 趋势检验。

（2）图 6-2-4 所示为本例的 Fisher 精确检验结果。结果为 $P<0.0001$，表示吸烟者和不吸烟者之间患肺癌的比例具有极显著差异；Odds ratio 为 2.974，表示吸烟者患肺癌的风险为不吸烟者患肺癌的风险的 2.974 倍；95%CI 为 1.819 to 4.900。

	Contingency	A	B	C
1	**Table Analyzed**	Retrospective (smoking and cancer)		
2				
3	**P value and statistical significance**			
4	Test	Fisher's exact test		
5	P value	<0.0001		
6	P value summary	****		
7	One- or two-sided	Two-sided		
8	Statistically significant (P < 0.05)?	Yes		
9				
10	**Effect size**	Value	95% CI	
11	Odds ratio	2.974	1.819 to 4.900	
12	Reciprocal of odds ratio	0.3363	0.2041 to 0.5496	
13				
14	**Methods used to compute CIs**			
15	Odds ratio	Baptista-Pike		
16				
17	**Data analyzed**	**Cases (lung cancer)**	**Control**	**Total**
18	Smoked	688	650	1338
19	Never smoked	21	59	80
20	Total	709	709	1418
21				
22	**Percentage of row total**	**Cases (lung cancer)**	**Control**	
23	Smoked	51.42%	48.58%	
24	Never smoked	26.25%	73.75%	
25				
26	**Percentage of column total**	**Cases (lung cancer)**	**Control**	
27	Smoked	97.04%	91.68%	

图 6-2-4　Fisher 精确检验结果

Step3：图形生成和美化

列联表的卡方检验一般不用于绘制图形，如果一定要将其用于绘制图形，则可以绘制百分比堆积柱状图。

（1）单击工具栏中的 Analyze 图标，在弹出的 Analyze Data 界面中选择 Contingency table analyses→Fraction of total 选项，如图 6-2-5（a）所示，在弹出的界面中设置按行计算百分比，如图 6-2-5（b）所示，将在左侧导航栏的 Results 部分获得一个新表格 Fraction of total of Retrospective (smoking and cancer)。

（2）在左侧导航栏的 Graphs 部分单击同名图片文件，弹出 Change Graph Type 绘图引导界面，选择垂直堆积图。

（3）修饰直条矩形、坐标轴、文字，获得如图 6-2-6 所示的百分比堆积柱状图。

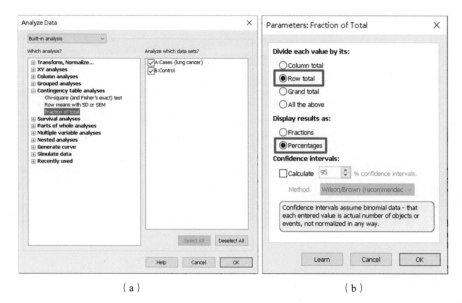

（a） （b）

图 6-2-5 按行计算百分比

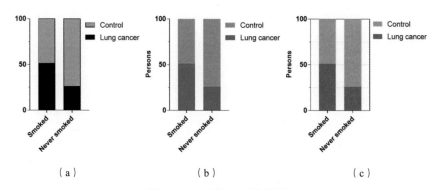

（a） （b） （c）

图 6-2-6 百分比堆积柱状图

第 7 章

生存表（Survival）及生存曲线绘制

在临床试验研究中，如恶性肿瘤、慢性病或其他情况，经常需要观察和记录观察对象到达终点与否和到达终点所经历的时间长短，以比较和评价临床疗效。生存分析（Survival Analysis）就是将终点事件的出现与否和到达终点所经历的时间结合起来分析的一类统计分析方法。其主要特点是考虑了每个研究对象出现某一终点事件所经历的时间长短，同时考虑了事件的观察时间和随访时间。

7.1 生存曲线和生存表简介

在生存分析中，以随访时间为横轴，以生存率（Survival probability）为纵轴，将各个时间点所对应的生存率连接起来的一条曲线就是生存曲线。生存率表示观察对象的生存时间 T 大于某时刻 t 的概率，其估计方法有非参数法和参数法。非参数法又分为寿命表法和 Kaplan-Meier 法（K-M 法，也被称为乘积极限法），二者均应用定群寿命表的基本原理，首先求出各个时段的生存概率，然后根据概率乘法定理计算生存，但前者往往适用于大样本资料，对于小样本或大样本且有精确生存时间的资料一般采用 Kaplan-Meier 法。

在获得生存率之后，还需要进行两组或多组生存率比较，实际上是对两条或多条生存曲线的比较。生存率的假设检验方法也有非参数法和参数法两类。非参数法对资料的分布没有要求，适用范围广，其中，Logrank 检验和 Breslow 检验最为常见，GraphPad Prism 支持这两种方法。

Logrank 检验又被称为 Mantel-Cox 检验，其基本思想是，当检验假设 H（即比较组间的生存率相同）成立时，根据在各个时刻尚存活的患者数和实际死亡数计算理论死亡数，然后将各组实际死亡数与理论死亡数进行比较。Gehan-Breslow-Wilcoxon 检验又被称为 Breslow 检验、广义 Wilcoxon 检验或 Gehan 比分检验。Gehan-Breslow-Wilcoxon 检验会给组间死亡的近期差异更大的权重，而 Logrank 检验会给组间死亡的远期差异更大的权重，即前者对近期差异敏感，后者对远期差异敏感。此外，需要注意的是，两种方法的应用条件相同，即各组生存曲线具有比例风险关系，生存曲线不能有交叉。通常在生存曲线有交叉时，不适合进行生存曲线的整体比较。

Kaplan-Meier 法只能用于研究单因素对生存时间的影响，当对生存时间的影响因素有多个时就不再适用了，并且 Kaplan-Meier 法与 Logrank 检验只适用于分类变量（如常见的不同治疗方案、肿瘤大小、基因表达高低），却不适用于连续变量。Cox 比例风险回归模型（Cox proportional hazards regression model）则可以评估多个研究因素对风险率的影响，可以分析分类变量与连续变量。具体请参阅相关统计学教材。

需要注意的是，生存分析的方法有很多，GraphPad Prism 目前只支持应用最广泛的单因素的 Kaplan-Meier 法、Logrank 检验或 Breslow 检验。寿命表法、Cox 比例风险回归法可以使用 SPSS、R 语言等软件进行分析。

生存表输入界面比较简单，如图 7-1-1 所示。

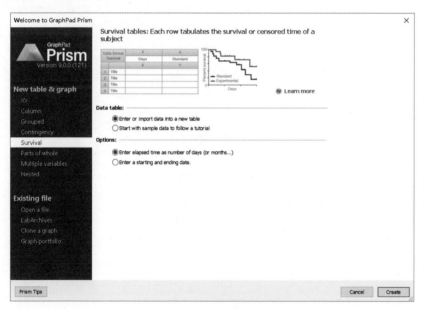

图 7-1-1　生存表输入界面

Data table（数据表）选项组只有两个选项。

（1）Enter or import data into a new table：在新数据表中输入或导入数据。

（2）Start with sample data to follow a tutorial：使用软件自带的示例数据跟着教程练习，可便于新手摸索软件使用方法。

Options（选项）选项组也有两个选项：如果已经算好生存时间，则选中 Enter elapsed time

as number of days（or months）单选按钮；如果数据是生存资料的原始记录，记录的是随访开始和结束的日期，则选中 Enter a starting and a ending date 单选按钮，在随后的数据表中输入起止时间，软件会自动计算时间长度。

生存表下有 8 种图形样式，如图 7-1-2 所示，选择之后可以快速绘制，也可以再次修改。

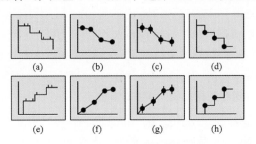

图 7-1-2　生存表下的 8 种图形样式

图 7-1-2（a）所示为带误差线和删失标记的阶梯图，是最常用的生存曲线形式。如图 7-1-3 所示，其中，生存率可以用百分数（Percents）或小数（Fractions）表示，在阶梯图中符号（Symbols）可以选择画在所有点（All points）上还是画在删失点（Censored points only）上，而误差线可以选择 None（无）、SE（标准误）或 95%CI（置信区间）。

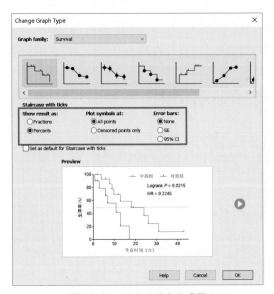

图 7-1-3　生存曲线参数设置

图 7-1-2（b）所示为不带误差线直线连接的点图，只能设置生存率用百分数（Percents）或小数（Fractions）来表示。

图 7-1-2（c）所示为带误差线直线连接的点图，比图 7-1-2（b）多了误差线展示及设置。

图 7-1-2（d）所示为不带误差线但带删失标记的阶梯图，比图 7-1-2（a）少了误差线展示及设置。

图 7-1-2（e）~ 图 7-1-2（h）分别对应图 7-1-2（a）~图 7-1-2（d）这 4 个图，但是 Y 轴是二分类对应的另一端。比如，生存率对应死亡率，曲线是向右上增长的。

7.2　传统 K-M 生存曲线绘制

使用某中药结合化疗（中药组）和仅化疗（对照组）两种疗法治疗某种恶性肿瘤后，随访记录各观察对象的生存时间（月），如表 7-2-1 所示。

表 7-2-1　使用不同疗法治疗某种恶性肿瘤的观察对象生存时间　　　　　　单位：月

中药组	10　2^+　12^+　13　18　6^+　19^+　26　9^+　8　6^+　43^+　9　4　31　24
对照组	2^+　13　7^+　11^+　6　1　11　3　17　7

$^+$表示删失数据

下面使用 GraphPad Prism 进行生存分析并绘制生存曲线。

Step1：数据录入

（1）打开 GraphPad Prism，进入欢迎界面，选择生存表，在 Data table 选项组中选中 Enter or import data into a new table 单选按钮，在 Options 选项组中选中 Enter elapsed time as number of days（or months）单选按钮，然后单击 Create 按钮，创建数据表。

（2）如图 7-2-1 所示，X 列表示生存时间，Group A 列表示中药组的数据，Group B 列表示对照组的数据，1 表示死亡，0 表示删失数据，将数据输入数据表，并将数据表重命名为"某肿瘤治疗方案"。

Step2：数据分析

（1）GraphPad Prism 9 默认自动进行生存分析。如果软件其他版本不能自动进行该分析，或者需要修改参数设置，则按照以下步骤手动进行分析。在工具栏的 Analysis 选项组中单击 [Analyze] 图标，或者在左侧导航栏的 Results 部分选择 New Analysis 选项。在弹出的 Analyze Data 或 Create New Analysis 界面中选择 Survival Analyses→Survival curve 选项，在窗口左侧勾选 A：Low expression 和 B：High expression 两个数据集，单击 OK 按钮，如图 7-2-2（a）所示。

在弹出的参数设置界面 Parameters：Survival Curve 中保持各选项的默认设置即可，如图 7-2-2（b）所示。这个界面的最上面指定了 0 和 1 代表的意思，默认 1 代表死亡，0 代表删失数据，与我们之前在 Excel 中的设置一致，不需要修改。

界面中间是计算生存率比较的方法，即对两条或多条生存曲线的比较。GraphPad Prism 默认使用 Logrank 检验和 Gehan-Breslow-Wilcoxon 检验两种非参数检验方法，保持默认设置即可。

图 7-2-1　数据输入格式

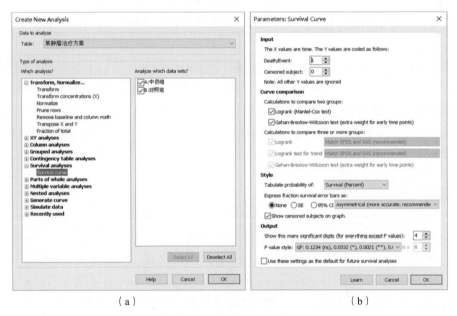

（a）　　　　　　　　　　　　（b）

图 7-2-2　生存曲线分析

　　生存曲线的样式默认采用百分存活率（Survival（Percent）），即纵坐标是 0 ~ 100 的整数，可以在下拉列表中改为百分死亡率（Death（Percent））、小数存活率（Survival（Fraction））、小数死亡率（Death（Fraction）），也可以在之后根据需要进行修改。而生存曲线上的误差线默认为 None，也可以改为 SE 或 95%CI 的形式。一般采用默认设置即可。

（2）获得的生存曲线分析结果如图 7-2-3 所示，其中，P value 和 Hazard Ratio 两个参数比较常用。这里需要注意的是，有时不需要进行第三步，输入数据后在导航栏的 Results 部分就会有默认参数的分析结果了，这适用于大多数情况，可以提高效率。但如果需要进行一些特殊设置，比如，有时 P 值太小，将以 $P < 0.001$ 的格式显示。如果需要具体的 P 值，则需要再次选择 New Analysis 选项进行分析，并在参数设置界面 Parameters：Survival Curve 中选择合适的 P 值格式（这里是第四种）。

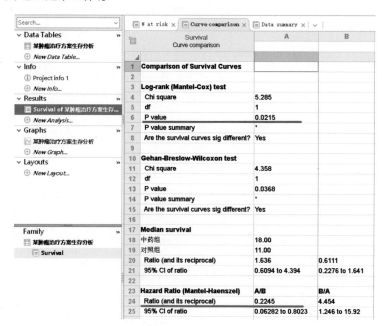

图 7-2-3　生存曲线分析结果

Step3：图形生成和美化

（1）在左侧导航栏的 Graphs 部分单击同名图片文件，弹出 Change Graph Type 绘图引导界面，选择第一个图形样式，参数保持默认设置即可，如图 7-2-4 所示。

（2）对获得的生存曲线进行修饰和美化，如图 7-2-5 所示。在工具栏中单击图标或者双击坐标轴，进入 Format Axes（坐标轴格式）界面中进行细致修改。将坐标轴和刻度的粗细改为 1/2pt；将 X 轴范围改为 0~45，将主要刻度设置为 10，无次要刻度；将 Y 轴范围改为 0~100，将主要刻度设置为 20，无次要刻度；添加 $X=50$ 的辅助线；将对照组生存曲线采用蓝色表示，将中药组生存曲线采用红色表示。

这里需要注意的是，由于在生存曲线中将采用竖线符号"|"来表示删失数据，因此将生存曲线的粗细设置为 1/2pt，将删失数据的符号设置为 1pt，以进行区分。

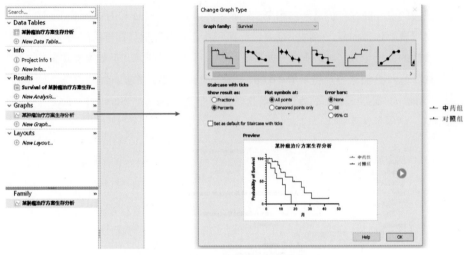

图 7-2-4　选择生存曲线样式

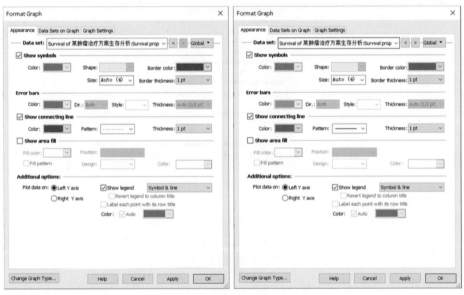

图 7-2-5　生存曲线修饰和美化

（3）将所有英文和数字字体改为 10pt、Arial、非粗体形式，将中文字体改为宋体、10pt形式；修改图名、Y 轴名称，添加 P 值、HR 值，并将图例移到图形绘制区。

最终获得的生存曲线效果如图 7-2-6（a）所示。图 7-2-6（b）～图 7-2-6（d）修改了曲线线条粗细，分别展示了 Y 轴的小数效果、带 SE 的生存曲线效果和带 95%CI 的生存曲线效果。如果无法保证最终的图片美化效果能够较好地搭配颜色，则可以参考所投期刊上面的文章。

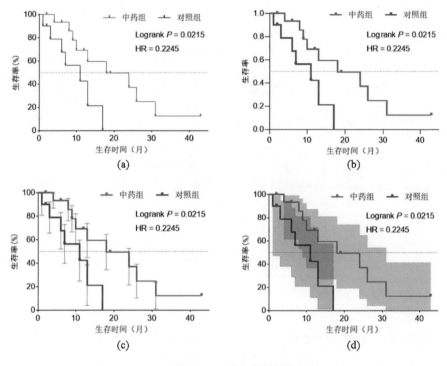

图 7-2-6 生存曲线效果

需要注意的是，生存曲线不仅可以用于生存率的比较，也可以用于其他结果为二分类变量的分析，如是否复发，是否转移等，只是横坐标不再是存活时间，而是复发时间、转移时间等。

7.3 基因表达 K-M 生存曲线绘制

除了传统的临床随访数据记录，生存曲线也被用于结合临床信息的基因表达数据上面，本质上与传统的 K-M 生存曲线绘制并没有区别，只是多了一个按照基因表达数据分组的步骤。

获取表皮生长因子受体 EGFR（Epidermal growth factor receptor）基因在 TCGA 数据库中膀胱尿路上皮癌（Bladder urothelial carcinoma，BLCA）不同个体中的表达数据和生存时间，如图 7-3-1（a）所示，按照基因表达数据从小到大排序可以方便后续操作。

Step1：数据录入

（1）如图 7-3-1（b）所示，在 Excel 中新建 3 列数据：Group（分组）、Status（状态）和 Median（中位数），然后按照下面步骤进行操作。

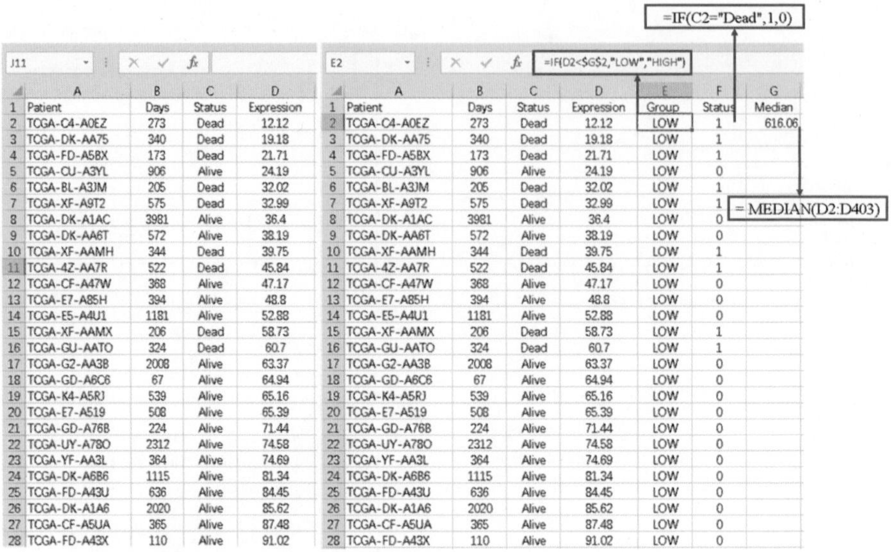

J11

	A	B	C	D
1	Patient	Days	Status	Expression
2	TCGA-C4-A0EZ	273	Dead	12.12
3	TCGA-DK-AA75	340	Dead	19.18
4	TCGA-FD-A5BX	173	Dead	21.71
5	TCGA-CU-A3YL	906	Alive	24.19
6	TCGA-BL-A3JM	205	Dead	32.02
7	TCGA-XF-A9T2	575	Dead	32.99
8	TCGA-DK-A1AC	3981	Alive	36.4
9	TCGA-DK-AA6T	572	Alive	38.19
10	TCGA-XF-AAMH	344	Dead	39.75
11	TCGA-4Z-AA7R	522	Dead	45.84
12	TCGA-CF-A47W	368	Alive	47.17
13	TCGA-E7-A85H	394	Alive	48.8
14	TCGA-E5-A4U1	1181	Alive	52.88
15	TCGA-XF-AAMX	206	Dead	58.73
16	TCGA-GU-AATO	324	Dead	60.7
17	TCGA-G2-AA3B	2008	Alive	63.37
18	TCGA-GD-A6C6	67	Alive	64.94
19	TCGA-K4-A5RJ	539	Alive	65.16
20	TCGA-E7-A519	508	Alive	65.39
21	TCGA-GD-A76B	224	Alive	71.44
22	TCGA-UY-A78O	2312	Alive	74.58
23	TCGA-YF-AA3L	364	Alive	74.69
24	TCGA-DK-A6B6	1115	Alive	81.34
25	TCGA-FD-A43U	636	Alive	84.45
26	TCGA-DK-A1A6	2020	Alive	85.62
27	TCGA-CF-A5UA	365	Alive	87.48
28	TCGA-FD-A43X	110	Alive	91.02

E2 =IF(D2<G2,"LOW","HIGH")

=IF(C2="Dead",1,0)

= MEDIAN(D2:D403)

	A	B	C	D	E	F	G
1	Patient	Days	Status	Expression	Group	Status	Median
2	TCGA-C4-A0EZ	273	Dead	12.12	LOW	1	616.06
3	TCGA-DK-AA75	340	Dead	19.18	LOW	1	
4	TCGA-FD-A5BX	173	Dead	21.71	LOW	1	
5	TCGA-CU-A3YL	906	Alive	24.19	LOW	0	
6	TCGA-BL-A3JM	205	Dead	32.02	LOW	1	
7	TCGA-XF-A9T2	575	Dead	32.99	LOW	1	
8	TCGA-DK-A1AC	3981	Alive	36.4	LOW	0	
9	TCGA-DK-AA6T	572	Alive	38.19	LOW	0	
10	TCGA-XF-AAMH	344	Dead	39.75	LOW	1	
11	TCGA-4Z-AA7R	522	Dead	45.84	LOW	1	
12	TCGA-CF-A47W	368	Alive	47.17	LOW	0	
13	TCGA-E7-A85H	394	Alive	48.8	LOW	0	
14	TCGA-E5-A4U1	1181	Alive	52.88	LOW	0	
15	TCGA-XF-AAMX	206	Dead	58.73	LOW	1	
16	TCGA-GU-AATO	324	Dead	60.7	LOW	1	
17	TCGA-G2-AA3B	2008	Alive	63.37	LOW	0	
18	TCGA-GD-A6C6	67	Alive	64.94	LOW	0	
19	TCGA-K4-A5RJ	539	Alive	65.16	LOW	0	
20	TCGA-E7-A519	508	Alive	65.39	LOW	0	
21	TCGA-GD-A76B	224	Alive	71.44	LOW	0	
22	TCGA-UY-A78O	2312	Alive	74.58	LOW	0	
23	TCGA-YF-AA3L	364	Alive	74.69	LOW	0	
24	TCGA-DK-A6B6	1115	Alive	81.34	LOW	0	
25	TCGA-FD-A43U	636	Alive	84.45	LOW	0	
26	TCGA-DK-A1A6	2020	Alive	85.62	LOW	0	
27	TCGA-CF-A5UA	365	Alive	87.48	LOW	0	
28	TCGA-FD-A43X	110	Alive	91.02	LOW	0	

（a）　　　　（b）

图 7-3-1　基因表达数据整理

（2）将表达数据按照表达数据的中位数分为高、低表达组（见图 7-3-1（b））：①在单元格 G2 中，用公式= MEDIAN(D2:D403)返回所有表达数据的中位数 616.06；②在单元格 E2 中，用公式=IF(D2<G2,"LOW", "HIGH")判断与中位数的大小关系，若小于中位数则返回 LOW，否则返回 HIGH，据此对表达数据进行高低分组。然后向下填充公式。

进行高低分组的方法也有使用平均值的，但中位数用得比较多。还有一种方法是直接按照表达数据的高低，将表达数据高的前 1/3（或 1/4）数据作为高表达组，将表达数据低的前 1/3（或 1/4）数据作为低表达组，而中间的数据则不参与作图；如果样本量不大，则按照表达数据一分为二，表达数据高的一半作为高表达组，另一半作为低表达组。

（3）将生存状态转化为 0 或 1，如图 7-3-2 所示。在单元格 F2 中，使用公式=IF(C2="Dead",1,0)将 C 列中的文字状态描述转化为数字描述，1 表示 Dead，0 表示 Alive。这种方式是为了符合 GraphPad Prism 的默认表示方式，当然也可以反过来，不过在 GraphPad Prism 中需要进行设置。

（4）在 GraphPad Prism 中创建生存表，按照图 7-3-2 的格式将生存时间（Days）和状态（Status）数据按照高、低表达组（High expression & Low expression）两列错位输入，将数据表重命名为 EGFR expression survival。

Step2：数据分析

（1）在工具栏的 Analysis 选项组中单击 Analyze 图标或者在左侧导航栏的 Results 部分选择 New Analysis 选项。在弹出的 Analyze Data 或 Create New Analysis 界面中选择 Survival analyses→Survival curve 选项，在界面右侧勾选 A：Low expression 和 B：High expression 两个数据集，并单击 OK 按钮，如图 7-3-3（a）所示；在弹出的参数设置界面 Parameters：Survival Curve 中保持各选项的默认设置即可。

如果计算出来的 P 值太小，但又需要具体的 P 值，则可以在最下面的输出格式中将 P value style 设置为第四种样式，如图 7-3-3（b）所示，还可以设置小数位数（默认为 6 位）。

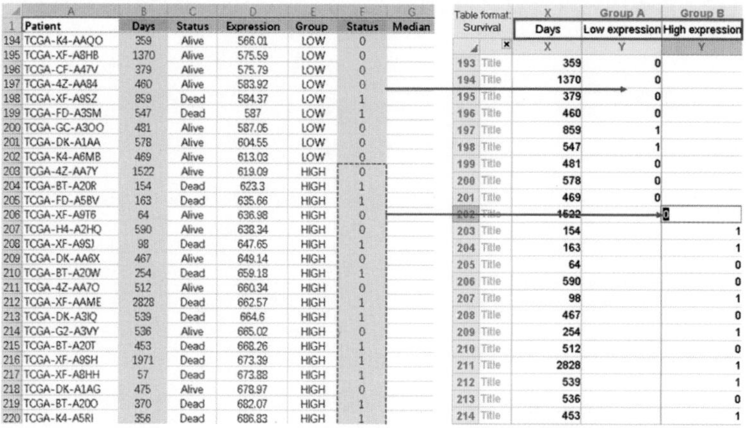

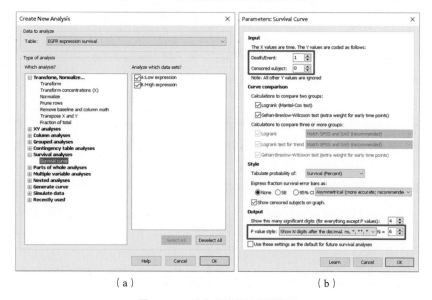

图 7-3-2　基因表达生存曲线数据输入格式

图 7-3-3　生存曲线分析参数设置

Step3：图形生成和美化

（1）在左侧导航栏的 Graphs 部分单击同名图片文件，弹出 Change Graph Type 绘图引导界面，选择第一个图形样式，获得如图 7-3-4（a）所示的效果。

（2）在工具栏中单击 图标或者双击坐标轴，进入 Format Axes（坐标轴格式）界面中进行细致修改。将坐标轴和刻度的粗细改为 1/2pt；将 X 轴范围改为 0~5100，将主要刻度设置为 1000、次要刻度设置为 0；将 Y 轴范围改为 0~100，将主要刻度设置为 20、次要刻度设置为 0，获得如图 7-3-4（b）所示的效果。

（3）将所有文字字体改为 10pt、Arial、非粗体形式；将图例移到图形绘制区，获得如图 7-3-4（c）所示的效果；修改图名，添加 P 值、HR 值，添加 X=50 的辅助线，获得如图 7-3-4（d）所示的效果。

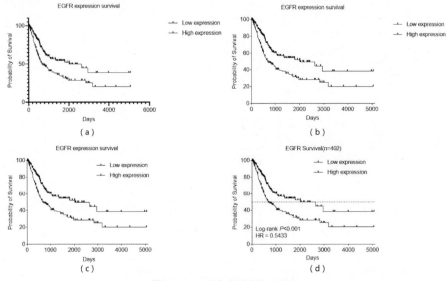

图 7-3-4　生存曲线修饰和美化

（4）在工具栏中单击 图标或者双击图形绘制区，进入 Format Graph（图形格式）界面中进行设置，获得如图 7-3-5（a）所示的效果，还可以根据一些文章中比较漂亮的生存曲线进行颜色配置，获得如图 7-3-5（b）所示的效果。图 7-3-5（c）和图 7-3-5（d）是在生存曲线上添加 SE 和 95%CI 的效果，具体颜色设置过程请参阅 3.2.2 节相关内容。

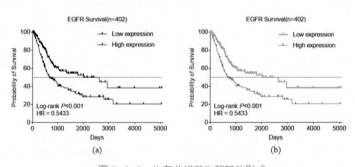

图 7-3-5　生存曲线美化和其他形式

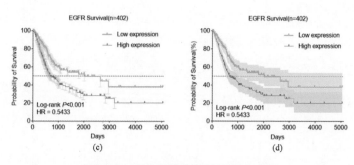

图 7-3-5　生存曲线美化和其他形式（续）

生存曲线所用配色的 RGB 值如图 7-3-6 所示。

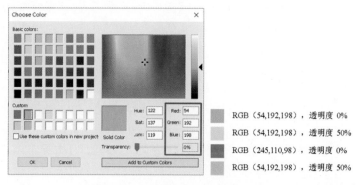

图 7-3-6　生存曲线所用配色的 RGB 值

第 8 章

其他数据表及其图形绘制

    GraphPad Prism 的 8 种数据表中剩余的局部整体表、多变量表、嵌套表的使用频率相对较低，尤其是所涉及的一些高级统计分析方法，需要阅读其他的专业资料，结合自己的研究背景做出判断。

8.1　局部整体表（Parts of whole）及其图形绘制

    局部整体表输入界面比较简单，没有需要设置的地方，如图 8-1-1 所示。

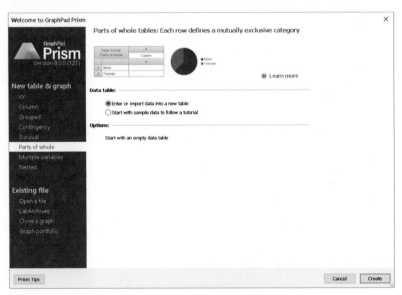

图 8-1-1　局部整体表输入界面

    局部整体表统计分析方法有两种：一种是 Fraction of total，用来计算行、列和总数的百分比；另一种是 Compare observed distribution with expected（比较观察分布和期望分布），用来推断两个总体率或构成比之间有无差别。

下面使用局部整体表中自带的示例数据——孟德尔豌豆杂交实验数据,来讲解局部整体图形的分析和绘制。

孟德尔在进行两对相对性状的杂交实验时发现了基因自由组合定律,即 F2 的基因分离比为 9:3:3:1。实际上收获的黄色圆粒、绿色圆粒、黄色皱粒和绿色皱粒豌豆数分别为 315、108、101、32,而理论上这 4 种豌豆期望值应该为 312.75、104.25、104.25、34.75。现在需要分析实际收获值与理论期望值是否具有差异。

如图 8-1-2 所示,选择局部整体表下的练习数据 Chi-square to compare observed and expected distributions of mendels peas,在数据表中输入实际收获的 4 种豌豆粒数,在工具栏的 Analysis 选项组中单击 Analyze 图标或者在左侧导航栏的 Results 部分选择 New Analysis 选项。在弹出的 Analyze Data 或 Create New Analysis 界面中选择 Parts of whole analyses→Compare observed distribution with expected 选项,单击 OK 按钮;默认选中 Chi-square test for goodness of fit(拟合优度卡方检验)单选按钮,在参数设置界面中输入期望值,单击 OK 按钮。

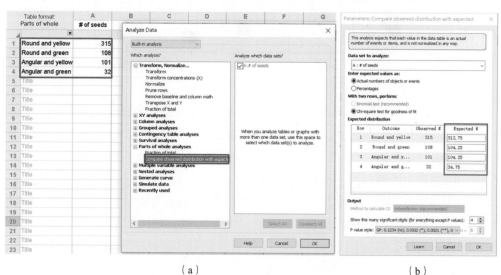

（a）　　　　　　　　　　　　　　　　　　（b）

图 8-1-2　观察分布和期望分布的比较

结果表明,观察分布和期望分布没有显著差异,如图 8-1-3 所示。

局部整体表下内置了 5 种图形样式,如图 8-1-4 所示,包括饼图(Pie chart)、圆环图(Donut chart)、水平切片图(Horizontal slices)、垂直切片图(Vertical slices)和百分比点图(10×10 dot plot)。

（1）饼图（Pie chart）：将一个圆按照分类的占比划分为多个切片,整个圆代表样本整体,每个切片（扇形）代表该分类占总体的比例。要求其数值中没有零或负值,并确保各分类的占比总和为100%。在学术图表中，饼图应用的情形并不多，这是因为饼图固然能够快速展示分类数据的占比，但是可展示的分类数据并不多，当分类数据超过 5 个时，部分分类的占比将难以区分。此时可以将较小或不重要的数据合并为第五个模块并命名为"其他"。

	O vs. E	A	B	C	D
1	Table analyzed	Data 2			
2	Column analyzed	Column A			
3					
4	**Chi-square test**				
5	Chi-square	0.4694			
6	DF	3			
7	P value (two-tailed)	0.9256			
8	P value summary	ns			
9	Is discrepancy significant (P < 0.05)?	No			
10					
11	Outcome	Expected #	Observed #	Expected %	Observed %
12	Round and yellow	312.8	315	56.25	56.65
13	Round and green	104.3	108	18.75	19.42
14	Angular and yellow	104.2	101	18.75	18.17
15	Angular and green	34.75	32	6.250	5.755
16	TOTAL	556.0	556.0	100.0	100.00

图 8-1-3　观察分布和期望分布没有显著差异

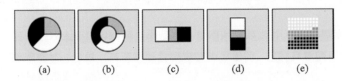

(a)　　　(b)　　　(c)　　　(d)　　　(e)

图 8-1-4　局部整体表下的 5 种图形样式

此外，同一饼图内部切片代表的数据相近。由于不同饼图的切片之间的对比不直观，我们很难对比出每个分类的占比大小。而之前讲过的堆积柱状图中可以包括饼图，但是展示的数据比较多。GraphPad Prism 中的饼图及其他局部整体表下的图形只需要按照如图 8-1-2（a）所示的内容简单地输入分类数据，就可以快速出图。

对于饼图样式，我们可以对其进行颜色、线条、图注及饼图切片拆分与否的设置，能够满足大部分情况的需要，修改效果如图 8-1-5 所示。由于大多数人的视觉习惯是按照顺时针和自上而下的顺序进行查看，因此在绘制饼图时，建议从 12 时开始沿顺时针方向按照从大到小的顺序来安排数据，可以更好地强调重要数据。

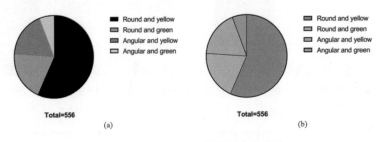

图 8-1-5　饼图样式修改效果

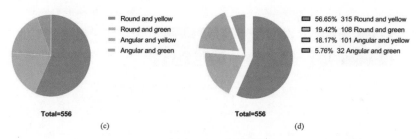

图 8-1-5　饼图样式修改效果（续）

（2）圆环图（**Donut chart**）：圆环图是在饼图的基础上挖掉中间区域，其绘制方式和样式修改方式与饼图完全相同，如图 8-1-6 所示。但是对于不同饼图切片之间难以比较大小的情形有了很大改善，因为在圆环图中，不需要估算每个环状切片的面积，只需要比较环状切片内或外边缘的长度即可。

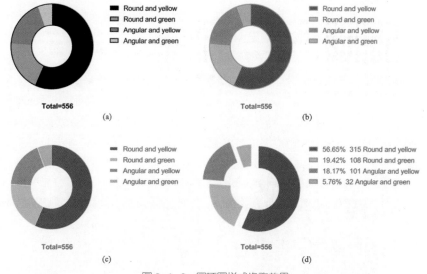

图 8-1-6　圆环图样式修改效果

（3）水平切片图（**Horizontal slices**）：如果把圆环图沿着某条分界线剪开并将其拉直，就成了水平切片图，如图 8-1-7（a）和图 8-1-7（b）所示。与圆环图相比，不同切片之间的比较更直观。

（4）垂直切片图（**Vertical slices**）：将水平切片图旋转 90°，如图 8-1-7（c）和图 8-1-7（d）所示。

（5）百分比点图（**10×10 dot plot**）：以 10×10 的圆形矩阵展示各分类数据的占比，由于刚好是 100 个圆形，因此可以比较直观地读出百分比，如图 8-1-8 所示。这种图是华夫饼图的一种变形，如图 8-1-9 所示。

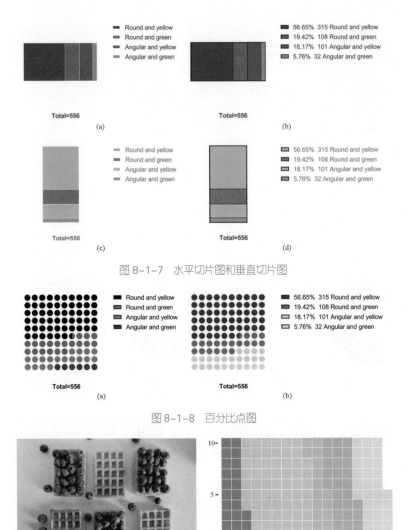

图 8-1-7 水平切片图和垂直切片图

图 8-1-8 百分比点图

图 8-1-9 华夫饼和华夫饼图

8.2 多变量表 (Multiple variables) 及其图形绘制

在多变量表中,每一列代表一个变量,每一行代表一个观察或试验。多变量表输入界面如图 8-2-1 所示。该表常用于高级统计分析相关绘图,如多元线性回归(Multiple linear regression)、多元 Logistic 回归(Multiple logistic regression)、泊松回归(Poisson regression)及相关性矩阵计算（Correlation matrix）。

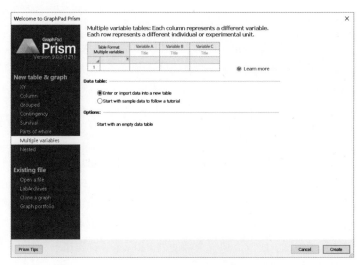

图 8-2-1　多变量表输入界面

在 GraphPad Prism 9 之前，多变量表只提供数据集组织方式及统计分析方法，没有对应的图形菜单；而在 GraphPad Prism 9 中不仅新增了主成分分析（PCA），可以自动生成得分图（Score plot，本质是气泡图）、载荷图（Loading plot）、碎石图（Scree plot）、双标图（Biplot）和方差比例图（Proportion of variance plot），在图形菜单中还新增了气泡图（Bubble plot），如图 8-2-2 所示。此外，其他多变量数据表对应的图形还可以在其他数据表下的图形菜单中进行绘制。比如绘制 5.2.5 节的热图，选择的是行列分组表，其实选择多变量表也可以进行相关系数矩阵计算和热图绘制。

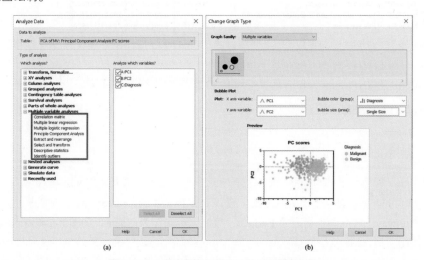

图 8-2-2　多变量表下的统计分析和图形菜单

8.2.1 气泡图绘制

气泡图（Bubble plot）外观有些类似散点图，但能够表现的数据维度更多。除了 X 轴和 Y 轴所表示的两个变量，气泡图还可以用圆圈大小和填充颜色来表示另外两个变量。GraphPad Prism 9 在多变量数据表中新增了气泡图的绘制。下面以某 KEGG 富集数据绘制气泡图。

Step1：录入数据

（1）打开 GraphPad Prism，进入欢迎界面，选择多变量数据表，选中 Enter or import data into a new table 单选按钮，然后单击 Create 按钮，创建数据表。

（2）按如图 8-2-3 所示的格式输入数据，该数据已经按照 Count 值进行了倒序排序。KEGG 富集分析的数据除了图 8-2-3 中的 ID、Description、GeneRatio、BgRatio、P.adjust、Count，可能还有 pvalue、qvalue，其中 BgRatio 在对应物种的 Pathway 数据库没有更新时是个常数。我们使用 Description、GeneRatio、P.adjust、Count 四列数据绘制气泡图。由于 Description 列是文本列，无法用于绘图，所以添加一个辅助列 Pathway，这里是一列从 11 到 1 的倒序整数（本列数据无意义，仅仅是为了便于绘图而人为添加的，也可以是类似于 15~5 的 11 个倒序整数）。

	Variable A ID	Variable B Description	Variable C GeneRatio	Variable D BgRatio	Variable E P.adjust	Variable F Count	Variable G Pathway
1	hsa05164	Influenza A	0.333333333	0.001647029	0.00003895660	6	11
2	hsa05160	Hepatitis C	0.277777778	0.000760167	0.00009100550	5	10
3	hsa05162	Measles	0.277777778	0.000886862	0.00009100550	5	9
4	hsa05168	Herpes simplex infection	0.277777778	0.001773724	0.00038787400	5	8
5	hsa00900	Terpenoid backbone biosynthesis	0.222222222	0.002280502	0.00000672253	4	7
6	hsa00100	Steroid biosynthesis	0.166666667	0.002027113	0.00009100550	3	6
7	hsa04622	RIG-I-like receptor signaling pathway	0.166666667	0.004307614	0.00290702600	3	5
8	hsa00072	Synthesis and degradation of ketone bodies	0.111111111	0.000126695	0.00139427400	2	4
9	hsa00650	Butanoate metabolism	0.111111111	0.002533891	0.00887818300	2	3
10	hsa00280	Valine, leucine and isoleucine degradation	0.111111111	0.003547447	0.02317417700	2	2
11	hsa04976	Bile secretion	0.111111111	0.004434309	0.04491776800	2	1
12							辅助列
13							
14							

图 8-2-3　KEGG 富集数据格式

Step2：数据分析

无。

Step3：图形生成和美化

（1）在左侧导航栏的 Graphs 部分选择 New Graph 选项，在弹出的 Create New Graph 界面中选择 Multiple variables 下面的气泡图，将 X 轴数据指定为 GeneRatio、Y 轴数据指定为辅助数据列 Pathway、气泡颜色指定为 P.adjust、气泡大小指定为 Count，如图 8-2-4 所示，然后单击 OK 按钮。

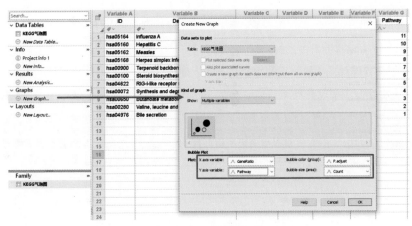

图 8-2-4　生成气泡图

（2）在工具栏中单击 图标或者双击坐标轴，进入 Format Axes 界面进行细致修改。具体参数设置如下：

① 将图形的宽度和高度设置为 7 cm 和 12 cm，将坐标轴的粗细设置为 1/2 pt、颜色设置为黑色，坐标轴显示边框（Plain Frame）；显示 X 轴和 Y 轴的主要和次要网格线，都是颜色为浅灰色、粗细为 1/4pt 的实线。

② 将 X 轴范围设置为 0.1 ~ 0.35，将坐标轴刻度方向改为朝上、长度改为 Very Short（也可以不改）；将主要刻度设置为 0.1、次要刻度设置为二等分主要刻度。

③ 将左 Y 轴范围设为 0.5 ~ 11.5，将坐标轴刻度方向改为朝左、长度改为 Very Short（也可以不改）；将主要刻度设置为 1、次要刻度设置为 0；在辅助标签和网格线中，依次设置 Y 轴 11 ~ 1 的 11 个刻度文本为 Description 列所对应的 Pathway 名称。设置方法参见 5.2.3 节相关内容。

（3）将 Y 轴名称删除，将图例移动到合适的位置，即可获得如图 8-2-5（a）所示的效果。

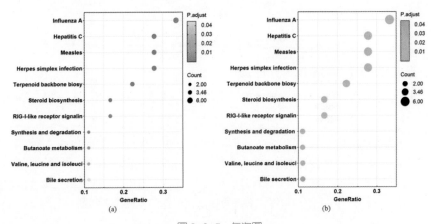

图 8-2-5　气泡图

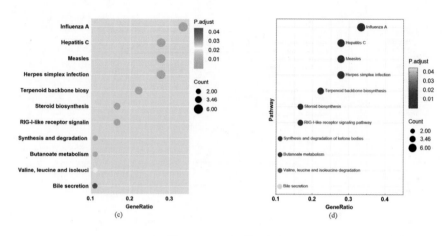

图 8-2-5 气泡图（续）

在工具栏中单击图标或者双击图形中的小圆点，即可进入 Format Graph（图形格式）界面进行进一步设置，如图 8-2-6 所示。

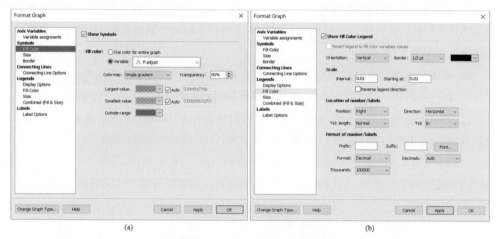

图 8-2-6 Format Graph 界面

气泡图可以设置的内容有以下 5 个方面。

最上面的 Axis Variables 用于设置坐标轴变量分配，这里已经设置了 X 轴和 Y 轴的内容，不需要更改。

Symbols 用于修改符号（气泡）3 个方面的属性：Fill Color（填充颜色）、Size（大小）和 Border（边缘），如图 8-2-6（a）所示。这 3 个属性的设置方法都比较简单，其中针对填充颜色，可以设置渐变色及透明度，渐变色的设置方法参见 5.2.5 节相关内容。设置填充颜色和透明度，将气泡大小改为 10 号，且不添加边缘，最终可以获得如图 8-2-5（b）和图 8-2-5（c）所示的气泡图效果。

Connecting Lines 在主成分分析的载荷图中会用到，这里不需要修改。

Legends 主要用于设置图例展示方式，包括：①Display Options（展示选项），可以设置两种图例为分开展示或组合在一起展示，一般保持默认设置即可；②Fill Color（填充颜色）和 Size（大小），可以分别设置两种图例的方向、外观、位置、数字格式等内容；③Combined（Fill & Size），一般保持默认设置即可。

Labels（标签）用于为气泡图上的气泡添加数据标签。设置合理的数据标签，可以让图形内容更加丰富。比如，可以将 Y 轴的刻度标签隐藏，然后采用为每个气泡添加标签的方式来获得如图 8-2-5（d）所示的效果。

8.2.2　主成分分析

主成分分析（Principal components analysis，PCA）是利用降维的思想，在损失尽可能少的信息的前提下，把多个原始变量转化为少数综合变量的多元统计方法。通常把转化而成的综合变量称为主成分，其中每个主成分都是原始变量的线性组合，且各个主成分之间互不相关，主成分比原始变量更具有综合性和代表性。需要强调的是，PCA 是通过提取数据中的线性关系来工作的，而对于非线性关系则无能为力。这样一来，在研究复杂问题时就可以只考虑少数几个主成分而不至于损失太多信息，从而更容易抓住主要矛盾，揭示事物内部变量之间的规律，同时使问题得到简化，提高分析效率。PCA 的缺点是在提取或浓缩信息之后，可能很难找到主成分的实际意义。

GraphPad Prism 9 在多变量数据表中新增了主成分分析。下面以软件自带的主成分分析数据为例讲述这一分析过程。这些数据是通过研究乳腺癌组织活检的细胞图像而收集的，每一行记录了来自不同个体细胞图像的 12 个变量，包括 ID Number（患者 ID 号）、Diagnosis（诊断）、Radius（细胞半径）、Texture（细胞质地）等，如图 8-2-7 所示。使用主成分分析可以减少充分描述数据所需的变量数量，最终使用一小部分主成分（2～3 个）来预测样本是恶性的还是良性的。

	Variable A ID Number	Variable B Diagnosis	Variable C Radius	Variable D Texture	Variable E Perimeter	Variable F Area	Variable G Smoothness	Variable H Compactness	Variable I Concavity	Variable J Concave Points	Variable K Symmetry	Variable L Fractal dimension
1	842302	Malignant	17.990	10.38	122.80	1001.0	0.11840	0.27760	0.3001000	0.147100	0.2419	0.07871
2	842517	Malignant	20.570	17.77	132.90	1326.0	0.08474	0.07864	0.0869000	0.070170	0.1812	0.05667
3	84300903	Malignant	19.690	21.25	130.00	1203.0	0.10960	0.15990	0.1974000	0.127900	0.2069	0.05999
4	84348301	Malignant	11.420	20.38	77.58	386.1	0.14250	0.28390	0.2414000	0.105200	0.2597	0.09744
5	84358402	Malignant	20.290	14.34	135.10	1297.0	0.10030	0.13280	0.1980000	0.104300	0.1809	0.05883
6	843786	Malignant	12.450	15.70	82.57	477.1	0.12780	0.17000	0.1578000	0.080890	0.2087	0.07613
7	844359	Malignant	18.250	19.98	119.60	1040.0	0.09463	0.10900	0.1127000	0.074000	0.1794	0.05742
8	84458202	Malignant	13.710	20.83	90.20	577.9	0.11890	0.16450	0.0936600	0.059850	0.2196	0.07451
9	844981	Malignant	13.000	21.82	87.50	519.8	0.12730	0.19320	0.1859000	0.093530	0.2350	0.07389
10	84501001	Malignant	12.460	24.04	83.97	475.9	0.11860	0.23960	0.2273000	0.085430	0.2030	0.08243
11	845636	Malignant	16.020	23.24	102.70	797.8	0.08206	0.06669	0.0329900	0.033230	0.1528	0.05697
12	84610002	Malignant	15.780	17.89	103.60	781.0	0.09710	0.12920	0.0995400	0.066060	0.1842	0.06082
13	846226	Malignant	19.170	24.80	132.40	1123.0	0.09740	0.24580	0.2065000	0.111800	0.2397	0.07800
14	846381	Malignant	15.850	23.95	103.70	782.7	0.08401	0.10020	0.0993800	0.053640	0.1847	0.05338
15	84667401	Malignant	13.730	22.61	93.60	578.3	0.11310	0.22930	0.2128000	0.080250	0.2069	0.07682
16	84799002	Malignant	14.540	27.54	96.73	658.8	0.11390	0.15950	0.1639000	0.073640	0.2303	0.07077
17	848406	Malignant	14.680	20.13	94.74	684.5	0.09867	0.07200	0.0739500	0.052590	0.1586	0.05922
18	84862001	Malignant	16.130	20.68	108.10	798.8	0.11700	0.20220	0.1722000	0.102800	0.2164	0.07356

图 8-2-7　主成分分析数据

Step1：录入数据

（1）打开 GraphPad Prism，进入欢迎界面，选择多变量数据表，选中 Start with sample data to follow a tutorial 单选按钮，然后单击 Create 按钮，创建数据表。

（2）按如图 8-2-7 所示的格式输入数据。

Step2：数据分析

（1）如图 8-2-8 所示，在导航栏的 Graphs 部分选择 New Graph 选项或者单击工具栏中的 图标，在弹出的界面中选择 Multiple variable analyses→Principal Components Analysis（主成分分析）选项并选择需要分析的变量，单击 OK 按钮进入主成分分析设置界面；或者直接单击工具栏中的 Principal Components Analysis 图标 ，快速进入主成分分析设置界面。

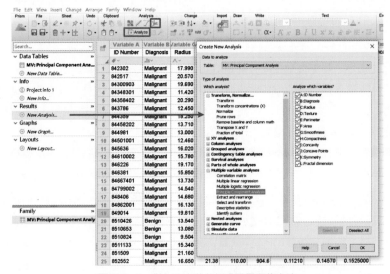

图 8-2-8　进入主成分分析设置界面的方法

（2）在弹出的 Parameters：Principal Components Analysis 界面的 Data 选项卡中可以选择需要进行 PCA 的变量，并至少选择两个变量。在这个界面下方还可以进行主成分回归分析（Principle component regression，PCR），这是一种以主成分为自变量进行的回归分析，是分析多元共线性问题的一种方法。需要至少取消勾选一个进行 PCA 的变量，才能勾选执行 PCR 的复选框，如图 8-2-9（a）所示。

在 Options 选项卡中，可以设置数据的预处理方法和主成分选择方法，如图 8-2-9（b）所示。数据预处理方法有两种：Standardize（标准化）和 Center（中心化）。默认方法是标准化（将数据缩放到平均值为 0，标准差为 1），这种方法与分析相关矩阵相同，适用于变量的标准差差异很大的情况，通常在测量不同的事物或使用不同的测量尺度时使用。而中心化（将数据缩放到平均值为 0，标准差保持不变）方法与分析协方差矩阵相同，适用于变量的标准差相近的情况，通常在测量相似的事物或使用相同的测量尺度时使用。而下面的 Method for selecting principal components（主成分选择方法）有 4 种：第一种是 Select PCs based on parallel analysis（根据平行分析选择主成分），这种方法为默认设置；第二种是 Select PCs based on eigenvalues（根据特征值选择主成分）；第三种是 Select PCs based on percent of total explained variance（根据总解释方差的百分比选择主成分）；第四种是 Select all PCs（选择所有主成分），这种方法最不推荐，只是在进行数据探索时使用。

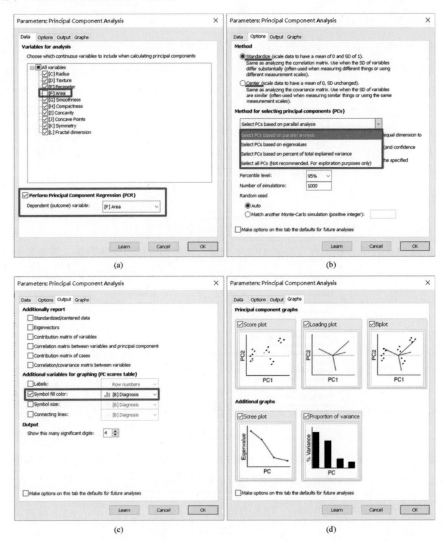

图 8-2-9 主成分分析参数设置

Output 选项卡用于指定输出的分析表和用来绘图的变量，如图 8-2-9（c）所示，默认

Additionally report 选项组中的复选框都是不勾选的，可以根据实际需求来选择；Additional variables for graphing（PC scores table）选项组中只需要指定用于绘图的变量，这里指定以 Symbol fill color（符号填充不同颜色）来表示不同的 Diagnosis（如良性和恶性）；Output 选项组中保持默认小数位数为 4 位。

Graphs 选项卡则用于指定最后生成的图形种类，可根据需要进行选择，这里全部勾选，如图 8-2-9（d）所示。

Step3：图形生成和美化

设置好参数后，单击 OK 按钮，即可同步完成数据分析和图形绘制。

如图 8-2-10 所示，在 Results 部分会出现 4 个结果表格。Tabular results（表格形式结果）表列出了 PCA 分析的主要内容，包括特征值、解释方差比例和选择的主成分的数量（所有主成分都包含在这个表中，即使只选择了两个成分）。Eigenvalues（特征值）表列出了每个主成分能够解释的平均原始变量信息量的倍数，一般小于 1 的主成分就不再考虑。如果进行平行分析，还有平行分析下的特征值。根据数据是标准化还是中心化的，Loadings（载荷）表列出了数据列和特征向量之间的相关系数或协方差。PC scores（主成分得分）表是由 PCA 得出的，用于绘制得分图，可用于进一步的分析，如多重线性或逻辑回归。

Tabular results | Eigenvalues | Loadings | PC scores

	PCA Tabular results	A	B	C
1	Table Analyzed	MV: Principal Component Analysis		
2				
3	**PC summary**	PC1	PC2	PC3
4	Eigenvalue	5.479	2.519	0.8806
5	Proportion of variance	54.79%	25.19%	8.81%
6	Cumulative proportion of variance	54.79%	79.97%	88.78%
7	Component selection	Selected	Selected	
8				
9	**Data summary**			
10	Total number of variables	10		
11	Total number of components	10		
12	Component selection method	Parallel analysis		
13	Random seed	738738328		
14	Number of simulations	1000		
15	Number of selected components	2		
16	Rows in table	569		
17	Rows skipped (missing data)	0		
18	Rows analyzed (# cases)	569		
19				

图 8-2-10　主成分分析结果

而在 Graphs 部分，则将主成分分析结果进行了图示化，对应于图 8-2-9（d）所选择的 5 个图形。如图 8-2-11（a）和图 8-2-11（b）所示，通过 Proportion of variance Plot（方差比例图）和 Eigenvalues plot（特征值图）可以看出每个主成分方差比例和特征值的高低，是对主成分贡献率和累积贡献率的一种直观表示，用作选择主成分个数的参考。这两个图作为 PCA 的附加图，一般默认只勾选方差比例图。

PCA 主要结果图是 Loadings plot（载荷图）和 PC score plot （得分图），以及把二者叠加在一起的 Biplot（双标图），如图 8-2-11（c）~ 图 8-2-11（e）所示。载荷图把将正相关的变量聚集在一起，而使负相关的变量位于一条过原点的直线的两端。如图 8-2-11（c）所示，细胞半径（Radius）、周长（Perimeter）、面积（Area）3 个高度相关的变量就聚集在一起，这提示我们在下次进行类似实验时，可能只需要测量其中一个变量即可。得分图提供了一种在由主成分构成的新坐标空间（通常以 PC1 为水平轴，以 PC2 为垂直轴）中查看原始数据的方法，通过坐标空间转换，可能能够比较明显地看出数据之间的种类区分。根据前面气泡图的设置方法，对得分图进行简单配色，即可获得如图 8-2-11（d）所示的效果。从该图可知，在 PC1 这个水平方向上，可以明显区分恶性和良性两类肿瘤；而在 PC2 的垂直方向的种类区分则不明显，但是能够明显区分靠近 PC1 方向的几个点，可以对这几个点进一步留意。

双标图是由载荷图和得分图叠加而成的，但是在目前版本的 GraphPad Prism 中还不能区分双标图中载荷散点的分类。如果想要得到如图 8-2-11（f）所示的效果，则需要首先获得如图 8-2-11（d）和图 8-2-11（e）所示的效果，然后把图 8-2-11（e）复制一份并将其中的载荷图设置为 100%透明，最后将新获得的图形与图 8-2-11（d）进行叠加。具体内容参见 9.2.2 节相关内容。

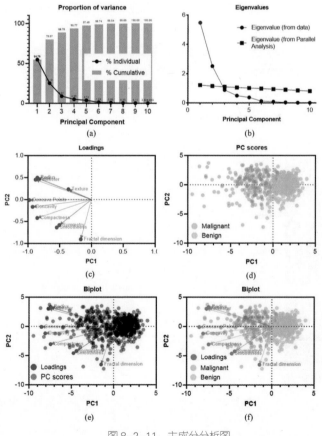

图 8-2-11　主成分分析图

8.3 嵌套表（Nested）及其图形绘制

GraphPad Prism 8 之后的版本提供了一种新的数据表，即嵌套表，也可以被翻译为巢式数据表。嵌套表在水平方向上对数据进行嵌套处理，每一列代表一个处理或分组，每一列中又有子列（Subcolumn）。数据的组织结构类似于带子列的纵列表，但存在明显区别：纵列表每一个子列代表一个实验重复，每一列堆叠在一起的数据代表多次测量数据；而嵌套表的每一行代表一个实验重复，每一行的子列数据代表一个技术重复。

这种结构适用于既有实验重复又有技术重复的数据结构。比如，荧光定量 PCR（qRT-PCR）检测某个基因在多个时间点的表达量时，每个点都检测了 5 个生物样本，这是实验重复；每个生物样本同时测量了 3 次，这是技术重复。很多人在处理这种实验数据时，通常会先计算技术重复的平均值，再以每个样本的平均值作为新的数据进行统计分析。如果各个处理分组中实验重复和技术重复的次数相等，且数据没有缺失，比如，在 qPCR 中每个时间点都是 5 个实验重复×3 个技术重复，则这种方法是没有问题的，否则需要进行嵌套分析。此外，如果把各个时间点上的 5 个实验重复×3 个技术重复共 15 个值放在纵列表下进行 t 检验或普通方差分析，则结果是错误的。

在嵌套表中，每个嵌套表必须至少有两个子列，否则无法输入平均数据（平均值、标准偏差等），图上的误差线是根据同一子列中的值计算得出的，可以同时判断分组内部的单元和分组之间是否存在统计学差异。

嵌套表输入界面非常简单，如图 8-3-1 所示。

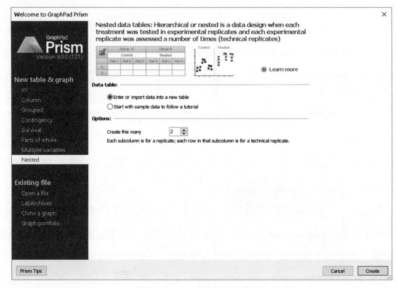

图 8-3-1　嵌套表输入界面

在嵌套表下具有以下统计分析方法，除了前面两种明确标注 Nested 的方法，其他都是针对子列进行的统计分析方法。

（1）Nested t test：嵌套 t 检验。

（2）Nested one-way ANOVA：嵌套单因素方差分析。

（3）Descriptive statistics：子列描述性统计结果。

（4）Normality and Lognormality tests：子列正态性和对数正态性检验。

（5）Outlier tests：子列异常值检验。

（6）One-sample t test and Wilcoxon test：子列单样本 t 检验和 Wilcoxon 检验。

嵌套表下可绘制图形有 6 种，如图 8-3-2 所示，选择之后可以快速绘制，也可以再次修改。

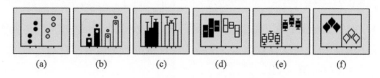

图 8-3-2　嵌套表下可绘制图形

图 8-3-2（a）所示为散点图，用点来描述每个数据，同时可以在子列中添加统计量，包括平均数、几何平均数、中位数 3 组，以及每组是否添加对应的（几何）标准差、标准误、95% 置信区间和（或）极差，或者都不加。

图 8-3-2（b）所示为点柱图，在散点图的基础上添加柱状图，其统计量与散点图类似。

图 8-3-2（c）所示为柱状图，用柱形来描述数据，其统计量与散点图类似。

图 8-3-2（d）所示为高低图（High-low charts），用矩形来描述子列最小值到最大值区间，中间可添加平均值或中位数的水平线。

图 8-3-2（e）所示为箱线图，与前述箱线图一致。

图 8-3-2（f）所示为小提琴图，可以设置是否显示表示数据的点。

下面以软件自带数据为例说明嵌套表的使用。

Step1：数据录入

（1）打开 GraphPad Prism，进入欢迎界面，在 Data table 选项组中选中 Start with sample data to follow a tutorial 单选按钮，在 Select a tutorial data set 选项组中 Nested test 单选按钮，然后单击 Create 按钮，创建数据表。

（2）图 8-3-3 所示数据为两种教学方法 A 和 B，分别在 3 个班（Room1~Room3 和 Room4~Room6）的不同学生处的某个评价。不同班即不同的实验重复，而每个班的学生进行的评价则是技术重复。由于每个班的学生数目不等，因此不能采用先计算每个班的平均值，再用平均值进行成组 t 检验的方法。

| | Group A | | | Group B | | |
| | Teaching method A | | | Teaching method B | | |
	Room 1	Room 2	Room 3	Room 4	Room 5	Room 6
1	21	18	35	26	38	31
2	26	25	28	34	44	41
3	33	26	32	27	34	34
4	22	24	36		45	35
5	实验重复	21	38	技术重复	38	38
6		25				46
7						
8						
9						
10						

图 8-3-3　嵌套表下数据

Step2：数据分析

（1）单击工具栏中的 [≡ Analyze] 图标，在弹出的 Analyze Data 界面中选择 Nested analyses→Nested t test（嵌套 t 检验）选项，单击 OK 按钮，如图 8-3-4（a）所示。

（2）在弹出的参数设置界面中，保持所有选项的默认设置，单击 OK 按钮。该界面比较简单，与纵列表下的 t 检验相关设置类似，主要用于设置进行比较的两组的先后顺序，即 A-B 或 B-A，如图 8-3-4（b）所示。

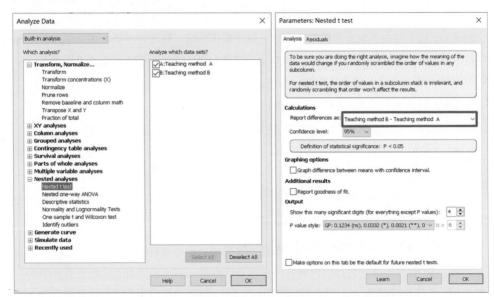

图 8-3-4　嵌套 t 检验设置

（3）在左侧导航栏的 Results 部分会多出一个分析结果 Nested t test of，单击该结果，可以获得嵌套 t 检验结果，如图 8-3-5 所示。从图 8-3-5 中①所示结果可知，组间差异不显著，即两种教学方法没有显著差异；从图 8-3-5 中②所示结果可知，组内差异显著，即在不同班级之间存在差异，可能是班级原来的基础差异或对教学方法接受能力的差异等造成的。

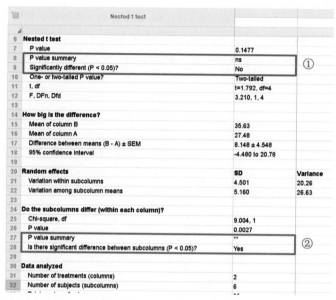

图 8-3-5　嵌套 *t* 检验结果

Step3：图形生成和美化

（1）在左侧导航栏的 Graphs 部分单击同名图片文件，弹出 Change Graph Type 绘图引导界面，选择嵌套表下的带中位数的散点图，如图 8-3-6 所示。

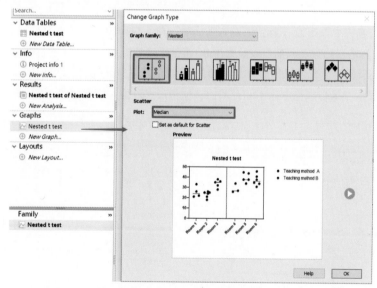

图 8-3-6　嵌套表图形选择

（2）在工具栏中单击 📊 图标或者双击图形绘制区，进入 Format Graph（图形格式）界面的 Appearance 选项卡中，修改散点的符号和颜色、中位数的线条颜色，如图 8-3-7（a）所示。在 Format Graph 界面的 Data Sets on Graph 选项卡底部勾选 Separate this data set from the prior one with a vertical line（在所选数据集之前以垂直线进行分割）复选框，并调整分隔线的粗细为 1/2pt，如图 8-3-7（b）所示。

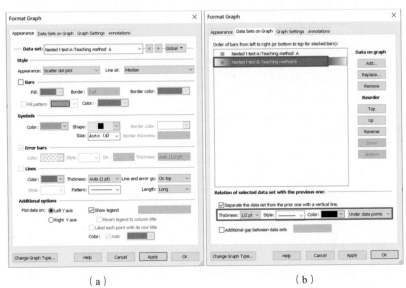

（a）　　　　　　　　　　　　　（b）

图 8-3-7　嵌套表图形设置

（3）在工具栏中单击⤢图标或者双击坐标轴，进入 Format Axes（坐标轴格式）界面中进行细致修改。将图形的宽度和高度设置为 Tall，将坐标轴的粗细设置为 1/2pt、颜色设置为黑色；根据需要设置网格。删除图标题和 Y 轴标题，调整刻度标签和图例文字字体为 9pt、Arial、非加粗形式；调整 X 轴标题为字体 10pt、Arial、加粗形式。最终获得如图 8-3-8 所示的效果。

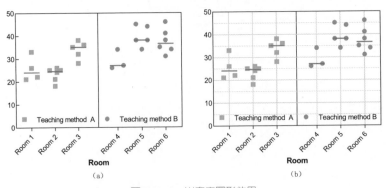

（a）　　　　　　　　　　　　　（b）

图 8-3-8　嵌套表图形效果

第 9 章

GraphPad Prism 绘图进阶技巧

除了使用 GraphPad Prism 的 8 种数据表进行基础的统计分析和绘图，还有一些进阶技巧，如设置个性化首选项、绘制复杂图形、自定义配色方案，以及使用模板和魔棒工具快速绘图，对于高级用户能起到提高工作效率的作用。

9.1 首选项设置

通过软件首选项设置可以定义一些适合自己使用习惯的默认设置，对于提高工作效率具有重要作用。

在 GraphPad Prism 操作界面选择 Edit（编辑）→Preferences（首选项）命令，打开 Preferences 界面，默认显示 View（外观）选项卡，如图 9-1-1（a）所示。

- **Navigator folders**（导航栏文件夹）：可以设置数据表和结果部分是否折叠在一起，默认是分开的。
- **Graphs and layouts**（图形和排版）：可以重新设置切换表单时的界面大小，一般采用默认设置，即不勾选 Graph.Reset to 和 Layouts.Reset to 复选框，也可以在勾选这两个复选框后选择合适的大小，如 100%、75%等。
- **Default font**（默认字体）：可以修改软件表单、笔记和导航栏等的显示字体大小，一般采用默认设置，在小屏幕计算机上可以增大字号，以保护视力。
- **Measurement units**（标尺单位）：使用默认的 Centimeters（厘米）制即可。
- **Autocomplete**（自动添加图标题）：绘制学术图表可以选择取消勾选下面的复选框，则将不再自动为图形添加图标题。
- **Tooltips and Alerts**（工具提示和警示）：默认全部勾选下面的复选框，使软件可以对一些操作进行提示。下面的日期格式和负号格式都保持默认。

File&Printer（文件&打印）选项卡：View（外观）选项卡右侧是 File&Printer（文件&打

印）选项卡，如图 9-1-1（b）所示。全部选项保持默认设置即可，如果有需要，则可以在 Print Options（打印选项）选项组中取消勾选 Print grid lines on tables 复选框，将不会打印表格里面的网格线，尤其是在使用 Excel 制作表格时会有些作用。

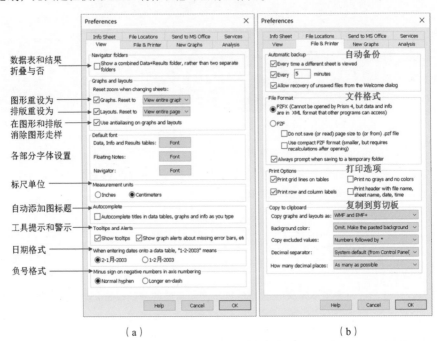

（a）　　　　　　　　　　（b）

图 9-1-1　外观选项卡和文件&打印选项卡

New Graphs（新建图形）选项卡：File&Printer（文件&打印）选项卡右侧是 New Graphs（新建图形）选项卡，如图 9-1-2（a）所示。在这个选项卡中可以根据自己的绘图风格进行比较多的自定义，比如，将各种线条的粗细改为 1/2pt，将刻度方向改为 Inside（朝里）、长度改为 Short；将图标题、轴标题、刻度标签数字、图例、内嵌表格等字体改为 10pt、Arial、标题加粗形式，其他字体为非加粗形式。这样可以省去反复修改的操作时间。

Analysis（分析）选项卡：New Graphs（新建图形）选项卡右侧是 Analysis（分析）选项卡，主要用于设置 P 值小数位数，保持默认设置即可。

Services（服务器）选项卡：Analysis（分析）选项卡上面是 Services（服务器）选项卡，用于设置是否提示版本更新和是否创建 log 文件，保持默认设置即可。

Send to MS Office（发送到 MS Office）选项卡：Services（服务器）选项卡左侧是 Send to MS Office（发送到 MS Office）选项卡，如图 9-1-2（b）所示，可以对发送图形的样式进行设置。

- **Send a graph or layout to Word or PowerPoint as（以…格式将图片发送到 Word 或 PowerPoint）**：一般选择默认的 Embedded object（嵌入对象）格式，其通用性强，在文

档中双击图片就可以立即启动 GraphPad Prism 进行即时修改。如果选择 Picture only. No
link.（仅图片，无链接）格式，则变成单纯的图片，双击不能即时修改。

- **Wrapping style in Word（Word 中的文字环绕形式）**：一般选择 Word 默认的形式，也
可以选择文字环绕插入图片的形式。
- **Graph or layout colors in Word（Word 中的图形或排版颜色）**：保持默认设置。
- **Border within Word（Word 中的图形边线）**：插入的图片默认没有边线，如果需要自
动为所有插入的图片加边线，则可以选中 Draw a box around the graph 单选按钮。

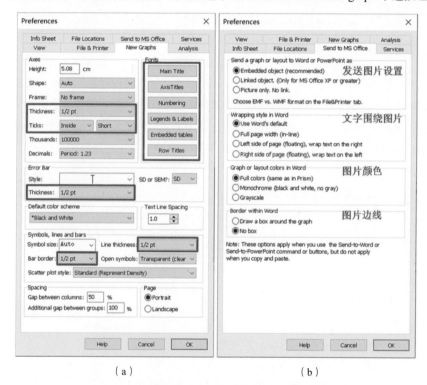

（a）　　　　　　　　　　（b）

图 9-1-2　新建图形选项卡和发送到 MS Office 选项卡

　　File Locations（文件位置）选项卡：Send to MS Office（发送到 MS Office）选项卡左侧是
File Locations（文件位置）选项卡，可以对各种格式的文件存储位置进行设置，一般使用默认
的 Most recently used location（最常使用的位置）。

　　Info Sheet（信息表单）选项卡：File Locations（文件位置）选项卡左侧是 Info Sheet（信
息表单）选项卡，可以对信息表单自定义一些重复信息，比如，对每次都需要填写的 Notebook
ID、Project、Experimenter 等信息进行设置，可以减轻重复工作量。

9.2 图形组合

所谓图形组合，是指在 GraphPad Prism 中甚至其他软件中分别绘制图形的各个部分，然后将它们组合在一起的一些复杂图形。比如，图中图即在统计图中添加其他图片的形式；或者双 Y 轴图形，除了 3.2.7 节介绍的自带方法，也可以分别绘制具有左 Y 轴和右 Y 轴但具有相同 X 轴的两个图形，然后将两个图形堆叠在一起，就形成了双 Y 轴图形。很多绘图软件在比较老的版本中就是采用这种方式进行双 Y 轴图形绘制的。此外，还可以通过图形堆叠或拼接的方式展示一些组合效果。

9.2.1 图中图

图中图一般有两种实现形式：一种是在图形中直接导入或粘贴图片，调整其位置和大小，并添加边线；另一种是通过排版对两张以上的数据图进行组合，然后调整其位置和大小。

首先介绍第一种实现形式：添加外来图片的图中图效果的常见情形是在药物处理实验中，将药物的分子结构式添加到图形上，如图 9-2-1 所示，此外，其他表征物质的谱图都有可能被用在这里。

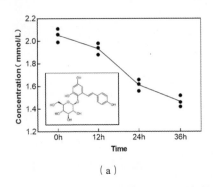
（a）

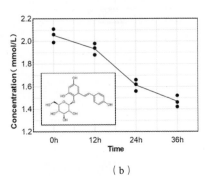
（b）

图 9-2-1　添加外来图片的图中图效果

实现这种图中图效果的操作步骤比较简单，具体如下：

（1）在正常绘制主体图形之后，在空白处右击，在弹出的快捷菜单中选择 Import Picture 命令，导入准备好的图片，如图 9-2-2 所示；也可以将准备好的图片复制到剪贴板上，直接粘贴到图形上。

（2）双击导入或粘贴的图片，在弹出的界面中设置图片格式，一般只添加边线，如图 9-2-3 所示。

（3）调整图片位置和大小，在这个过程可能需要调整坐标轴的范围，为插入的图片留下足够的空间。调整方式非常简单，拖动对角线的蓝色方形锚点进行缩放，即可实现等比例缩放，与在 PowerPoint 中调整图片大小的操作类似。

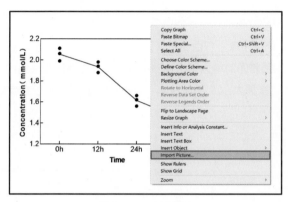

图 9-2-2　导入图片

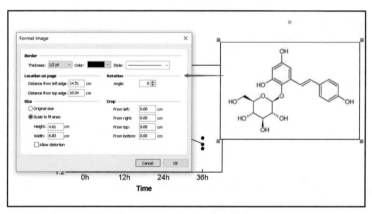

图 9-2-3　设置导入图片的格式

第二种实现形式是，两张图片都是在 GraphPad Prism 中绘制的，比如，在曲线拟合中可能还需要展示残差图，如图 9-2-4 所示，或者相关联的两种分析。当然也可以先将其中一张图片导出到磁盘，再采用上面的方式进行添加。另外的方法是通过排版确定两张图片的相对大小，这种方法可以较好地保存原始数据。

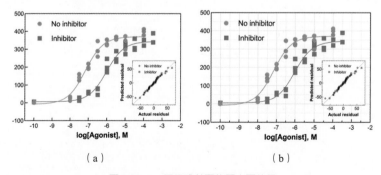

（a）　　　　　　　　　　　　　（b）

图 9-2-4　展示残差图的图中图效果

通过排版生成图中图效果的具体操作步骤如下：

（1）按照 3.3.4 节相关步骤进行曲线拟合，绘制出图形，并对图形进行修饰：通过修改坐标轴范围，在需要插入残差图的地方留出足够多的空间；将曲线拟合图的字号调小，这里都是 9pt；将残差图的字号尽量调大，这里是 14pt，如图 9-2-5 所示。可能需要在后面的绘制过程中根据图形比例不断调整字号。

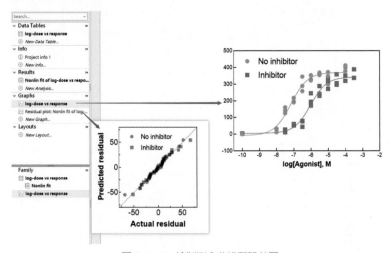

图 9-2-5　绘制拟合曲线和残差图

（2）在左侧导航栏的 Layouts（排版）部分选择 New Layout 选项，在弹出的 Create New Layout 界面中选择能够排列两个图形的版式，单击 OK 按钮，如图 9-2-6 所示。

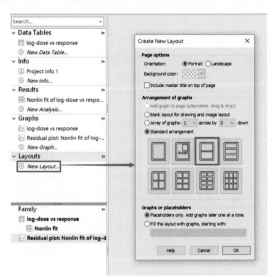

图 9-2-6　新建排版版式

（3）在新建的排版版式上双击浅灰色的占位块，在弹出的 Place Graph on Layout（在排版上放置图形）界面中，从左侧 Choose a graph 列表框中选择合适的图形，并在右侧的预览窗格中可以看到选择的图形，如图 9-2-7 所示。GraphPad Prism 可以跨项目文件选择图形，打开的 Project（项目）文件都可以在左侧的 Choose a graph 列表框中找到，便于在不同的项目中选择图形进行排版组合。使用同样的操作把残差图导入另一个浅灰色的占位块处。

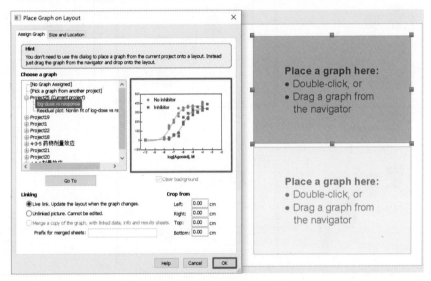

图 9-2-7　通过占位块导入图形

（4）将两个图形放到新建的排版版式上，可以自由拖动图形位置和调整图形大小，最后获得图中图效果。

9.2.2　图形堆叠：带箱线图的前后图等

排版除了生成图中图效果，还可以产生其他很多组合效果。假设有 5 只患高脂血症的模型动物，在注射某降血脂药物后，每隔 12h 取血液检测甘油三酯（TG）浓度变化，如表 9-2-1 所示。

表 9-2-1　注射某降脂药物后 TG 浓度变化　　　　　　　　　　　　　单位：mmol/L

模型动物序号	0h	12h	24h	36h
1	1.75	1.56	1.23	1.12
2	1.68	1.67	1.54	1.35
3	1.92	1.82	1.36	0.96
4	1.82	1.78	1.59	1.31
5	1.86	1.72	1.34	1.21

这是典型的重复测量数据，这种数据可以使用 XY 表下的直线连接的散点图表示，也可以使用纵列表下的前后图展示，并以直线连接散点的形式表示重复测量的数据关联性。如果在散点图的基础上还需要展示箱线图、小提琴图或悬浮柱状图，最终形成一种组合图效果（见图 9-2-8）该怎么办呢？

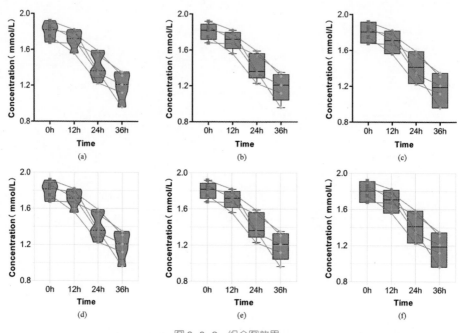

图 9-2-8　组合图效果

XY 表下可以绘制直线连接的散点图，也可以通过重复 Y 值模拟箱线图和悬浮柱状图，但不能在绘制散点图的同时绘制箱线图、小提琴图和悬浮柱状图。纵列表下的箱线图和小提琴图可以展示数据点，但不能同时展示点之间的连线。也就是说，无论是 XY 表下的图形还是纵列表下的图形，都只能满足一方面，如果既要展示直线连接的散点图，又要展示箱线图、小提琴图或悬浮柱状图，就需要采用图形堆叠的方式了。下面介绍在纵列表下进行图形堆叠的具体过程，有兴趣的读者可以尝试以本例数据自行在 XY 表下进行图形堆叠。

（1）在纵列表下输入数据，分别绘制前后图、截短小提琴图、箱线图和显示均值的悬浮柱状图，如图 9-2-9 所示。要求各图形大小、坐标轴刻度、网格线、文字都相同，唯一的不同是图形绘制区的图形，这一点非常关键，否则最后的堆叠可能不会完全对齐。

（2）按照前文 9.2.1 节中第二种图中图的实现形式，将前后图和截短小提琴图放在同一个排版版式上，如图 9-2-10 所示。

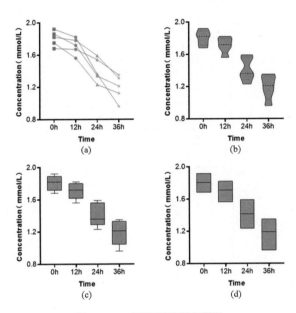

图 9-2-9　在纵列表下绘制图形

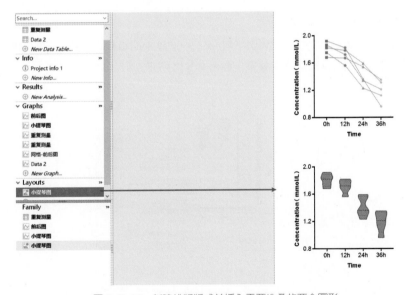

图 9-2-10　新建排版版式并插入需要堆叠的两个图形

（3）按住 Shift 键，使用鼠标拖动下面的截短小提琴图向上移动，使其与前后图完全对齐。在完全对齐时，会有灰色虚线（智能参考线）提示，如图 9-2-11 所示。此时可以观察两个图形是否完全对齐，如果没有，则坐标轴标题等文字会出现重影，可以单击选中图层，利用键盘方向键进行微调。

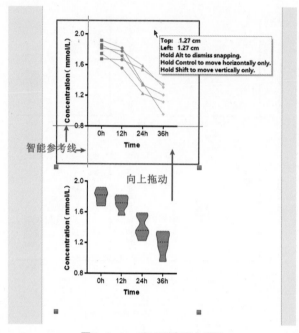

图 9-2-11　完全对齐两个图形

（4）在截短小提琴图上右击，在弹出的快捷菜单中选择 Send to Back（后移一层）命令，将小提琴图置于底层，即可获得图形堆叠效果，如图 9-2-12 所示。

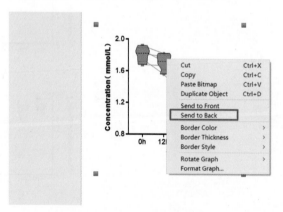

图 9-2-12　调整图层顺序

（5）为了保险起见，还可以回到截短小提琴图的图形界面，将坐标轴和文字都设置为透明色，如图 9-2-13 所示。注意：这里是将坐标轴和文字设置为透明色，而不是隐藏坐标轴和删除文字，否则会导致图形大小发生变化，排版版式将不能完全对齐。

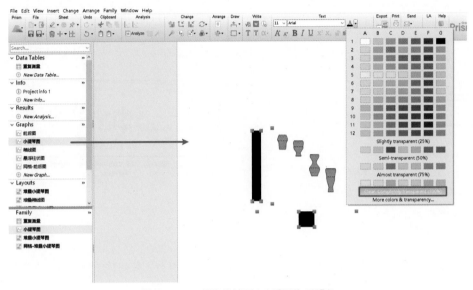

图 9-2-13　将坐标轴和文字设置为透明色

9.2.3　图形拼接：边际图

边际图可以在评估两个变量之间关系的同时检查它们的分布。边际图是在 X 轴和 Y 轴边际中包含直方图、箱线图或点图的散点图，如图 9-2-14 所示。这种图形在 GraphPad Prism 中不能直接绘制，但可以使用图形拼接的方式绘制。

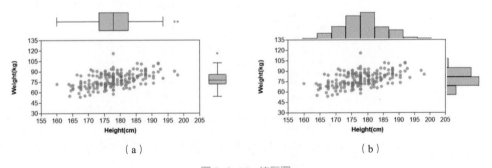

（a）　　　　　　　　　　　　　　　（b）

图 9-2-14　边际图

下面以某地身高和体重数据（3.2.1 节部分数据）来绘制如图 9-2-14（a）所示的边际图。

（1）按照 3.2.1 节相关内容，在 XY 表下绘制散点图，如图 9-2-15 所示。这里有几个重要参数需要记下来：宽度和高度分别为 9cm 和 4cm；X 轴范围为 155～205，主要刻度为 5，无次要刻度；Y 轴范围为 30～135，主要刻度为 15，无次要刻度。

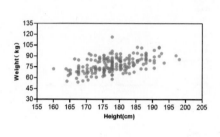

图 9-2-15　绘制散点图

（2）新建两个纵列表，并将 XY 表中的身高和体重数据列分别复制粘贴到这两个纵列表中，如图 9-2-16 所示。

图 9-2-16　新建两个纵列表

（3）分别以身高和体重数据绘制两个方向上的箱线图，如图 9-2-17 所示。其中，身高数据为横向箱线图，X 轴范围为 155～205，主要刻度为 5，无次要刻度，宽度为 9cm，高度为 2cm 或其他适宜高度，即与图 9-2-14 绘制的散点图宽度和刻度一致；体重数据为纵向箱线图，Y 轴范围为 30～135，主要刻度为 15，无次要刻度，宽度为 2cm 或其他适宜宽度，高度为 4cm，即与图 9-2-14 绘制的散点图高度和刻度一致。

（4）按照 9.2.2 节相关方法，将绘制好的 3 个图形放到新建的排版版式上，然后在工具栏的 Change 选项组中单击 ![icon] 图标，将排版版式上所有图形的缩放比例都设置为 100%，如图 9-2-18 所示。

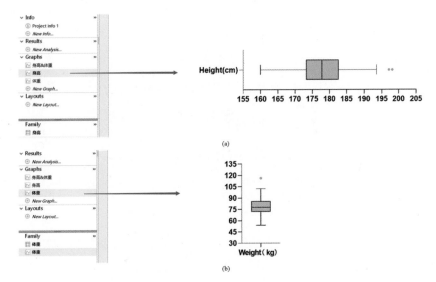

图 9-2-17　绘制两个方向上的箱线图

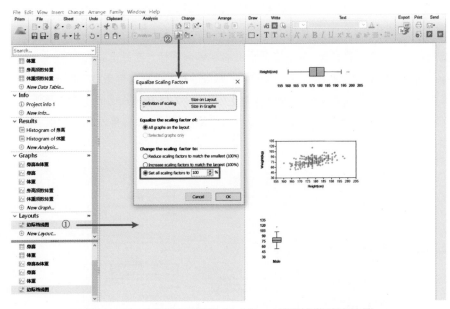

图 9-2-18　在新建的排版版式上放置 3 个图形并设置缩放比例

（5）拖动表示身高和体重的箱线图到散点图的上边缘和右边缘，并根据各自的坐标轴对齐，如图 9-2-19 所示。

（6）回到左侧导航栏的 Graphs 部分，将表示身高和体重的箱线图的文字和坐标轴设置为透明色，即可获得如图 9-2-14（a）所示的边际图。

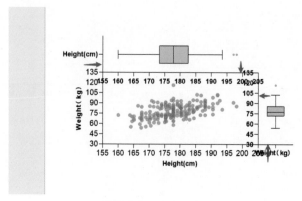

图 9-2-19　对齐 3 个图形

如果要绘制如图 9-2-14（b）所示的边际图，则先用纵列表下的柱状图模拟直方图，具体步骤如下：

（1）按照 3.2.1 节相关内容，在 XY 表下绘制散点图（见图 9-2-15）。记住重要参数：宽度和高度分别为 9cm 和 4cm；X 轴范围为 155~205，主要刻度为 5，无次要刻度；Y 轴范围为 30~135，主要刻度为 15，无次要刻度。

（2）选择"身高"数据表，单击工具栏中的 ≡Analyze 图标，在弹出的 Analyze Data 界面中选择 Column analyses→Frequency distribution（频数分布）选项，单击 OK 按钮；在弹出的参数设置界面中将频数分段宽度 Bin width 改为 5（与图 9-2-15 中散点图的 X 轴主要刻度一致），将频数范围改为 155~205（与图 9-2-15 中散点图的 X 轴范围一致），单击 OK 按钮，如图 9-2-20 所示。

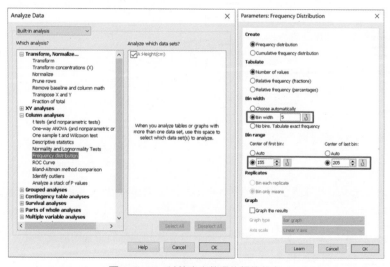

图 9-2-20　计算身高数据的频数分布

（3）在 Results 部分生成频数统计表，将数据复制，新建一个名称为"身高频数转置"的纵列表，在标题栏中右击，在弹出的快捷菜单中选择 Paste Transpose→Paste Data 选项，将频数统计数据转置粘贴到"身高频数转置"数据表中，如图 9-2-21 所示。

图 9-2-21　将身高频数分布数据转置成纵列表

（4）使用相同的操作，新建"体重频数转置"数据表，并输入数据。

（5）分别以身高频数转置和体重频数转置数据绘制柱状图，如图 9-2-22 所示。其中，身高频数转置数据为横向柱状图，X 轴范围为 155～205，主要刻度为 5，无次要刻度，宽度为 9cm，高度为 2cm 或其他适宜高度，即与图 9-2-14 绘制的散点图宽度和刻度一致；体重频数转置数据为纵向柱状图，Y 轴范围为 30～135，主要刻度为 15，无次要刻度，宽度为 2cm 或其他适宜宽度，高度为 4cm，即与图 9-2-14 绘制的散点图高度和刻度一致。

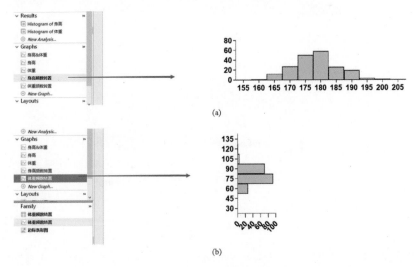

图 9-2-22　绘制柱状图

由于本例是以柱状图模拟直方图，因此各直条矩形之间的间隔为 0%，第一个直条矩形之前和最后一个直条矩形之后间隔也为 0%，如图 9-2-23 所示。

图 9-2-23 将直条矩形之间的间隔设置为 0%

（6）按照与上面相同的方法新建排版版式，放入散点图和两个直方图。将表示身高频数转置和体重频数转置的直方图拼接到散点图的上边缘和右边缘，并根据各自的坐标轴对齐，如图 9-2-24 所示。回到左侧导航栏的 Graphs 部分，将表示身高频数转置和体重频数转置的直方图的文字和坐标轴设置为透明色，即可获得如图 9-2-14（b）所示的边际图。

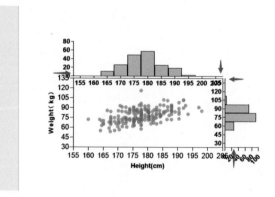

图 9-2-24 拼接图形

在图形拼接过程中，各图形使用准确的宽度和高度，并在排版版式上使缩放比例保持一致，是拼接成功的关键所在。在 GraphPad Prism 中对图形进行拼接、堆叠并设置透明色是绘制复杂图形的必备技巧，再加上前面内容介绍的设置辅助线和修改刻度标签文字，可以突破软件原有的应用限制，获得一些意想不到的绘图效果。

9.3　自定义配色方案

前文 1.5 节相关内容介绍了配色的基础知识和基本方法，而 3.2.3 节相关内容以火山图为例介绍了如何自定义颜色并仿制 ggplot2 风格的配色，极大地扩展了 GraphPad Prism 配色方案的应用。如果有些配色方案被多次使用，如 ggplot2 风格的带背景色的配色方案，则可以将其自定义为配色模板。下面以 ggplot2 Set1 配色方案来自定义配色模板。

（1）在任意打开的项目文件图形表单下，单击工具栏中 Change 选项组的 Change colors 图标，并选择 More Color Schemes 选项，在 Color Scheme 界面的左下角单击 Define Color Scheme 按钮，如图 9-3-1 所示。

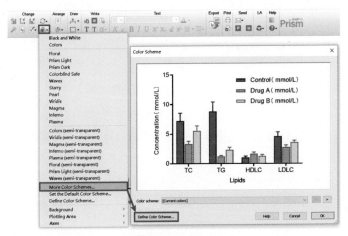

图 9-3-1　自定义配色方案

（2）新弹出的 Define Color Scheme 界面分为 4 部分，如图 9-3-2 所示。

在界面左上角可以选择根据哪个配色方案进行修改，默认不选择（其实选择了当前配色方案）。

在界面左下角可以选择是在 XY graph（XY 图形）还是在 Bar graph（柱状图）中进行预览，这里先选择 Bar graph（柱状图）。需要注意的是，这两个图形的配色方案设置并不相同，一般在自定义配色方案时两种图形都需要重新设置。

在界面右上角可以自定义颜色，默认先在 Data Sets（数据集）选项卡中修改表示图形的颜色，这是最重要的部分；旁边是 Axes & Background（坐标轴&背景）选项卡，可以设置坐标轴和背景的颜色；上面是 Objects（对象）选项卡，可以自行绘制或插入对象，还有 Embedded Tables（嵌入表格）选项卡，这两部分基本不用修改，保持默认即可。

在界面右下角设置自定义的颜色方案只用在本项目中或者使用在任意模板中，必须选中 Apply and save as a scheme named 单选按钮，然后为自定义配色方案命名。这里再次强调，自定义配色方案务必选中此单选按钮，并单击 OK 按钮后才能真正修改配色方案，否则不起作用。

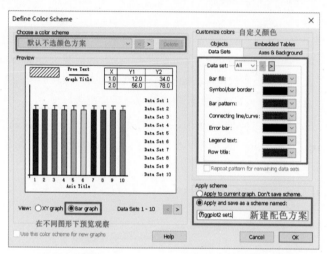

图 9-3-2　Define Color Scheme 界面

（3）在界面右上角的 Data Sets 选项卡中选择需要修改的数据集编号（或单击<和>图标进行前后切换），即可对 Data Sets 选项卡中任意一个数据集单独进行颜色自定义，如图 9-3-3所示。

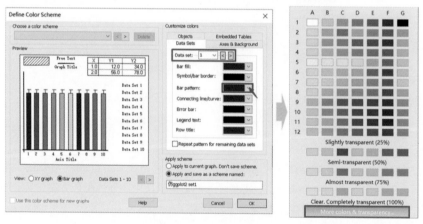

图 9-3-3　修改配色方案

（4）不建议在上一步骤直接定义每个数据集中每个选项的颜色。更方便的做法应该是进入 Choose Color（选择颜色）界面之后，将配色方案中所有颜色都添加到 Custom（自定义）选项组中，后续再进行颜色选择和设置，将会省事很多。

如图 9-3-4 所示，连续自定义颜色的方法分三步：①在 Custom 选项组中选择一个空白小方块（不能省略，否则后续添加的颜色会默认覆盖第一个小方块颜色）；②输入 RGB 值；③单击 Add to Custom Colors（添加到自定义颜色）按钮。循环操作这三步，将配色方案中的所有颜色都添加到 Custom 选项组中，单击 OK 按钮。

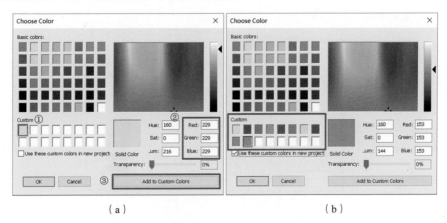

（a）　　　　　　　　　　　　　　　　（b）

图 9-3-4　连续自定义颜色

图 9-3-4（b）中自定义的颜色的 RGB 值依次为：灰色（229,229,229）、红色（228,26,28）、蓝色（55,126,184）、绿色（77,175,74）、紫色（152,7,163）、橙色（255,127,0）、黄色（255,255,51）、褐色（166,86,40）、洋红色（247,129,191）、深灰色（153,153,153）。

（5）现在可以在 Define Color Scheme 界面右上角依次为数据集中每个选项设置颜色了，如图 9-3-5 所示，这里直接从 Custom 选项组中调取颜色即可。请务必从修改 Bar pattern（柱状图图案）的颜色开始，因为修改 Bar pattern 的颜色会使其他颜色发生联动变化，而先设置好 Bar pattern 的颜色再修改其他颜色则不会发生联动变化。此外，利用这种联动可以减少重复的颜色设置。

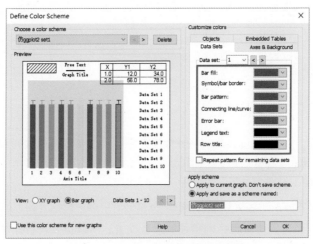

图 9-3-5　设置柱状图下数据集的颜色

（6）设置好 Bar graph 的颜色之后，切换为选中 XY graph 单选按钮，可以发现颜色并没有完全跟随 Bar graph 变化，毕竟这两种图形的设置项目不同。因此步骤 5 中设置数据集柱状图颜色的操作还需要在 XY graph 下再进行一遍，如图 9-3-6 所示。

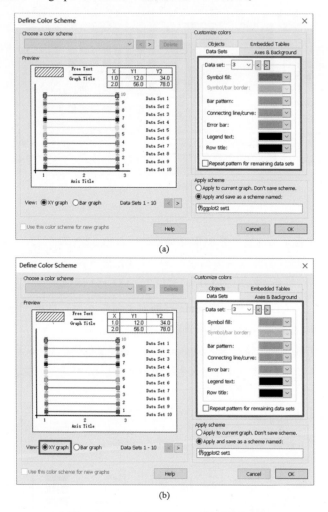

图 9-3-6　设置 XY graph 下数据集的颜色

（7）在 Axes & Background（坐标轴&背景）选项卡中设置坐标轴和背景色的颜色，如图 9-3-7 所示。这里将 Plotting area（绘图区）设置为灰色（229,229,229），将 Axes and frame（坐标轴和坐标轴框）设置为白色。

（8）完成设置之后，即可从 Color scheme 下拉列表中调用配色方案，如图 9-3-8 所示。

因为自定义配色方案中不包括网格线的颜色设置，所以需要自行添加白色网格线，如图 9-3-9 所示。其他无网格线的配色方案则无须进行这一步骤。

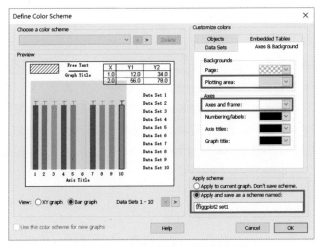

图 9-3-7　设置坐标轴和背景色的颜色

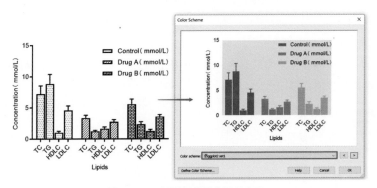

图 9-3-8　调用新设置的配色方案

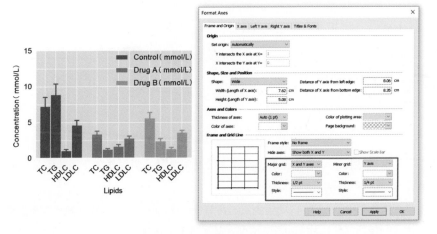

图 9-3-9　添加白色网格线

9.4　风格一致快速绘图：魔棒工具和克隆

在实际数据处理过程中，经常会遇到相同的实验设计，但是测量了不同的指标的情形，这时一般需要使不同指标的图形在外观上保持一致。这将用到魔棒工具。魔棒工具可以跨模板、跨文件调取格式，因此，将同样的图形调整为不同的外观也会用到魔棒工具，本书中很多图形都有几种不同的风格，就是使用了魔棒工具进行快速调整的。此外，如果某个图形在研究过程中经常被使用，则可以将其保存为模板或样图，并在下次绘制时直接调用，只要修改一些数据即可。

9.4.1　魔棒工具

魔棒工具是工具栏中 Change 选项组的第二排第一个图标 ，在 Graphs（图形）部分可见。图 9-4-1 中有 4 个数据表，包括某次实验中测量的 4 种不同指标，并且不同指标的数据结构（分组）相同，但是具体数据不同，这时可以通过魔棒工具快速地使 4 个图形在外观上保持一致。

（1）将第一个数据表绘制图形调整为满意的格式，如图 9-4-1 所示，这种格式将作为其他数据表绘制图形的标准或样图。

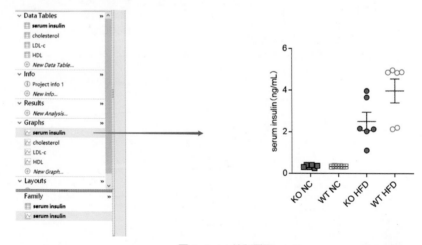

图 9-4-1　绘制图形

（2）单击其他数据表对应的图形，并快速绘制同类型的图形作为草图或需要修改的原图（Original），如图 9-4-2 所示。

（3）单击工具栏中 Change 选项组的第二排第一个图标 ，在弹出的界面中选择需要保持一致的样图，一般选择第一排第一个，如图 9-4-3 所示，单击 Next 按钮。

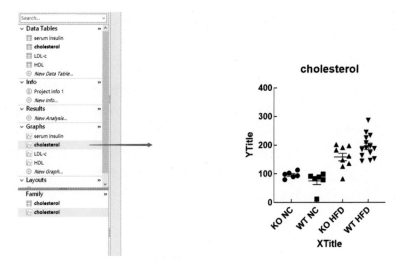

图 9-4-2　快速绘制同类型的图形

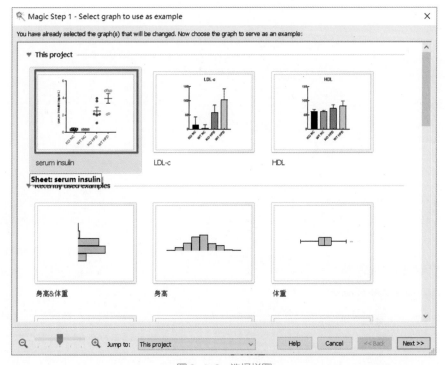

图 9-4-3　选择样图

（4）设置需要保持一致的参数，如图 9-4-4 所示。前面 5 个复选框是默认勾选的，也可以根据实际情况决定是否取消勾选。其中，Range and ticks of the axes（坐标轴范围和刻度选项）有个优先级的问题，如果样图采用的是自动设置坐标轴范围，则修改的图形也会跟着自动设置坐标轴范围，这时图 9-4-4 中预览图的坐标轴范围是 0 ~ 400，而不是样图的 0 ~ 6。如果样图取消了自动设置坐标轴范围，如手动设置坐标轴范围为 0 ~ 5，则修改的图形将会与其范围保持一致，也变成 0 ~ 5。

　　中间 4 个复选框设置在本例中没有，所以处于灰色无法勾选状态；一般不勾选 Change axis and graph titles to match example graph（根据样图更改坐标轴和图标题）复选框，这是因为新绘制的图形和样图的坐标轴和图标题一般不同。最下面的 Apply for matting applied to individual points or bars（格式化单个点或直条矩形）复选框也处于灰色状态，因为这里要求前后两个图形的数据结构一一对应，即需要修改的图形和样图某一列的数据个数一致。具体的修改效果可以在右下角的窗格中进行实时预览，在使用时可以反复对比，达到自己想要的效果再单击 OK 按钮。

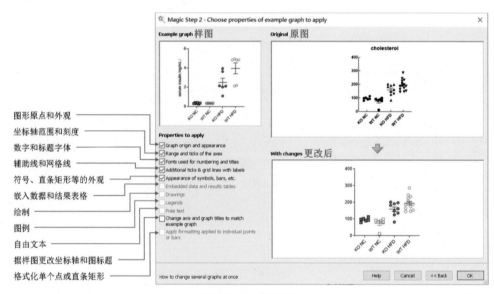

图 9-4-4　设置参数

　　（5）修改左 Y 轴标题之后，即可获得风格一致的图形。其他两个图形据此处理，可以快速获得如图 9-4-5 所示的效果。

　　如果想要绘制 ggplot2 风格的灰色背景和白色网格线，且之前绘制过这种图形，但时间间隔有些远（大约超过 72h）。这时可以将绘制好的 ggplot2 风格的项目文件同步打开，然后回到本项目中，单击魔棒工具，在弹出的界面中找到带 ggplot2 风格的图形作为样图，如图 9-4-6 所示。如果绘制时间间隔不远，则可能可以在图 9-4-6 中找到，而不需要同步打开上述项目文件。

　　保持一致的参数默认设置，还是勾选前面 5 个复选框。原来的火山图坐标轴是手动设置的，与本例图形的要求相去甚远，所以取消勾选 Range and ticks of the axes 复选框；原来的火山图有辅助线，本例图形不需要，所以取消勾选 Additional ticks & gride lines with label 复选框；原来的火山图的点都是原点，本例需要保持点不变，所以取消勾选 Appearance of symbols，bars，etc.复选框。最终获得的效果如图 9-4-7 预览部分所示，基本达到了将背景设置为 ggplot2 风格的要求。单击 OK 按钮之后，再添加次要刻度线，并修改字体字号。

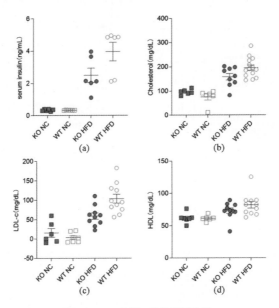

图 9-4-5　风格一致的图形效果

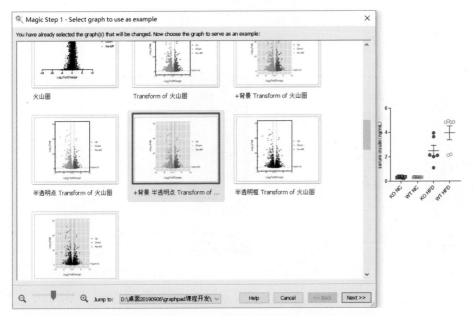

图 9-4-6　跨项目文件选择其他风格

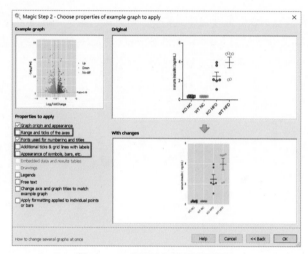

图 9-4-7 根据实际情况设置参数

9.4.2 克隆和模板

使用魔棒工具可以从本项目或跨项目中快速获取图形外观属性，并获得外观一致的图形。但有时不只需要外观保持一致性，甚至需要数据表结构也相同，这时只需要更换数据，绘制新的图形即可，需要用到克隆和模板功能。

首先介绍克隆功能。打开 GraphPad Prism，从欢迎界面左侧底部选择 Clone a graph 标签，可以在右侧的 Opened project 或 Recent project 选项卡中选择一个绘制过的图形作为模板并克隆，如图 9-4-8 所示。

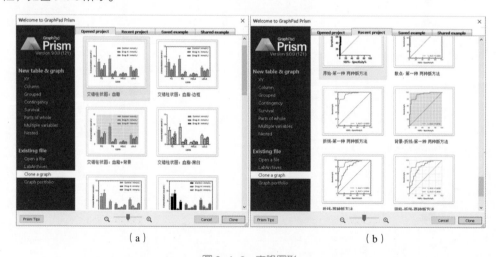

（a）　　　　　　　　　　　　　（b）

图 9-4-8 克隆图形

选择合适的图形之后，将从图形原来的项目中抽出图形(Graph)及支持图形的数据表(Data

table）并形成一个新的项目文件，而且可以在打开该文件的同时对原始数据进行取舍，如图 9-4-9 所示：可以对数据表数据、列标题和行标题进行删除；如果需要子列，还可以对子列格式（Subcolumn Format）进行设置。

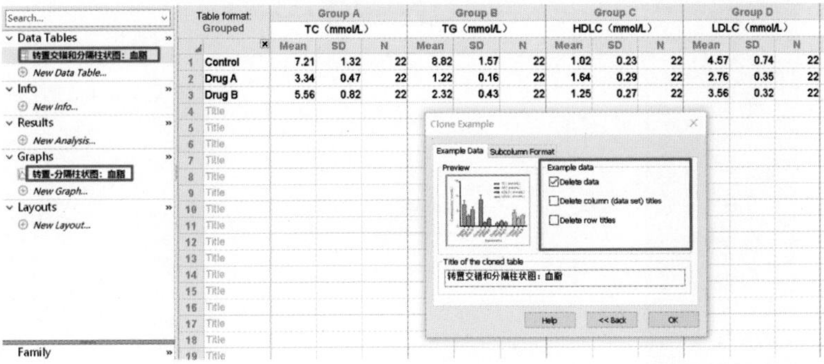

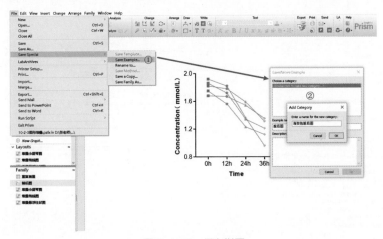

图 9-4-9　克隆图形设置

只需要在克隆得到的新项目中修改数据，即可获得和原图外观相同的图形。

如图 9-4-8（b）所示，Recent project 选项卡右侧还有一个 Saved example 选项卡，可以对保存的样图进行克隆，顾名思义，需要先保存好样图才能克隆。这时将样图保存在软件中，使其不受是否打开了项目文件或者最近是否用过相关项目文件的影响，即使长时间不使用 GraphPad Prism 再次打开时也可以快速调用。

保存样图的方法是，切换到需要保存的图形表单，选择 File→Save Special→Save Example 命令，然后在弹出的 Save/Move Example 界面上方双击添加新的分类文件夹，在界面中间为样图命名，在界面下方为样图做备注，如图 9-4-10 所示。添加的样图目录相当于在计算机的 C:\Users\用户名\AppData\Roaming\GraphPad Software\Prism\9.0\Examples 目录下新建的文件夹；如果需要删除或重命名样图分类文件夹，则需要在此目录下手动删除或修改。

图 9-4-10　保存样图

保存样图之后，就可以在 Saved example 选项卡中克隆图形了，如图 9-4-11 所示，在 Saved example 选项卡中还可以通过右键快捷菜单删除样图，但是不能删除样图分类文件夹。

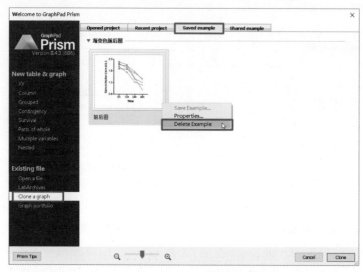

图 9-4-11　克隆图形

需要注意的是，克隆只会复制与最终图形相关的数据表，如果有曲线拟合，则还会复制曲线拟合的数据分析过程，但是其他与最终图形无关的分析过程不会被复制。如果将整个项目保存以备调用，则需要将其保存为 Template（模板）。具体方法和上面类似，切换到需要保存的数据表，选择 File→Save Special→Save Template 命令，在弹出的界面中新建或选择分类目录，为模板命名，选择需要保存为模板的内容，然后将其保存，如图 9-4-12 所示。

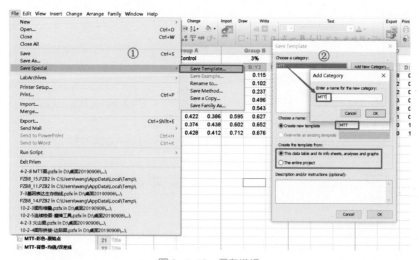

图 9-4-12　保存模板

　　如果需要调用模板，则在打开软件后的欢迎界面左下方选择 Open a file 标签，然后在右侧选择保存的模板文件，如图 9-4-13 所示。如果需要删除模板文件，则需要在 C:\ProgramData\GraphPad Software\Prism\9.0\Templates 目录下手动删除。

图 9-4-13　调用模板

参考文献

[1] Prism 8 Statistics Guide，https://www.graphpad.com/guides/prism/8/statistics/index.htm.

[2] Prism 8 User Guide，https://www.graphpad.com/guides/prism/8/user-guide/index.htm.

[3] Prism 8 Curve Fitting Guide，https://www.graphpad.com/guides/prism/8/curve-fitting/index.htm.

[4] 张杰. Excel 数据之美——科学图表与商业图表的绘制[M]. 北京：电子工业出版社，2016.10.

[5] 李康，贺佳. 医学统计学[M]. 第 6 版. 北京：人民卫生出版社，2013.3.

[6] 李春喜，邵云，姜丽娜. 生物统计学[M]. 第四版. 北京：科学书版社，2008.5.

[7] 冯国双. 白话统计[M]. 北京：电子工业出版社，2018.3.

[8] 周登远. 临床医学研究中的统计分析和图形表达实例详解[M]. 第 2 版. 北京：北京科学出版社，2017.7.

[9] Ferreyro Bruno L，Angriman Federico,Munshi Laveena et al. Association of Noninvasive Oxygenation Strategies With All-Cause Mortality in Adults With Acute Hypoxemic Respiratory Failure: A Systematic Review and Meta-analysis.[J]. JAMA，2020;324(1):57-67. doi:10.1001/jama.2020.9524.

[10] Jaitin Diego Adhemar,Adlung Lorenz,Thaiss Christoph A et al. Lipid-Associated Macrophages Control Metabolic Homeostasis in a Trem2-Dependent Manner.[J] .Cell，2019，178: 686-698.e14.

读者服务

微信扫码回复：40952

- 获取本书配套资源
- 获取各种共享文档、线上直播、技术分享等免费资源
- 加入读者交流群，与更多读者互动
- 获取博文视点学院在线课程、电子书 20 元代金券